U0318999

普通高等教育"十三五"规划教材

资源循环科学与工程专业系列教材 薛向欣 主编

废旧高分子材料循环利用

李 勇 编

北 京

冶金工业出版社

2019

内 容 提 要

本教材为资源循环科学与工程专业系列教材之一。内容包括：高分子材料概述、高分子材料加工理论基础与设备、高分子材料与环境、废旧高分子材料的鉴别与分离、废旧热塑性塑料的循环利用原理与技术、废旧热固性塑料的循环利用原理与技术、废旧橡胶的循环利用原理与技术、废旧高分子材料循环利用的污染控制等。

本教材为资源循环科学与工程专业本科教材和参考书，可作为相关专业研究生参考书，也可为环境科学与工程专业的本科教学参考书。

图书在版编目（CIP）数据

废旧高分子材料循环利用／李勇编. —北京：冶金工业出版社，2019.7

（资源循环科学与工程专业系列教材／薛向欣主编）

普通高等教育"十三五"规划教材

ISBN 978-7-5024-7718-9

Ⅰ.①废… Ⅱ.①李… Ⅲ.①高分子材料—废物综合利用—高等学校—教材 Ⅳ.①X78

中国版本图书馆 CIP 数据核字（2018）第 078675 号

出 版 人 谭学余
地 址 北京市东城区嵩祝院北巷 39 号 邮编 100009 电话 (010)64027926
网 址 www.cnmip.com.cn 电子信箱 yjcbs@cnmip.com.cn
责任编辑 刘小峰 美术编辑 彭子赫 版式设计 孙跃红
责任校对 李 娜 责任印制 李玉山
ISBN 978-7-5024-7718-9
冶金工业出版社出版发行；各地新华书店经销；固安县京平诚乾印刷有限公司印刷
2019 年 7 月第 1 版，2019 年 7 月第 1 次印刷
787mm×1092mm 1/16；14 印张；336 千字；208 页
39.00 元
冶金工业出版社 投稿电话 (010)64027932 投稿信箱 tougao@cnmip.com.cn
冶金工业出版社营销中心 电话 (010)64044283 传真 (010)64027893
冶金工业出版社天猫旗舰店 yjgycbs.tmall.com
（本书如有印装质量问题，本社营销中心负责退换）

序

　　人类的生存与发展、社会的演化与进步，均与自然资源消费息息相关。人类通过对自然界的不断索取，获取了创造财富所必需的大量资源，同时也因认识的局限性、资源利用技术选择的时效性，对自然环境造成了无法弥补的影响。由此产生大量的"废弃物"，为人类社会与自然界的和谐共生及可持续发展敲响了警钟。有限的自然资源是被动的，而人类无限的需求却是主动的。二者之间，人类只有一个选择，那就是必须敬畏自然，必须遵从自然规律，必须与自然界和谐共生。因此，只有主动地树立"新的自然资源观"，建立像自然生态一样的"循环经济发展模式"，才有可能破解矛盾。也就是说，必须采用新方法、新技术，改变传统的"资源—产品—废弃物"的线性经济模式，形成"资源—产品—循环—再生资源"的物质闭环增长模式，将人类生存和社会发展中产生的废弃物重新纳入生产、生活的循环利用过程，并转化为有用的物质财富。当然，站在资源高效利用与环境友好的界面上考虑问题，物质再生循环并不是目的，而只是一种减少自然资源消耗、降低环境负荷、提高整体资源利用率的有效工具。只有充分利用此工具，才能维持人类社会的可持续发展。

　　"没有绝对的废弃物，只有放错了位置的资源。"此言极富哲理，即若有效利用废弃物，则可将其变为"二次资源"。既然是二次资源，则必然与自然资源（一次资源）自身具有的特点和地域性、资源系统与环境的整体性、系统复杂性和特殊性密切相关，或者说自然资源的特点也决定了废弃物再资源化科学研究与技术开发的区域性、综合性和多样性。自然资源和废弃物间有严格的区分和界限，但互相并不对立。我国自然资源禀赋特殊，故与之相关的二次资源自然具备了类似特点：能耗高，尾矿和弃渣的排放量大，环境问题突出；同类自然资源的利用工艺差异甚大，故二次资源的利用也是如此；虽是二次资源，但同时又是具有废弃物和污染物属性的特殊资源，绝不能忽视再利用过程的污染转移。因此，站在资源高效利用与环境友好的界面上考虑再利用的原理和技术，不能单纯地把废弃物作为获得某种产品的原料，而应结合具体二次资源考虑整体化、功能化的利用。在考虑科学、技术、环境和经济四者统一原则下，遵从只有科学原理简单，技术才能简单的逻辑，尽可能低投入、低消耗、低污染和高效率地利用二次资源。

2008 年起，国家提出社会经济增长方式向"循环经济""可持续发展"转变。在这个战略转变中，人才培养是重中之重。2010 年，教育部首次批准南开大学、山东大学、东北大学、华东理工大学、福建师范大学、西安建筑科技大学、北京工业大学、湖南师范大学、山东理工大学等十所高校，设立战略性新兴产业学科"资源循环科学与工程"，并于 2011 年在全国招收了首届本科生。教育部又陆续批准了多所高校设立该专业。至今，全国已有三十多所高校开设了资源循环科学与工程本科专业，某些高校还设立了硕士和博士点。该专业的开创，满足了我国战略性新兴产业的培育与发展对高素质人才的迫切需求，也得到了学生和企业的认可和欢迎，展现出极强的学科生命力。

"工欲善其事，必先利其器"。根据人才培养目标和社会对人才知识结构的需求，东北大学薛向欣团队编写了《资源循环科学与工程专业系列教材》。系列教材目前包括《有色金属资源循环利用（上、下册）》《钢铁冶金资源循环利用》《污水处理与水资源循环利用》《无机非金属资源循环利用》《土地资源保护与综合利用》《城市垃圾安全处理与资源化利用》《废旧高分子材料循环利用》七个分册，内容涉及的专业范围较为广泛，反映了作者们对各自领域的深刻认识和缜密思考，读者可从中全面了解资源循环领域的历史、现状及相关政策和技术发展趋势。系列教材不仅可用于本科生课堂教学，更适合从事资源循环利用相关工作的人员学习，以提升专业认识水平。

资源循环科学与工程专业尚在发展阶段，专业研发人才队伍亟待壮大，相关产业发展方兴未艾，尤其是随着社会进步及国家发展模式转变所引发的相关产业的新变化。系列教材作为一种积极的探索，她的出版，有助于我国资源循环领域的科学发展，有助于正确引导广大民众对资源进行循环利用，必将对我国资源循环利用领域产生积极的促进作用和深远影响。对系列教材的出版表示祝贺，向薛向欣作者团队的辛勤劳动和无私奉献表示敬佩！

中国工程院院士

2018 年 8 月

主 编 的 话

众所周知，谁占有了资源，谁就赢得了未来！但资源是有限的，为了可持续发展，人们不可能无休止地掠夺式地消耗自然资源而不顾及子孙后代。而自然界周而复始，是生态的和谐循环，也因此而使人类生生不息繁衍至今。那么，面对当今世界资源短缺、环境恶化的现实，人们在向自然大量索取资源创造当今财富的同时，是否也可以将消耗资源的工业过程像自然界那样循环起来？若能如此，岂不既节约了自然资源，又减轻了环境负荷；既实现了可持续性发展，又荫福子孙后代？

工业生态学的概念是 1989 年通用汽车研究实验室的 R. Frosch 和 N. E. Gallopou-louszai 在 "Scientific American" 杂志上提出的，他们认为 "为何我们的工业行为不能像生态系统那样，在自然生态系统中一个物种的废物也许就是另一个物种的资源，而为何一种工业的废物就不能成为另一种资源？如果工业也能像自然生态系统一样，就可以大幅减少原材料需要和环境污染并能节约废物垃圾的处理过程"。从此，开启了一个新的研究人类社会生产活动与自然互动的系统科学，同时也引导了当代工业体系向生态化发展。工业生态学的核心就是像自然生态那样，实现工业体系中相关资源的各种循环，最终目的就是要提高资源利用率，减轻环境负荷，实现人与自然的和谐共处。谈到工业循环，一定涉及一次资源（自然资源）和二次资源（工业废弃物等），如何将二次资源合理定位、科学划分、细致分类，并尽可能地进入现有的一次资源加工利用过程，或跨界跨行业循环利用，或开发新的循环工艺技术，这些将是资源循环科学与工程学科的重要内容和相关产业的发展方向。

我国的相关研究几乎与世界同步，但工业体系的实现相对迟缓。2008 年我国政府号召转变经济发展方式，各行业已开始注重资源的循环利用。教育部响应国家号召首批批准了十所高校设立资源循环科学与工程本科专业，东北大学也在其中，目前已有30 所学校开设了此专业。资源循环科学与工程专业不仅涉及环境工程、化学工程与工艺、应用化学、材料工程、机械制造及其自动化、电子信息工程等专业，还涉及人文、经济、管理、法律等多个学科；与原有资源工程专业的不同之处在于，要在资源工程的基础上，讲清楚资源循环以及相应的工程和管理。

通过总结十年来的教学与科研经验，东北大学资源与环境研究所终于完成了《资源循环科学与工程专业系列教材》的编写。系列教材的编写思路如下：

（1）专门针对资源循环科学与工程专业本科教学参考之用，还可以为相关专业的研究生以及资源循环领域的工程技术人员和管理决策人员提供参考。

（2）探讨资源循环科学与工程学科与冶金工业的关系，希望利用冶金工业为资源循环科学与工程学科和产业做更多的事情。

（3）作为探索性教材，考虑到学科范围，教材内容的选择是有限的，但应考虑那些量大面广的循环物质，同时兼顾与冶金相关的领域。因此，系列教材包括水、钢铁材料、有色金属、硅酸盐、高分子材料、城市固废和与矿业废弃物堆放有关的土壤问题，共7个分册。但这种划分只能是一种尝试，比如水资源循环部分不可能只写冶金过程的问题；高分子材料的循环大部分也不是在冶金领域；城市固废的处理量也很少在冶金过程消纳掉；即使是钢铁和有色金属冶金部分也不可能在教材中概全，等等。这些也恰恰给教材的续写改编及其他从事该领域的同仁留下想象与创造的空间和机会。

如果将系列教材比作一块投石问路的"砖"，那么我们更希望引出资源能源高效利用和减少环境负荷之"玉"。俗话说"众人拾柴火焰高"，我们真诚地希望，更多的同仁参与到资源循环利用的教学、科研和开发领域中来，为国家解忧，为后代造福。

系列教材是东北大学资源与环境研究所所有同事的共同成果，李勇、胡恩柱、马兴冠、吴畏、曹晓舟、杨合和姜涛七位博士分别主持了7个分册的编写工作，他们付出的辛勤劳动一定会结出硕果。

中国工程院黄小卫院士为系列教材欣然作序！冶金工业出版社为系列教材做了大量细致、专业的编辑工作！我的母校东北大学为系列教材的出版给予了大力支持！作为系列教材的主编，本人在此一并致以衷心谢意！

东北大学资源与环境研究所

2018 年 9 月

前　言

　　高分子材料是一门古老而又年轻的学科。古老，指的是其使用方面，从远古时期开始，人类就已经学会使用蚕丝、棉花、纤维素、木材等天然高分子材料。年轻，指的是在 1920 年 Staudinger 提出高分子的概念后，至今不过一个世纪，高分子材料科学日新月异，新的聚合物种类和产品大量产生，产量和消费量逐年升高，已经广泛应用在人类社会的各个领域。2012 全世界的塑料产量已达到 2.88 亿吨，合成橡胶和天然橡胶 2600 多万吨，如以体积计，已经远远超过钢铁，是名副其实的重要基础材料之一。

　　但随着高分子材料制品的广泛使用，每年都产生巨大数量的废旧高分子材料，其对环境产生的污染影响也日益突出，废塑料的"白色污染"和废橡胶的"黑色污染"就是最直接的明证。废旧高分子材料的处理，也就成为全球性的问题。虽然填埋和焚烧是最简便处理废旧高分子的方法，但由于高分子材料的生物难降解性，采用这样处理方式不仅浪费了资源，也会产生新的"二次污染"。因此，废旧高分子材料的循环利用，是保护环境和减少资源浪费最有效的途径。

　　本教材针对高等学校资源循环科学与工程专业的课程特点，结合当代高分子材料循环利用特点，全面阐述了废旧高分子的利用技术，力求使学生能够全面了解废旧高分子材料的循环利用科学原理与技术状况，为其未来从事高分子材料循环利用工作打下扎实的专业基础。

　　全书共分 8 章，分别为：高分子材料概述；高分子材料加工理论基础与设备；高分子材料与环境；废旧高分子材料的鉴别与分离；废旧热塑性塑料的循环利用原理与技术；废旧热固性塑料的循环利用原理与技术；废旧橡胶的循环利用原理与技术；废旧高分子材料循环利用的污染控制。

　　本书在编写过程中，得到了东北大学资源与环境研究所和冶金工业出版社大力帮助，在此对他们表示由衷的感谢。

　　由于高分子材料循环利用还处于发展阶段，加之编者水平所限，书中疏漏和不足之处在所难免，敬请读者批评指正。

编　者

2019 年 5 月于东北大学

目　　录

1 高分子材料概述

本章提要:

(1) 掌握高分子材料的常用分类方法及其主要性质。

(2) 掌握本章中出现的相关概念和术语的主要内涵。

(3) 掌握高分子材料的力学性能、流变性能和化学性能的研究方法。

(4) 了解典型聚合物的主要特点及其应用范围。

1.1 材料与高分子材料

材料、能源和信息作为科学技术的三大支柱,极大地促进了社会的迅速发展。其中,材料是人类生活和生产的物质基础,是一个国家科学技术、经济发展水平的重要标志,也是工业时代的重要标志。人类社会的发展史就是一部材料的发展史,人类社会经历了石器时代、青铜器时代、铁器时代、非金属材料时代、复合与功能材料时代等,材料的每一次重大发现及其大量制造和使用,推动着人类社会向更高的阶段发展。总之,材料是现代社会经济的先导,是社会经历重大飞跃的标志。

那么,什么是材料,材料的内涵是什么?材料是可以用来直接制造有用物件、构件或器件的物质。作为材料,必须具备以下特点:

(1) 一定的组成;

(2) 可加工性;

(3) 形状的保持性;

(4) 使用性能;

(5) 经济性;

(6) 再生性。

习惯上,材料可以分为三大类,即金属材料、无机非金属材料和有机高分子材料(通常称为高分子材料)。其中,高分子材料也称为聚合物材料。

高分子材料是一门古老而又年轻的学科。古老,指的是使用方面,从远古时代开始,人类就已经学会使用天然高分子材料,如存在于自然界的树脂、橡胶、皮毛、蚕丝、棉花、纤维素、木材等。年轻,指的是从科学与工程意义上研究高分子材料,从半合成到合成高分子材料出现之后,才不过一个半世纪。

尽管人们一直在加工、使用天然高分子材料,但由于受到科学技术发展水平的限制,长期以来人们对其内在分子结构一无所知。随着天然高分子材料应用领域的不断扩大,人们对它的研究也在不断深入。1839 年发明了橡胶的硫化，1872 年发现硝化纤维素可制成"赛璐珞"，1892 年确定了天然橡胶的干馏产物，20 世纪初开始了合成高分子的工业化开发。1907 年诞生了第一个合成的高分子材料——酚醛树脂，随后又开发了氨基塑料，标志着热固性塑料的开始。1920 年德国人施陶丁格（Standinger）首先提出了高分子概念，其后在 20 世纪 30 年代，现代高分子概念得以确立并获得公认，有力地推动了高分子合成工业发展。

尤其是 20 世纪 50 年代，Zielger-Natta 催化剂的发明，极大地推动了高分子材料的工业发展，新产品、新工艺层出不穷，特别是 1948 年 ABS 机械共混法生产的第一个高分子合成材料 ABS 树脂，标志着高分子材料的开发从此开辟了新的路线，其应用越来越广泛和重要，已经成为国民经济和日常生活中不可或缺的材料。

表 1-1 为 1900~1970 年出现的合成高分子材料。

表 1-1　合成高分子材料发展简史

年份	聚合物	缩写	年份	聚合物	缩写
1907	酚醛树脂	PF	1947	环氧树脂	EP
1926	醇酸树脂		1948	ABS 树脂	ABS
1927	聚氯乙烯	PVC	1950	聚丙烯腈纤维	PAN
1929	脲醛树脂	UF		聚乙烯醇缩醛纤维	PVB
1931	氯丁橡胶	CR	1953	聚酯纤维	PES
1936	聚甲基丙烯酸甲酯	PMMA	1955	高密度聚乙烯	HDPE
	聚乙酸乙烯酯	PVAc	1956	聚甲醛	POM
1937	丁苯橡胶	SBR	1957	聚丙烯纤维	PP
	丁腈橡胶	NBR		聚碳酸酯	PC
1938	聚苯乙烯	PS	1959	氯化聚醚	
	聚酰胺（尼龙）	PA		顺丁橡胶	BR
1939	三聚氰胺-甲醛树脂			异戊橡胶	IR
	聚偏氯乙烯	PVDC	1960	乙丙橡胶	EPR
1940	丁基橡胶	IIR	1965	聚酰亚胺	PI
1942	低密度聚乙烯	LPDE		聚砜	PF
1943	有机硅树脂		1968	聚苯硫醚	PPS
	含氟树脂		1970	乙烯-四氟乙烯共聚物	
	聚氨酯	PU	1974	芳香族聚酰胺	

20 世纪 70 年代以后是高分子材料迅速发展时期，1999 年全世界高分子材料的消耗量约为 1.8 亿吨，体积已经超过金属材料，成为材料领域之首；同时通过化学改性、物理改性等手段赋予材料新的性能，为新材料的开发提供了新的途径。如纳米增强技术、橡胶-塑料的共混、纤维增强的高分子基复合材料等。除此之外功能高分子、智能高分子也成为新的热点，人类更加重视环境友好，大力发展可持续战略，废弃高分子材料的回收利用引起全人类的关注。

1.2 高分子材料分类

高分子材料也称为聚合物材料，它是以高分子化合物为主要成分，添加一定的次要添加剂组分，在成型设备中受到一定温度和压力的作用下熔融塑化，然后通过模塑制成一定形状，冷却后在常温下能保持既定形状的材料制品。因此，适宜的材料组成、正确的成型加工方法和合理的成型机械及模具是制备性能良好的高分子材料的三个关键因素。其中高分子材料的最主要成分——高分子化合物，它对制品的性能起决定性的作用。此外，为了获得各种实用性能或改善其成型加工性能，一般还有各种添加剂。

不同类型的高分子材料需要不同的添加剂，例如塑料需要增塑剂、稳定剂、填料、润滑剂、增韧剂等；橡胶需要硫化剂、促进剂、补强剂、软化剂、防老剂等；涂料需要催干剂、悬浮剂、增塑剂、颜料等。可见，高分子材料是一个十分复杂的体系。

高分子材料的分类方法很多。

1.2.1 按照高分子材料的来源分类

按照高分子材料的来源，高分子材料可分为天然高分子材料、改性天然高分子材料、合成高分子材料。

天然高分子材料是生命起源和进化的基础。人类社会一开始就利用天然高分子材料作为生活资料和生产资料，并掌握了其加工技术。例如，利用蚕丝、棉、毛织成织物，用木材、棉、麻造纸。

改性天然高分子材料是指天然高分子材料经过人工改性，主要是用化学方法改性，获得新的高分子材料。例如，用化学反应的方法将纤维素改性，获得硝基纤维素、醋酸纤维素、羧甲基纤维素、再生纤维素等。

合成高分子材料是指从结构和分子量都已知的小分子原料出发，通过一定的化学反应和聚合反应方法合成聚合物，如聚乙烯、聚丙烯、聚氯乙烯、丁苯橡胶等。

1.2.2 按照高分子材料的用途分类

高分子材料按照用途可以分为塑料、橡胶、纤维、聚合物基复合材料、胶黏剂、涂料、功能高分子材料等。

(1) 塑料。塑料是以合成树脂为主要成分，再加入填料、增塑剂和其他添加剂制得的。其分子间次价力、模量和形变量介于橡胶和纤维之间。通常按合成树脂的特性分为热固性塑料和热塑性塑料。热塑性塑料受热软化、熔融后能塑制成一定形状，冷却固化成型，并可反复多次成型加工，以线型高分子为主，主要有 PP、PE、PVC、PS 等。热固性塑料在未成型前受热软化、熔融可塑制成一定形状，固化一次成型，具有不溶不熔的性质，不能反复加工，主要是体型聚合物，主要有 PF、UF、EP 等。

按用途和性能，塑料还分为通用塑料和工程塑料（见表 1-2）。通用塑料是指产量大、价格便宜、力学性能一般、主要作为非结构材料使用的一类塑料。工程塑料是指拉伸强度大于 50MPa、冲击强度大于 $6kJ/m^2$、长期耐热温度超过 100℃、刚性好、蠕变小、耐腐蚀、可替代金属用作结构件的塑料。

表 1-2　通用塑料与工程塑料

分类	实　例
通用塑料	PE、PP、PVC、PS、PMMA、PF、UF、EP、PU
工程塑料	PA、PET、PBT、POM、PPO、ABS、PTFE、PC、PI

塑料的主要优点如下：

1）质轻、比强度高。一般塑料的密度在 $0.9 \sim 2.3 \text{g/cm}^3$ 范围内，其密度是钢铁的 1/6，铝的 1/2，可代替金属、水泥、玻璃等大量应用于汽车、房屋建筑及道路工程等领域。

2）电绝缘性和隔热性好，可用作制造如电缆、集成电路等电工和电子绝缘材料等。

3）耐化学腐蚀性优良，可用于制造各种化工用储罐、釜、塔、管道、容器等化工设备。

4）摩擦系数小，耐磨性好，有消声减振作用，可代替金属制造轴承和齿轮。

5）成型加工性能优异，可采用多种一次成型加工方法制造出品种繁多的各类制品，而不必经过铸造、车、铣、磨等工序。

6）耐温性不高，大多数塑料只能在常温下使用，天冷变硬易碎。

7）力学性能差，特别是刚性差。

8）膨胀系数大，是金属的 3~10 倍，因而尺寸稳定差。

（2）橡胶。橡胶是在很宽的温度范围（$-50 \sim 150℃$）内具有独特的高弹性，因此常常被称为弹性体。这种在室温下具有黏弹性的高分子化合物，在适当配合剂存在下，在一定温度和压力下硫化（适度交联）制得的弹性体材料（橡胶制品）。按用途和性能，橡胶也可分为通用橡胶和特种橡胶（见表 1-3）。

表 1-3　通用橡胶和特种橡胶

分类	实　例
通用橡胶	丁苯橡胶（SBR）、氯丁橡胶（CR）、顺丁橡胶（BR）、异戊橡胶（IR）、丁基橡胶（IIR）、乙丙橡胶（EPR）、三元乙丙橡胶（EPDM）、天然橡胶（NR）
特种橡胶	丁腈橡胶（NBR）、硅橡胶（MQ）、氟橡胶（FPM）、聚氨酯橡胶（UR）、聚硫橡胶、聚丙烯酸酯橡胶（ACM）、氯醚橡胶（ECO）、氯磺化橡胶（CSM）、丁吡橡胶等

通用橡胶是指性能与天然橡胶相近，物理性能和加工性能较好，可广泛用作轮胎和其他一般橡胶制品的橡胶；特种橡胶是指具有特殊性能，可满足耐热、耐寒、耐油、耐溶剂、耐化学腐蚀、耐辐射等特殊使用要求橡胶制品的橡胶。但这种分类方法并不很严密。

热塑性弹性体，是 thermoplastic rubber 的缩写，简称 TPE 或 TPR，是常温下具有橡胶的弹性，高温下具有可塑化成型的一类弹性体。热塑性弹性体的结构特点是由化学键组成不同的树脂段和橡胶段，树脂段凭借链间作用力形成物理交联点，橡胶段是高弹性链段，贡献弹性。塑料段的物理交联随温度的变化而呈可逆变化，显示了热塑性弹性体的塑料加工特性。因此，热塑性弹性体具有硫化橡胶的物理机械性能和热塑性塑料的工艺加工性能，是介于橡胶与树脂之间的一种新型高分子材料，常被人们称为第三代橡胶。主要品种有苯乙烯-丁二烯-苯乙烯共聚物（SBS）、苯乙烯-异戊二烯-苯乙烯（SIS）等苯乙烯嵌段共聚物、聚烯烃共混物、热塑性弹性体等。

（3）纤维。纤维是指长径比很大，并具有一定韧性的纤细物质。化学纤维是人造纤维和合成纤维的总称，用以替代天然纤维制造各种织物。人造纤维由纤维素和蛋白质等改性而成，如黏胶纤维、铜氨纤维、醋酸纤维、蛋白质纤维等。合成纤维由合成高分子化合物经纺丝而成，常见的有聚对苯二甲酸乙二醇酯纤维（涤纶）、聚酰胺纤维（锦纶）、聚乙烯醇缩甲醛纤维（维纶）、聚丙烯腈纤维（腈纶）、聚丙烯纤维（丙纶）、聚氨酯弹性体纤维（氨纶）、芳香族聚酰胺纤维（Kevlar）等。

（4）聚合物基复合材料。聚合物基复合材料是复合材料中的一种，复合材料是由两种或两种以上物理和化学性质不同的物质，用适当工艺方法组合起来，得到的具有复合效应的多相固体材料。根据在复合材料中的形态，原料可分为基体材料和分散材料。基体材料是连续相的材料，它把分散材料固结成一体。聚合物基复合材料是以高分子化合物为基体，添加各种增强材料制得的一种复合材料。它综合了原有材料的性能特点，并可根据需要进行材料设计。

（5）涂料。涂料是指涂覆在物体表面上起保护、装饰、标志作用或赋予某些特殊功能的材料。涂料是多组分体系，其主要成分是成膜物质（聚合物或能形成聚合物的物质），它决定了涂料的基本性能。涂料应用的场合很多，如涂覆在金属、木材、混凝土、塑料、皮革、纸张等表面，从而使大气中的氧、水汽、微生物、污垢等不能直接接触到被涂覆的物体，起到保护或防腐的作用；涂料广泛应用于道路转向、路标、警示牌、信号牌等，起标志作用。另外，涂料中加入其他添加剂后可制成具有特殊功能的涂料，例如：加入荧光染料可制成应用涂料；加入导电性石墨可制成导电涂料。

（6）胶黏剂。胶黏剂是一种能把各种材料紧密结合在一起的物质。其中，最重要的是以聚合物为基本组分、多组分的高分子胶黏剂。胶黏剂已广泛地应用于建筑、汽车、飞机、船舶、电子、电器工业等国民经济和日常生活各个方面。胶黏剂可减轻构件重量、降低成本，具有密封、防腐等作用，可粘接异种材料等优点，但也存在着耐老化性能差和耐化学腐蚀性能差等缺点。

（7）功能高分子材料。功能高分子材料是指具有物质能量和信息的传递、转换和储存作用的高分子材料及其复合材料。与常规高分子材料相比，其在物理化学性质方面明显表现出某些特殊性（如电学、光学、生物学方面的特殊功能）。根据其物理化学性质和应用领域，功能高分子材料可分为反应型功能高分子材料、电活性高分子材料、光敏高分子材料、液晶高分子材料、高分子膜材料和医药用高分子材料等。其研究与制备主要通过对功能型小分子的高分子化，或者对普通高分子的功能化过程来实现。有时候复杂的功能高分子材料还需要通过多种功能材料的复合制备得到。

1.3　高分子材料的相关概念和术语

热塑性塑料：是指在特定的温度范围内，具有可反复加热软化、冷却硬化特性的塑料品种。

热固性塑料：是指在特定的温度下加热或通过固化剂可发生交联反应，变成既不熔融、也不溶解的塑料制品的塑料品种。

通用塑料：是指产量大、价格便宜、力学性能一般、主要作为非结构材料使用的一类塑料。

　　工程塑料：是可以作为结构材料使用，具有优异的力学性能、耐热性能、耐磨性能和良好的尺寸稳定性的一类塑料。

　　合成树脂：指的是利用化学合成的方法生产出的一种与天然树脂类似的有机高分子化合物，是一种新型的合成材料。以合成树脂为基料，加上各种助剂，经过加工，即可制成具有一定特性的可塑材料，通常称为"塑料"。

　　熔体流动速率：是指在一定温度下，熔融状态的高聚物在一定负荷下，10min 内从规定直径和长度的标准毛细管中流出的质量，也称熔融指数。

　　合成纤维：是指由合成高分子化合物加工制成的纤维，如聚酯纤维（涤纶）、聚酰胺纤维（锦纶）、聚丙烯腈纤维（腈纶）等。

　　人造纤维：是指以天然高聚物为原料，经过化学处理与机械加工而制得的纤维。其中，以含有纤维素的物质如棉短绒、木材为原料的，称为纤维素纤维；以蛋白质为原料的，称为蛋白质纤维。

　　生胶：是指天然的或合成的、独具高弹性的高分子化合物（聚合物），是制造橡胶制品的母体材料，一般指未硫化的橡胶胶料。

　　再生橡胶：是指由废的硫化橡胶经过化学、热、机械加工处理后而制得的，具有一定的可塑性，是可重新硫化的橡胶材料。再生橡胶可部分代替生胶使用。

　　门尼黏度：是衡量橡胶平均分子量及可塑性的一个指标。门尼黏度用门尼黏度计测量，反映胶料在模腔内对黏度计转子转动所产生的剪切阻力。

　　硫化：是指胶料在一定条件下，橡胶大分子由线型结构转变为网状结构的交联过程。

　　塑化：是指塑料在设备内经过加热达到流动状态并具有良好可塑性的过程。

　　复合材料：是指以一种材料为基体、另一种材料为增强体组合而成的材料。

　　聚合物共混：是指两种或两种以上聚合物经混合制成宏观均匀的材料的过程，是聚合物改性的最为简便而且有效的方法。

　　熔融纺丝：是指将高聚物加热熔融制成熔体，并经喷丝头喷成细流，在空气或水中冷却而凝固成纤维的方法。

　　溶液纺丝：是指将高聚物溶解于溶剂中以制得黏稠的纺丝液，由喷丝头喷成细流，通过凝固介质使之凝固而形成纤维。

　　湿法纺丝：是溶液纺丝的一种，因为凝固介质为液体，所以称为湿法纺丝。从喷丝头小孔中压出的黏液细流，在液体中通过，这时细流中的成纤高聚物便被凝固成细丝。

　　干法纺丝：是溶液纺丝的一种，因为凝固介质为干态的气相介质，所以称为干法纺丝。从喷丝头小孔中压出的黏液细流，被引入通有热空气流的通道中，黏液细流中的溶剂快速挥发，被热空气流带走，而黏液细流脱去溶剂后很快转变成细丝。

1.4 　高分子材料的研究方法

　　高分子材料的应用极其广泛，因此对高分子材料的研究也成为一门实用的技术。利用现代分析技术研究高分子结构，并确定结构与性能的关系，是高分子科学的一个重要方面。高分子材料的研究分析主要以仪器分析为主，包括高分子结构、相对分子量及其分布、结晶结构、共混物的相结构等，其化学分析和低分子的化学分析类似。

1.4.1 高分子材料结构的测定方法

高分子材料的结构是材料物理性能和力学性能的基础，所以了解高分子材料的微观结构、亚微观结构、宏观结构等不同层次的形态和聚集态是必不可少、十分重要的。

1.4.1.1 高分子链结构的测定

高分子链的结构测定包括分析鉴别聚合物、定量测定和定性分析聚合物的链结构、研究高聚物的反应、高聚物的支化结构和取向结构等。高分子链结构的测定可以采用 X 射线衍射法、中心散射法、裂解色谱-质谱法、紫外吸收光谱、红外吸收光谱、拉曼光谱、微波分光法、核磁共振法、荧光光谱、偶极矩法、旋光分光法、电子能谱法等。

1.4.1.2 高分子聚集态结构的测定

高分子聚集态结构的测定主要包括高分子结晶状态（结晶度、取向、晶粒尺寸等）、溶液中聚合物的状态、共混物和共聚物的片层结构等。

高分子材料结晶度测定可以采用 X 射线小角散射法、电子衍射法、核磁共振吸收、红外吸收光谱、密度法、热分析法等；测定取向程度有双折射法、X 射线衍射法、红外二色性法等；此外用电子显微镜、光学显微镜、原子力显微镜、固体小角激光散射等可以测定高分子材料的聚集态结构。

1.4.1.3 高分子链的整体结构

高分子链的整体结构测定包括四个部分：相对分子量的测定、相对分子量分布的测定、支化度的测定和交联度的测定。

相对分子量采用溶液光散射法、凝胶渗透色谱法（GPC）、黏度法、扩散法、超速离心法、溶液激光小角光散射法、渗透压法、气相渗透压法、沸点升高法、端基滴定法等测定。

相对分子量分布采用凝胶渗透色谱法（GPC）、熔体流动行为法、分级沉淀法、超速离心法等测定。

支化度的测定采用化学反应法、红外光谱法、凝胶渗透色谱法（GPC）、黏度法等。

交联度的测定采用溶胀法、力学测量法等。

1.4.2 高分子材料性能的测定

高分子材料的性能是高聚物结构在一定条件下的表现，而高分子材料的性能直接影响材料的使用。高分子材料的性能包括力学性能、热性能、物理性能、流变性能等。

1.4.2.1 力学性能

高分子材料的力学性能主要是测定材料的强度和模量、变形。采用的实验方法有拉伸、压缩、剪切、弯曲、冲击、蠕变、应力松弛等。相应的试验机包括：万能试验机、应力松弛仪、蠕变仪、冲击试验机（摆锤式、落球式）、动态黏弹谱仪、高低频疲劳试验机等。

1.4.2.2 物理性能

高分子材料的物理性能包括电性能、密度、透光性、透气性、吸湿性、吸音性等。电性能主要测定材料的电阻、介电常数、介电损耗角正切值、击穿电压，采用的仪器有高阻计、电容电桥介电性能测定仪、高压电击穿试验机等。采用比重计和密度梯度法测定材料的密度；采用透光度计测透光性；采用透气性测定仪测定材料的透气性；采用吸湿计测定吸湿性；采用声衰减测定仪测定吸音系数等。

1.4.2.3　热性能

高分子材料的热性能主要有材料的导热系数、比热容、热膨胀系数、耐热性、玻璃化温度、分解温度等。测试仪器有高低温导热系数测定仪、差示扫描量热仪（DSC）、量热计、线膨胀和体积膨胀测定仪、马丁耐热箱、维卡耐热仪、热失重仪（TG）、差热分析仪（DTA）等。

1.4.2.4　流变性能

高分子材料的流变性能主要是测定黏度、黏度和切变速率的关系、剪切力和切变速率的关系。采用的仪器有旋转黏度计、熔体流动速率仪、毛细管流变仪等。

1.4.2.5　化学性能

高分子材料的老化和高分子材料的燃烧性能可以划分到高分子材料的化学性能中。高分子材料的老化主要研究它的热老化、自然老化，一般采用热老化箱、模拟自然的人工气候老化箱；燃烧性能主要指标有氧指数的测定，一般采用氧指数仪等。

1.5　常用塑料

1.5.1　聚乙烯

聚乙烯（PE）是以乙烯为原料经催化聚合而得的一种热塑性聚合物，结构式为：

$$\left[\begin{array}{cc} \overset{\displaystyle H}{\underset{\displaystyle H}{\overset{|}{\underset{|}{C}}}} & \overset{\displaystyle H}{\underset{\displaystyle H}{\overset{|}{\underset{|}{C}}}} \end{array}\right]_n$$

作为塑料使用的聚乙烯相对分子量一般要达到1万以上，在世界范围内，聚乙烯是塑料品种中产量最大的、应用面也最广的，约占塑料产量的1/3。

聚乙烯主要是按照聚乙烯的密度，并适当考虑分子结构来分类。

高密度聚乙烯（HDPE）：密度为 $0.94 \sim 0.97 \mathrm{g/cm^3}$，支化度较小，结晶度为85%~90%。也称作低压聚乙烯，分子量比较高，支链短而且少，密度较高，拉伸强度、拉伸模量、弯曲模量、硬度等性能都优于低密度聚乙烯，耐热性较高，最高使用温度100℃，最低使用温度可至-70℃。特别适合于包装防潮物品。可制成吹塑制品，用于日用容器、医用药瓶、汽车油箱、化学品储罐等；饮料瓶、食品周转箱、机械零件等注塑制品；食品和工农业产品的包装、农用地膜、购物袋等；制成管材类，如天然气、煤气管、城市排水管、农用灌溉管等；渔网、民用纱窗、汽车座板。

低密度聚乙烯（LDPE）：密度为 $0.915 \sim 0.940 \mathrm{g/cm^3}$，支化度较大，结晶度为55%~65%。产品中存在大量支链结构，分子结构缺乏规整性，因此结晶度小，导致它的耐热性、耐溶剂性、硬度也较差。电绝缘性优良，柔软性好，耐冲击性能和透明性也比较好；

具有良好的透气性。LDPE 主要做成薄膜，用于食品包装、商业和工业用包装、购物袋、垃圾袋等，特别是作为农用薄膜，用于生产棚膜、地膜等，这部分大概占 50%~60%；家用器皿、玩具、医用品等注射制品；牛奶及果汁饮料、冰淇淋纸盒和非食品包装的涂覆等；各种电线电缆的绝缘和护套。

线型低密度聚乙烯（LLDPE）：由乙烯与少量的 α-烯烃共聚，形成在线型乙烯主链上带有非常短小的共聚单体支链的分子结构。LLDPE 的分子结构规整性介于 LDPE 和 HDPE 之间，因此密度、结晶度也介于二者之间，更接近于 HDPE。它的刚性好、韧性好，因此它的撕裂强度、拉伸强度、耐穿刺性和耐环境应力开裂性比 LDPE 要好，但是它的吹塑薄膜透明性差；LLDPE 的分子量分布比 LDPE 窄，平均分子量较大，因此它的熔体黏度比 LDPE 大，加工性差。LLDPE 约 70% 用于薄膜的生产，主要用于生产食品包装、工业用包装、农用膜、垃圾袋等；电话电线的绝缘材料、光缆和电力电缆的绝缘夹套；大型的农用储槽、化学品储槽、儿童玩具；各种管材、片材和板材等。

超高分子量聚乙烯（UHMWPE）：UHMWPE 的分子结构和 HDPE 比较相似，呈线型结构。常规的 HDPE 分子量在 5 万~30 万，而 UHMWPE 的分子量在 100 万以上。由于分子量大，使它具有独特的性能，如极佳耐磨性、较高的冲击强度、良好的自润滑性、优异的耐低温性和化学稳定性，是一种价格低廉、可以和工程塑料媲美的塑料。UHMWPE 可用于农业机械、汽车、煤矿、纺织、造纸、化工、食品工业做不粘、耐磨、自润滑部件，如导轨、泵、压滤机、阀、密封圈、轴承等；与食品接触的材质，如人体内部器官、关节等器件。

1.5.2 聚丙烯

聚丙烯（Polypropylene，简称 PP）是丙烯经催化聚合制得的，结构式为：

$$\left[\begin{array}{cc} \overset{\displaystyle H}{\underset{\displaystyle H}{C}} & \overset{\displaystyle H}{\underset{\displaystyle CH_3}{C}} \end{array}\right]_n$$

聚丙烯是一种高密度、无侧链、高结晶度的线性聚合物，具有优良的综合性能。未着色时呈白色半透明，蜡状，比聚乙烯轻，透明度也较聚乙烯好，比聚乙烯刚硬。

聚丙烯的密度为 0.90~0.91g/cm³；成型收缩率为 1.0%~2.5%；成型温度为 160~220℃。

聚丙烯密度小，强度、刚度、硬度和耐热性均优于低压聚乙烯，可在 100℃ 左右使用，具有良好的电性能和高频绝缘性，不受湿度影响，但低温时变脆、不耐磨、易老化，适于制作一般机械零件、耐腐蚀零件和绝缘零件。聚丙烯的密度为 0.90~0.91g/cm³，是通用塑料中最轻的一种。聚丙烯树脂具有优良的机械性能和耐热性能，使用温度范围为 −30~140℃。同时具有优良的电绝缘性能和化学稳定性，几乎不吸水，与绝大多数化学品接触不发生作用。聚丙烯制品耐腐蚀，抗张强度达到 30MPa，强度、刚性和透明性都比聚乙烯好。缺点是耐低温冲击性差，较易老化，但可分别通过改性和添加抗氧剂予以克服。与发烟硫酸、发烟硝酸、铬酸溶液、卤素、苯、四氯化碳、氯仿等接触有腐蚀作用，可用作工程塑料。

　　聚丙烯由于价格低廉，综合性能良好，容易加工，因此应用比较广泛。特别是近些年来聚丙烯树脂改性技术的迅速发展，使它的用途日趋广泛。聚丙烯可制成家具、餐具、厨房用具、盆、桶、玩具等；可制成汽车上的很多部件，如方向盘、仪表盘、保险杠等；可制成电视机、收录机外壳、洗衣机内桶等；可制成扁丝织成编织袋，制成打包带，还可生产各种薄膜用于重包装袋（如粮食、糖、食盐、化肥、合成树脂的包装），制成透明的玻璃纸等；可制成食品的固转箱、食品包装以及香烟的过滤嘴；可制成工业用布、地毯、服装用布和装饰布，特别是聚丙烯土工布广泛应用于公路、水库建设，对提高工程质量有重要作用；聚丙烯可制成一次性注射器、手术用服装、个人卫生用品等；聚丙烯材料印刷性能比较好，可以印刷出特别光亮、色泽鲜艳的图案。

1.5.3　聚氯乙烯

　　聚氯乙烯（Polyvinyl Chloride，简称 PVC）的结构式为：

$$\left[\begin{array}{cc} \underset{H}{\overset{H}{|}}C & \underset{Cl}{\overset{H}{|}}C \\ | & | \\ H & Cl \end{array}\right]_n$$

　　PVC 是使用最广泛的塑料材料之一。密度为 $1.380g/cm^3$，拉伸强度为 $50\sim80MPa$，熔化温度为 $185\sim205℃$，吸水率（ASTM）为 $0.04\%\sim0.40\%$。

　　PVC 材料是一种非结晶性材料。本色为微黄色半透明状，有光泽。透明度强于聚乙烯、聚丙烯，但不如聚苯乙烯。随助剂用量不同分为软、硬聚氯乙烯。软质聚氯乙烯制品柔而韧，手感黏；硬质聚氯乙烯制品的硬度高于低密度聚乙烯，低于聚丙烯，在弯折处会出现白化现象。

　　PVC 材料具有不易燃性、高强度、耐气候变化性以及优良的几何稳定性。PVC 对氧化剂、还原剂和强酸都有很强的抵抗力；但它能够被浓氧化酸，如浓硫酸、浓硝酸腐蚀，并且也不适用与芳香烃、氯化烃接触的场合。PVC 材料在实际使用中经常加入稳定剂、润滑剂、辅助加工剂、色料、抗冲击剂及其他添加剂。

　　PVC 在加工时熔化温度是一个非常重要的工艺参数，如果此参数不当将导致材料分解的问题。PVC 的流动特性相当差，其工艺范围很窄。特别是大分子量的 PVC 材料更难于加工（这种材料通常要加入润滑剂改善流动特性），因此通常使用的都是小分子量的 PVC 材料。PVC 的收缩率相当低，一般为 $0.2\%\sim0.6\%$。

　　PVC 可分为软质 PVC 和硬质 PVC。其中硬质 PVC 大约占市场的 2/3，软质 PVC 占 1/3。软质 PVC 一般用于地板、天花板以及皮革的表层，但由于软质 PVC 中含有柔软剂，容易变脆，不易保存，所以其使用范围受到了限制。硬质 PVC 不含柔软剂，因此柔韧性好，易成型，不易脆，无毒无污染，保存时间长，具有很大的开发应用价值。

　　软质 PVC 制品主要有薄膜、软管、电线电缆等，如雨衣、农用大棚膜、桌布、输血袋、输液袋、洗衣机下水管、塑料凉鞋和拖鞋等；硬质 PVC 制品主要有硬管、硬板、硬片等，如化工厂的输液管道、管配件，建筑行业排水管和塑料门窗等。

1.5.4　聚苯乙烯

　　聚苯乙烯（Polystyrene，简称 PS）是由苯乙烯单体经聚合而成，结构式为：

$$\begin{array}{c} H \quad H \\ \left[\begin{array}{c} | \quad | \\ C-C \\ | \quad | \\ H \end{array} \right]_n \end{array}$$

聚苯乙烯玻璃化温度为 80~105℃，非晶态密度 1.04~1.06g/cm³，晶体密度 1.11~1.12g/cm³，熔融温度 240℃，电阻率为 1020~1022Ω·cm。通常的聚苯乙烯为非晶态无规聚合物，具有优良的绝热、绝缘和透明性，长期使用温度 0~70℃，但其性脆，低温易开裂。此外还有全同和间同以及无规立构聚苯乙烯。全同聚合物有高度结晶性，间同聚合物有部分结晶性。

聚苯乙烯（PS）包括普通聚苯乙烯、发泡聚苯乙烯（EPS）、高抗冲聚苯乙烯（HIPS）。

普通聚苯乙烯树脂无毒、无臭、无色。透明包装中的聚苯乙烯颗粒，似玻璃状脆性材料，其制品具有极高的透明度，透光率可达 90% 以上，电绝缘性能好，易着色，加工流动性好，刚性好及耐化学腐蚀性好，能溶于多种溶剂，主要用于日用品、文具、灯具、室内外装饰品、仪表外壳、光学零件、电子电器配件、电讯器材、各种罩壳、照明器材、食品包装等。普通聚苯乙烯的不足之处在于性脆，冲击强度低，易出现应力开裂，耐热性差及不耐沸水等。

高抗冲聚苯乙烯刚度好、着色性好、抗冲击性能好，但拉伸强度、硬度、耐光性不如普通聚苯乙烯，透明性大大下降、耐候性差，主要用于包装材料，如食品、化妆品、日用品、机械仪表；还可用于家用电器和仪表外壳、电器配件、按钮、汽车配件、文体用品、照明器材、玩具等。

发泡聚苯乙烯是苯乙烯在发泡剂的参与下经聚合而得的。这种材料可进一步制成泡沫塑料，具有良好的缓冲防震、隔热、隔音性能，主要用于包装材料和建筑材料。

1.5.5 ABS 塑料

ABS（Acrylonitrile Butadiene Styrene）树脂是丙烯腈（Acrylonitrile）、1，3-丁二烯（Butadiene）、苯乙烯（Styrene）三种单体的接枝共聚物，结构式为：

$$\left[\begin{array}{c} H \quad H \\ | \quad | \\ C-C \\ | \quad | \\ H \quad CN \end{array} \right]_m \left[\begin{array}{c} H \quad H \quad H \quad H \\ | \quad | \quad | \quad | \\ C-C=C-C \\ | \quad \quad \quad | \\ H \quad \quad \quad H \end{array} \right]_n \left[\begin{array}{c} H \quad H \\ | \quad | \\ C-C \\ | \quad | \\ H \end{array} \right]_l$$

ABS 是一种强度高、韧性好、易于加工成型的热塑性高分子材料。由于它具有卓越的性能，被称为通用型工程塑料，它是苯乙烯类树脂中发展最快的一个品种。

ABS 实际上往往是含丁二烯的接枝共聚物与丙烯腈-苯乙烯共聚物的混合物。其中，丙烯腈占 15%~35%，丁二烯占 5%~30%，苯乙烯占 40%~60%，最常见的比例是 A：B：S=20：30：50，此时 ABS 树脂熔点为 175℃。三种单体中各个组分对 ABS 的使用性能产生不同的作用，其中丙烯腈主要提供硬度、耐热性、耐酸碱盐等化学腐蚀的性质、耐化学性和热稳定性；苯乙烯提供硬度、加工流动性及产品表面的光洁度；1，3-丁二烯提供低温延展性和抗冲击性，但是过多的丁二烯会降低树脂的硬度、光泽及流动性。

　　ABS 树脂一般是外观微黄不透明，相对密度 1.04。它具有良好尺寸稳定性，突出的耐冲击性、耐热性、介电性、耐磨性，表面光泽性好，易涂装和着色等优点。ABS 无毒、无臭、坚韧、质轻、呈刚性，并有较好的耐温性和耐蠕变性。ABS 不透水、常温下吸水率小于 1%，表面可抛光；ABS 有极好的冲击强度，而且在低温下也不迅速下降；ABS 的耐磨性很好，虽不能作自润滑材料，但由于有良好的尺寸稳定性，故可作中等负荷的轴承；ABS 制品的使用温度一般为 -40～100℃。ABS 的热稳定性较差，在 250℃ 即能分解，产生有毒的挥发性物质；一般 ABS 易自燃，无自熄性；ABS 有良好的电绝缘性，且很少受温度、湿度影响；ABS 对水、无机盐、碱及酸类几乎完全没有影响，不溶于大部分醇类及烃类溶剂，但与烃类长期接触后会软化和溶胀。

　　ABS 具有良好的综合物理机械性能，广泛用于汽车工业、电器仪表工业、机械工业。低发泡的 ABS 能代替木材。ABS 最大的用途是用来制作家用电器及家用电子设备，如电视机、收录机、洗衣机、电冰箱、电唱机、电话机、吸尘器、电扇、空调等的壳体及部件；计算机、复印机、各种文教用品；轻工业中的自行车、照相机、时钟、缝纫机、乐器等；建筑业中的板材、管道；农业中各种农具、喷灌器材等；在机械仪表工业中常用作齿轮、叶轮泵、轴承、电机外壳、仪表壳、蓄电池槽、纺织器材等；汽车工业中可作挡泥板、扶手、空调管道、加热器、小轿车车身、汽车配件、车灯壳等。

1.5.6　PET 聚酯塑料

　　PET（Polyethylene Terephthalate）学名为聚对苯二甲酸乙二醇酯，结构式为：

$$HO-\overset{\displaystyle O}{\overset{\|}{C}}-\bigcirc-\overset{\displaystyle O}{\overset{\|}{C}}-O-CH_2-CH_2-O\Big]_n H$$

　　PET 属结晶型饱和聚酯，为乳白色或浅黄色、高度结晶的聚合物，表面平滑有光泽。PET 是生活中常见的一种树脂，平均分子量为 2 万～3 万，重均与数均分子量之比为 1.5～1.8。玻璃化温度 80℃，马丁耐热温度为 80℃，热变形温度为 98℃，分解温度为 353℃。

　　PET 具有优良的机械性能，刚性高、硬度大、吸水性很小、尺寸稳定性好、韧性好；耐冲击、耐摩擦、耐蠕变、耐化学性好，溶于甲酚、浓硫酸、硝基苯、三氯醋酸、氯苯酚，不溶于甲醇、乙醇、丙酮、烷烃。使用温度为 -100～120℃，弯曲强度为 148～310MPa。

　　PET 主要应用在电子电器方面，如电器插座、电子连接器、电饭煲把手、断电器外壳、开关、马达风扇外壳、仪表机械零件、点钞机零件、电熨斗、电磁灶烤炉的配件；汽车工业中的流量控制阀、化油器盖、车窗控制器、脚踏变速器、配电盘罩；机械工业齿轮、叶片、皮带轮、泵零件；另外还有轮椅车体及轮子、灯罩外壳、照明器外壳、排水管接头、拉链、钟表零件、喷雾器部件。

　　此外，PET 还大量用于制造合成纤维，少量用于制造薄膜绝缘材料，如电容、电缆、电机槽绝缘等；军事上用于音波的屏蔽和导弹的覆盖材料；PET 薄膜片基和带基用于电影胶片、X 光片、录音、录像、计算机磁带等；玻璃纤维增强的 PET 用于电子电器、汽车机械、办公用具等行业。

1.5.7 聚碳酸酯塑料

聚碳酸酯（Polycarbonate，简称 PC）是分子链中含有碳酸酯基（—O—C—O—）的
高分子聚合物，根据酯基的结构可分为脂肪族、芳香族、脂肪族-芳香族等多种类型。其
中，由于脂肪族和脂肪族-芳香族聚碳酸酯的机械性能较低，从而限制了其在工程塑料方
面的应用。目前仅有芳香族（双酚 A 型）聚碳酸酯获得了工业化生产，其重复单元为：

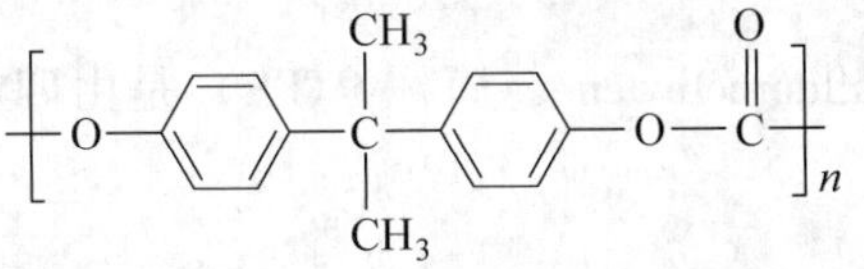

由于聚碳酸酯结构上的特殊性，现已成为五大工程塑料中增长速度最快的通用工程
塑料。

聚碳酸酯是一种强韧的热塑性树脂，其名称来源于其内部的酯基基团。可由双酚 A
和光气反应。但由于光气属剧毒物质，现较多使用的生产方法为熔融酯交换法（双酚 A
和碳酸二苯酯通过酯交换和缩聚反应合成）。

双酚 A 和碳酸二苯酯反应原理如下：

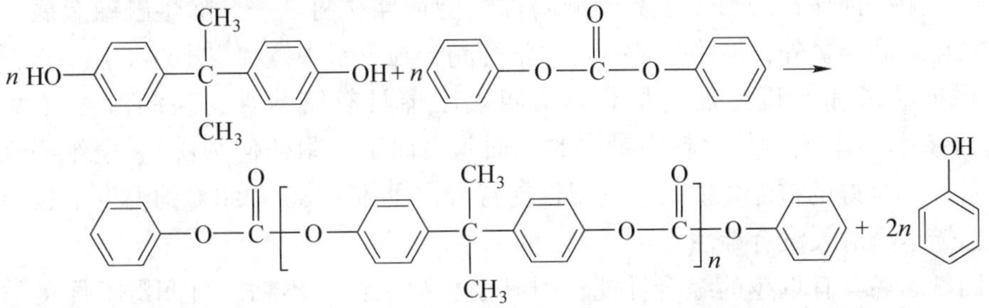

PC 是几乎无色的玻璃态的无定形聚合物，密度为 1.18~1.22g/cm^3，线膨胀率为
3.8×10^{-5}cm/℃，具有突出的冲击韧性、透明性和尺寸稳定性，力学性能优良，良好的耐
蠕变性、耐候性，加工性能好，不需要添加剂就具有 UL94 V-0 级阻燃性能，是一种综合
性能优良的工程塑料。高分子量的 PC 树脂有很高的韧性，悬臂梁缺口冲击强度为 600~
900 J/m，未填充的 PC 树脂热变形温度大约为 130℃，玻璃纤维增强后可使这个数值增加
10℃。PC 的弯曲强度为 100~110MPa，可加工制成大的刚性制品。低于 100℃时，在负载
下的蠕变率很低。PC 主要性能缺陷是耐水解稳定性不够高，不能用于重复经受高压蒸汽
的制品；耐有机化学品性、耐刮痕性较差，一些用于易磨损用途的聚碳酸酯器件需要对表
面进行特殊处理；长期暴露于紫外线中会发黄；和其他树脂一样，PC 容易受某些有机溶
剂的浸蚀。

PC 工程塑料的三大应用领域是玻璃装配业、汽车工业和电子电器工业，其次还有工
业机械零件、光盘、包装、计算机等办公室设备、医疗及保健、薄膜、休闲和防护器材
等。PC 可用作门窗玻璃，PC 层压板广泛用于银行、使馆、拘留所和公共场所的防护窗，
用于飞机舱罩，照明设备、工业安全挡板和防弹玻璃。

PC 板可做成各种标牌，如汽油泵表盘、汽车仪表板、货栈及露天商业标牌、点式滑

动指示器；PC 树脂用于汽车照明系统、仪表盘系统和内装饰系统，用作前灯罩、带加强筋汽车前后挡板、反光镜框、门框套、操作杆护套、阻流板；PC 被应用于接线盒、插座、插头及套管、垫片、电视转换装置，电话线路支架下通信电缆的连接件，电闸盒、电话总机、配电盘元件，继电器外壳；可做低载荷零件，用于家用电器马达、真空吸尘器、洗头器、咖啡机、烤面包机、动力工具的手柄，各种齿轮、蜗轮、轴套、导规、冰箱内搁架；此外，PC 还是光盘储存介质理想的材料。

1.5.8　聚四氟乙烯

聚四氟乙烯（Polytetrafluoroethylene，简称 PTFE）是由四氟乙烯经自由基聚合生成，结构式为：

$$\left[\begin{array}{cc} \overset{\displaystyle F}{\underset{\displaystyle F}{C}} & \overset{\displaystyle F}{\underset{\displaystyle F}{C}} \end{array}\right]_n$$

聚四氟乙烯密度为 $2.14 \sim 2.20 g/cm^3$，几乎不吸水，平衡吸水率小于 0.01%。

聚四氟乙烯的机械性质较软，具有非常低的表面能。聚四氟乙烯被称"塑料王"，中文商品名为"特氟隆"（Teflon）、"特氟龙"、"特富隆"、"泰氟龙"等。它具有优良的化学稳定性、耐腐蚀性，是当今世界上耐腐蚀性能最佳材料之一，除熔融碱金属、三氟化氯、五氟化氯和液氯外，能耐其他一切化学药品，在王水中煮沸也不起变化，广泛应用于各种需要抗酸碱和有机溶剂的场合。聚四氟乙烯具有密封性、高润滑性（摩擦系数0.04）、不粘性（具有固体材料中最小的表面张力而不黏附任何物质）、电绝缘性（C 级绝缘材料）和良好的抗老化能力、耐温性能优异（能在 $-180 \sim 250℃$ 的温度下长期工作）。聚四氟乙烯本身对人没有毒性。

聚四氟乙烯具有卓越的综合性能，耐高温、耐腐蚀、不粘、自润滑、优良的介电性能、很低的摩擦系数，广泛应用在国防、军工、原子能、石油、无线电、电力机械、化学工业等重要部门。聚四氟乙烯密封件、垫圈、垫片是选用悬浮聚合聚四氟乙烯树脂模塑加工制成。聚四氟乙烯与其他塑料相比具有耐化学腐蚀的特点，它已被广泛地应用作为密封材料和填充材料。

1.6　常　用　橡　胶

橡胶（Rubber）是指具有可逆形变的高弹性聚合物材料。在室温下富有弹性，在很小的外力作用下能产生较大形变，除去外力后能恢复原状。橡胶属于完全无定型聚合物，它的玻璃化转变温度（T_g）低，分子量往往很大，大于几十万。

橡胶一词来源于印第安语 cau-uchu，意为"流泪的树"。天然橡胶就是由三叶橡胶树割胶时流出的胶乳经凝固、干燥后而制得。1770 年，英国化学家 J. 普里斯特利发现橡胶可用来擦去铅笔字迹，当时将这种用途的材料称为 rubber，此词一直沿用至今。橡胶的分子链可以交联，交联后的橡胶受外力作用发生变形时，具有迅速复原的能力，并具有良好的物理力学性能和化学稳定性。橡胶是橡胶工业的基本原料，广泛用于制造轮胎、胶管、胶带、电缆及其他各种橡胶制品。

人类对橡胶的认识和使用是在不断深化和拓展的。自从 Goodyear（固特异）在 1839 年发明了天然橡胶的硫化技术，之后到 1858 年得到推广，人们使用天然橡胶简直成了一种时尚。1900 年已有种植橡胶出售，其性能超过了天然野生橡胶。因此，有人曾经说人类使用野生天然橡胶为第一代橡胶，而把种植橡胶称为第二代橡胶。

从第一次世界大战期间到 20 世纪 30 年代前后，人工合成橡胶纷纷出现，最早有丁钠橡胶和一些共聚橡胶、丁苯橡胶、丁腈橡胶等。50 年代定向聚合催化剂（离子型引发剂）出现之后，合成橡胶走向立体规整化，顺丁胶、异戊胶等登上了历史舞台，有人称之为第三代橡胶，即合成橡胶。也有人把第三代橡胶分为两期，第三代前期为自由基聚合合成橡胶，后期为立体规整（离子聚合）合成橡胶。

由于硫化橡胶能耗较大，大体约占整个橡胶加工（混塑炼、成型、硫化等）能耗的 50%~60%，因此，不必硫化而成型成为人们的追求目标。终于，热塑性弹性体在 20 世纪 50 年代后期被研制成功，以后又出现了液体橡胶、粉末橡胶等，有人称这是第四代橡胶。

橡胶按照使用范围又可分为通用型和特种型两类。通用橡胶是指部分或全部代替天然橡胶使用的胶种，一般是指仅由碳氢化合物构成的聚合物，如丁苯橡胶、顺丁橡胶、异戊橡胶、异丙橡胶、氯丁橡胶等。特种橡胶是指具有耐高温、耐油、耐臭氧、耐老化和高气密性等特点的橡胶，常用的有硅橡胶、各种氟橡胶、聚硫橡胶、氯醇橡胶、丁腈橡胶、聚丙烯酸酯橡胶、聚氨酯橡胶和丁基橡胶等，主要用于要求某种特性的特殊场合。

橡胶按照原料来源可分为天然橡胶和合成橡胶两大类。其中，天然橡胶的消耗量占 1/3，合成橡胶的消耗量占 2/3。天然橡胶主要来源于三叶橡胶树，当这种橡胶树的表皮被割开时，就会流出乳白色的汁液，称为胶乳。胶乳经凝聚、洗涤、成型、干燥即得天然橡胶。合成橡胶是由人工合成方法而制得的，采用不同的原料（二烯烃和烯烃单体）可以合成出不同种类的橡胶。

橡胶按照形态可分为块状生胶、乳胶、液体橡胶和粉末橡胶四大类。乳胶为橡胶的胶体状水分散体；液体橡胶为橡胶的低聚物，未硫化前一般为黏稠的液体；粉末橡胶是将乳胶加工成粉末状，以利配料和加工制作。

根据橡胶的性能和用途，除天然橡胶外，合成橡胶又可分为通用合成橡胶、半通用合成橡胶、专用合成橡胶和特种合成橡胶。

根据橡胶的物理形态可分为硬胶和软胶、生胶和混炼胶等。

橡胶按照加工制品的成型方法和过程可分为硫化橡胶和热塑性弹性体。

橡胶材料通常具有以下基本特点：

（1）高弹性。弹性模量低，伸长变形大，有可恢复的变形，并能在很宽的温度（−50 ~ 150℃）范围内保持弹性。

（2）黏弹性。橡胶材料在产生形变和恢复形变时受温度和时间的影响，表现有明显的应力松弛和蠕变现象，在震动或交变应力作用下，产生滞后损失。

（3）电绝缘性。橡胶和塑料一样是电绝缘材料。

（4）有老化现象。如金属腐蚀、木材腐朽、岩石风化一样，橡胶也会因为环境条件的变化而产生老化现象，使性能变坏、寿命下降。

（5）必须进行硫化才能使用，但热塑性弹性体除外。

（6）必须加入配合剂。

常见合成橡胶的化学组成及特性见表1-4。

表1-4 常见合成橡胶的化学组成及特性

合成橡胶名称	缩写符号	化 学 特 性
异戊橡胶	IR	双键处容易发生反应，如氧化、硫化等
顺丁橡胶	BR	双键处容易发生反应，如氧化、硫化等
丁苯橡胶	SBR	比天然橡胶对氧稍稳定，耐磨耗
丁腈橡胶	NBR	比天然橡胶对氧稍稳定，且耐烃类油
氯丁橡胶	CR	较天然橡胶对氧稳定，耐臭氧、难燃，可用金属氧化物交联
丁基橡胶	IIR	比天然橡胶对氧稳定性好，气密性好，耐热老化
乙丙橡胶	EPR	相对密度小，耐臭氧
三元乙丙橡胶	EPDM	相对密度小，耐臭氧，用硫黄硫化
硅橡胶	QR	对氧稳定，用过氧化物硫化，电性能优异，耐热性好，耐低温
氟橡胶	FPM	耐热，耐油，耐氧，耐低温
聚丙烯酸酯橡胶	ACM	对氧稳定，耐油，用胺交联
聚硫橡胶	TM	耐油，耐烃类溶剂，可利用末端进行反应，粘接性好
聚氨酯橡胶	UR	耐油，耐磨，耐臭氧，性能特殊，加工方便
氯醚橡胶	CO	对氧稳定，用过氧化物交联

1.6.1 天然橡胶

通常所说的天然橡胶（Nature Rubber，简称NR），是指从巴西橡胶树上采集的天然胶乳，经过凝固、干燥等加工工序而制成的弹性固状物。天然橡胶是一种以顺-1，4-聚异戊二烯为主要成分的天然高分子化合物，其橡胶烃（顺-1，4-聚异戊二烯）含量在90%以上，还含有少量的蛋白质、脂肪酸、糖分及灰分等。顺-1，4-聚异戊二烯的结构式为：

$$\left[\begin{array}{c} CH_2 \quad CH_2 \\ \diagdown \qquad \diagup \\ CH=C \\ \qquad | \\ \qquad CH_3 \end{array} \right]_n$$

世界上约有2000种不同的植物可生产类似天然橡胶的聚合物，已从其中500种中得到了不同种类的橡胶，但真正有实用价值的是巴西三叶橡胶树。橡胶树的表面被割开时，树皮内的乳管被割断，胶乳从树上流出。从橡胶树上采集的乳胶，经过稀释后加酸凝固、洗涤，然后压片、干燥、打包，即制得市售的天然橡胶。天然橡胶根据不同的制胶方法可制成烟片、风干胶片、绉片、技术分级干胶和浓缩胶乳等。

天然橡胶的物理常数见表1-5。

天然橡胶的性质主要有：

（1）纯硫化胶的拉伸强度为17~25MPa，而炭黑补强硫化胶可达25~35MPa。这是因为天然橡胶是一种结晶性橡胶，在外力的作用下拉伸时可形成结晶，产生自补强作用。

表 1-5　天然橡胶的物理常数

项　目	生胶	纯硫化胶	项　目	生胶	纯硫化胶
密度/$g \cdot cm^{-3}$	$0.906 \sim 0.916$	$0.920 \sim 1.000$	折射率（n_D）	1.5191	1.6264
体积膨胀系数/K^{-1}	670×10^{-6}	660×10^{-6}	介电常数（1kHz）	$2.37 \sim 2.45$	$2.50 \sim 3.00$
导热系数/$W \cdot (m \cdot K)^{-1}$	0.134	0.153	电导率（60s）/$S \cdot m^{-1}$	$2 \sim 57$	$2 \sim 100$
玻璃化温度/K	201	210	体积弹性模量/MPa	1.94	1.95
熔融温度/K	401	—	拉伸强度/MPa		$17 \sim 25$
燃烧热/$kJ \cdot kg^{-1}$	-45	-44.4	断裂伸长率/%	$75 \sim 77$	$750 \sim 850$

（2）无固定熔点，加热到 130～140℃完全软化，200℃左右开始分解。

（3）天然橡胶具有高弹性，体积弹性模量比较小，大约为钢铁的 1/3000；而伸长率较大，最大可达 1000%；回弹率在 0～100℃ 范围内可达 50%～80%以上。

（4）天然橡胶加工性能好，易于同填料及配合剂混合，而且可与多数合成橡胶并用。

（5）天然橡胶具有较高的门尼黏度，在存放过程中增硬，低温存放时容易结晶，在 −70℃左右时变成脆性物质。

（6）天然橡胶为非极性橡胶，在非极性溶剂中膨胀，故耐油、耐溶剂性差。

（7）天然橡胶因含大量不饱和双键，化学活性高，易于交联和氧化，耐老化性差。

由于天然橡胶具有上述一系列物理化学特性，尤其是其优良的回弹性、绝缘性、隔水性及可塑性等特性，并且，经过适当处理后还具有耐油、耐酸、耐碱、耐热、耐寒、耐压、耐磨等宝贵性质，所以，具有广泛用途。例如日常生活中使用的雨鞋、暖水袋、松紧带；医疗卫生行业所用的外科医生手套、输血管；交通运输上使用的各种轮胎；工业上使用的传送带、运输带、耐酸和耐碱手套；农业上使用的排灌胶管、氨水袋；科学试验用的密封、防震设备；国防上使用的飞机、坦克、大炮、防毒面具；甚至连火箭、人造地球卫星和宇宙飞船等高精尖科学技术产品都离不开天然橡胶。

1.6.2　丁苯橡胶

丁苯橡胶（SBR）是丁二烯和苯乙烯的共聚体。性能接近天然橡胶，是目前产量最大的通用合成橡胶，其结构式为：

$$\left(CH_2 - CH = CH - CH_2 \right)_x \left(\begin{matrix} CH_2 - CH \\ | \\ CH \\ \| \\ CH_2 \end{matrix} \right)_y \left(CH_2 - CH_2 \right)_z$$

丁苯橡胶一般按照聚合方法分为乳聚丁苯橡胶（E-SBR）和溶聚丁苯橡胶（S-SBR）。乳聚丁苯橡胶是丁二烯和苯乙烯两种单体通过乳液聚合反应制得的共聚橡胶。工业生产方法有高温聚合和低温聚合。高温聚合得到的产品分子量低、支化度大、分子量分布宽，质量不如低温法聚合产品，生产量只占 20%。低温法聚合的产品，是一种新方法聚合的产物，物性要比高温共聚的橡胶好。溶聚丁苯橡胶是丁二烯和苯乙烯两种单体通过溶液聚合反应制得的共聚橡胶。

丁苯橡胶在耐磨性、耐热性、耐油性、耐老化性等方面均比天然橡胶好，硫化时不容易焦烧和过硫，与天然橡胶、顺丁橡胶的混容性好。缺点是弹性、耐寒性、耐撕裂性和黏着性比天然橡胶差，但是可以通过与天然橡胶的并用或调整配方得到改善。因此丁苯橡胶至今还是应用量最大的通用合成橡胶，可以部分或全部取代天然橡胶。由于其双键比天然橡胶少，硫化速度慢。

乳聚丁苯橡胶可与天然橡胶、顺丁橡胶混用，适用于制作各种轮胎、胶管、胶带、胶鞋、胶辊、电线电缆和橡胶制品。溶聚丁苯橡胶特别适用于轮胎、耐热运输带、皮带、刮水板、窗框密封和散热器软管、日常用橡胶制品等。

1.6.3　顺丁橡胶

顺丁橡胶（BR）是顺式-1,4-聚丁二烯橡胶的简称，是由丁二烯聚合而成的顺式结构橡胶，无需塑炼，属于极性物质。其结构式为：

$$\left[\begin{matrix} CH_2 & & CH_2 \\ & CH=CH & \end{matrix}\right]_n$$

顺丁橡胶的弹性高，在橡胶中弹性最高；耐磨性优异，动负荷下生热低，耐屈挠龟裂性能好，耐老化性好，耐低温性优异，其玻璃化温度为$-105℃$，是通用橡胶中最好的；易于和金属黏合，化学稳定性好，能抵抗除强酸外的大部分化学药品的腐蚀。

顺丁橡胶也存在着生胶的冷流倾向大，加工性能与自黏性差，撕裂强度和拉伸强度较低，抗湿滑性不好等缺点和不足，但可通过与其他橡胶并用得到一定程度的改善。

顺丁橡胶一般多和天然橡胶或丁苯橡胶并用，主要制作轮胎胎面、运输带和特殊耐寒制品。还可以制造胶管、运输管、胶板、胶鞋、胶辊、文体用品及其他橡胶制品。也可作为合成树脂的增韧补强改性剂，如用来生产高抗冲聚苯乙烯（HIPS）以提高其冲击强度、耐候性和耐热性，并改善耐低温性能和耐应力开裂性能。

1.6.4　异戊橡胶

异戊橡胶（IR）是顺式1,4-聚异戊橡胶的简称，它是由异戊二烯单体在定向催化剂的作用下，经溶液聚合方法制得的高顺式（顺-1,4含量为92%~97%）合成橡胶，因其结构和性能与天然橡胶近似，故又称合成天然橡胶。

异戊橡胶是一种综合性能最好的通用合成橡胶。它具有优良的弹性、耐磨性、耐热性、抗撕裂强度及低温曲挠性。与天然橡胶相比，具有生热小、抗龟裂、吸水性小、电绝缘性和耐老化性好等优点；但也存在着硫化速度慢、炼胶时易粘辊、成型黏度大、价格高等缺点。

异戊橡胶可以用在除要求极为严格的航空或重型轮胎生产外的一切领域代替天然橡胶，且耐磨性能和耐寒性能优于天然橡胶。还可以用于制造帘布胶、输送带、胶管、海绵、电线电缆、胶鞋等。

1.6.5　丁腈橡胶

丁腈橡胶（NBR）是丁二烯-丙烯腈橡胶（Acrylonitrile-Butadiene Rubber）的简称，是由丁二烯与丙烯腈两种单体经乳液聚合而得的共聚物，其结构式为：

$$-(CH_2-CH=CH-CH_2)_x(CH_2-CH)_y(CH_2-CH_2)_z$$
$$\qquad\qquad\qquad\quad CN\qquad\quad CH$$
$$\qquad\qquad\qquad\qquad\qquad\qquad\quad \|$$
$$\qquad\qquad\qquad\qquad\qquad\qquad\quad CH_2$$

通常，丁腈橡胶依据丙烯腈含量可分为以下五种类型：（1）极高丙烯腈丁腈橡胶，丙烯腈含量在43%以上；（2）高丙烯腈丁腈橡胶，丙烯腈含量为36%～42%；（3）中高丙烯腈丁腈橡胶，丙烯腈含量在31%～35%；（4）中丙烯腈丁腈橡胶，丙烯腈含量在25%～30%；（5）低丙烯腈丁腈橡胶，丙烯腈含量在24%以下。在市售商品中，丙烯腈含量在31%～37%的 NBR 占总 NBR 的40%，尤其是丙烯腈含量为33%的 NBR 居多数。

丁腈橡胶的耐油性、耐热性、气密性好，耐磨性和耐化学腐蚀性优于天然橡胶。丁腈橡胶的弹性、耐寒性、耐曲挠性、耐撕裂性差，变形生热量大，电绝缘性为常用橡胶中最差的。丁腈橡胶加工中生热高，收缩率大，自黏性较差，硫化速度较慢。

NBR 因其优异的耐油性能，广泛用于制备燃料胶管、耐油胶管、油封、动态和静态用密封件、橡胶隔膜、印刷胶辊、胶板、橡胶制动片、胶黏剂、胶带、安全鞋、储槽衬里等各种橡胶制品，涉及汽车、航空航天、石油开采、石油化工、纺织、电线电缆、印刷和食品包装等诸多领域。

1.6.6 乙丙橡胶

乙丙橡胶（EPM/EPDM）是以乙烯和丙烯为基础单体，在 Ziegler-Natta 催化剂存在下，采用溶液聚合法制得的共聚物。橡胶分子链中依单体单元组成不同，有二元乙丙橡胶和三元乙丙橡胶之分。

二元乙丙橡胶为乙烯和丙烯的共聚物，以 EPM 表示，其结构式为：

$$-(CH_2-CH_2)_x(CH_2-CH)_y$$
$$\qquad\qquad\qquad\qquad CH_3$$

二元乙丙橡胶由于分子不含双键，不能用硫黄硫化，因而限制了它的应用，在乙丙橡胶商品牌号中只占总数的15%～20%左右；因此为了达到用硫黄硫化体系进行交联的目的，开发了三元乙丙橡胶，在分子链中引入少量的非共轭二烯类单体单元，以 EPDM 表示，提供了不饱和度，不但可以用硫黄硫化，而且还保持了二元乙丙橡胶的各种特性，从而成为乙丙橡胶的主要品种而获得广泛的应用，在乙丙橡胶商品牌号中占80%～85%。工业化生产的三元乙丙橡胶常用的第三单体有乙叉降冰片烯（ENB）、双环戊二烯（DCPD）、1, 4-己二烯（HD）。表1-6列出了三种主要第三单体的结构及其在三元乙丙橡胶中的结构。

亚乙基降冰片烯三元乙丙橡胶（ENB-EPDM 型）的硫化速率快、硫化效率高、发展较快，是三元乙丙橡胶的主要品种。

乙丙橡胶分子链中乙烯和丙烯两种单体单元呈无规格排列分布，引入非共轭二烯类第三单体单元使侧链上存在双键，提高了交联活性，达到用硫黄硫化的目的。但由于主链结构上几乎没有变化，所以二元乙丙橡胶与三元乙丙橡胶的主要性能变化不大。

乙丙橡胶因其主链是由化学稳定的饱和烃组成，故其耐臭氧、耐热、耐候等耐老化性能优异，具有良好的耐化学品、耐热水性、耐水蒸气性及电绝缘性能、冲击弹性、低温性能、低密度和高填充性等。

表 1-6　用于工业化生产 EPDM 的三种非共轭双烯单体

第三单体	在三元乙丙橡胶中的主要结构
双环戊二烯， 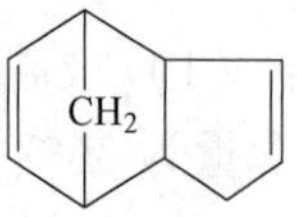	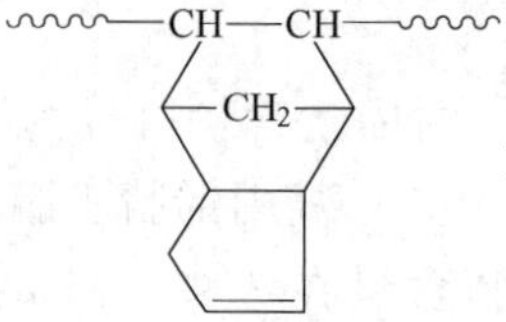 DCPD-EPDM 型，D 型
亚乙基降冰片烯， 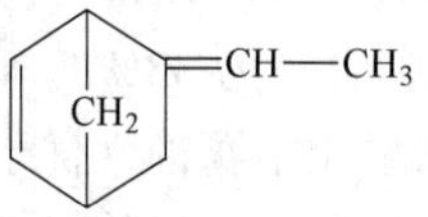	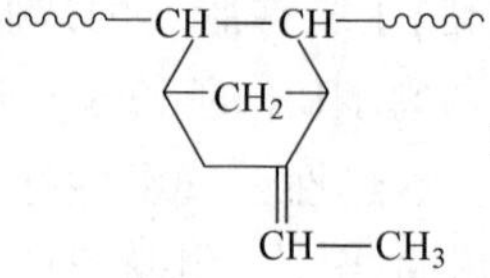 ENB-EPDM 型，E 型
1，4-己二烯，$CH_2=CH-CH_2-CH=CH-CH_3$	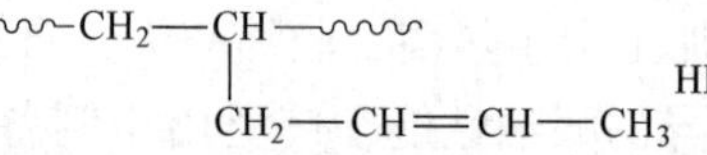 HD-EPDM 型，H 型

　　乙丙橡胶在汽车制造行业中应用量最大，主要应用于保险杠、汽车密封条、散热器软管、火花塞护套、空调软管、胶垫、胶管等。乙丙橡胶在汽车工业中的用量占我国乙丙橡胶总用量的 42%~44%，其中还不包括船舶、列车和集装箱密封条的乙丙橡胶用量。但因乙丙橡胶的粘接性能不好，在汽车轮胎行业中在大量用料的轮胎主体和胎面部位上无法推广使用，只在内胎、白胎侧、胎条等部位少量使用乙丙橡胶。

　　乙丙橡胶在建筑行业主要应用于塑胶运动场、防水卷材、房屋门窗密封条、玻璃幕墙密封、卫生设备和管道密封件等。就国内用量而言已占乙丙橡胶总用量的 26%~28%。这主要是由乙丙橡胶具有优良的耐水性、耐热耐寒性和耐候性，及施工简便等特点所决定的。因此乙丙橡胶在建筑行业中用量最大的还数塑胶运动场和防水卷材。

　　乙丙橡胶在电气和电子行业中主要是利用乙丙橡胶的优良电绝缘性、耐候性和耐腐蚀性，在许多电气部件中采用了此类橡胶。例如用乙丙橡胶生产电缆，尤其是海底电缆用 EPDM 或 EPDM/PP 代替了 PVC/NBR 制作电缆的绝缘层，使电缆的绝缘性能和使用寿命有了大幅度提高。

1.6.7　硅橡胶

　　硅橡胶（SiR 或 QR）是指主链由硅和氧原子交替（—Si—O—Si—）构成，Si 原子上通常连有两个有机基团的橡胶。普通的硅橡胶主要由含甲基和少量乙烯基的硅氧链节组成。

　　由于分子主链是由硅原子和氧原子构成的，因此具有无机高分子的特征。Si—O 键的键能（370kJ/mol）比 C—C 键（240kJ/mol）高得多，具有很高的热稳定性。由于侧基是有机基团，故赋予了硅橡胶一系列的优异性能。硅橡胶主要有以下几个基本类型：

　　（1）甲基硅橡胶（MQ），其侧基主要是甲基，结构式为：

$$\left[\begin{array}{c}CH_3\\ |\\ Si-O\\ |\\ CH_3\end{array}\right]_n，其中 \ n=5000\sim10000$$

MQ 由于硫化活性低，工艺性能差等原因，现已逐渐被淘汰。

（2）甲基乙烯基硅橡胶（MVQ），其侧基主要是甲基和乙烯基，其结构式为：

$$\left[\begin{matrix} CH_3 \\ | \\ Si-O \\ | \\ CH_3 \end{matrix}\right]_m\left[\begin{matrix} CH_3 \\ | \\ Si-O \\ | \\ CH=CH_2 \end{matrix}\right]_n，其中 m=5000\sim10000，n=10\sim20$$

少量乙烯基的引入改善了硅橡胶的工艺性能和耐老化性能，使用温度范围为-70～300℃，是硅橡胶中产量最大、应用最广的品种。

（3）甲基乙烯基苯基硅橡胶（MPVQ），主要是在乙烯基硅橡胶的分子链上引入二苯基硅氧烷结构单元，其结构式为：

$$\left[\begin{matrix} CH_3 \\ | \\ Si-O \\ | \\ CH_3 \end{matrix}\right]_m\left[\begin{matrix} CH_3 \\ | \\ Si-O \\ | \\ CH=CH_2 \end{matrix}\right]_n\left[\begin{matrix} C_6H_5 \\ | \\ Si-O \\ | \\ C_6H_5 \end{matrix}\right]_p$$

苯基硅橡胶工作温度为-100～350℃，应用在要求耐低温、耐烧蚀、耐高温辐射和隔热等场合。

（4）氟硅橡胶，主要是在乙烯基硅橡胶分子链中引入氟代烷基（一般为三氟丙烷），其结构式为：

$$\left[\begin{matrix} CH_3 \\ | \\ Si-O \\ | \\ CH_3 \end{matrix}\right]_m\left[\begin{matrix} CH_3 \\ | \\ Si-O \\ | \\ CH=CH_2 \end{matrix}\right]_n\left[\begin{matrix} CH_3 \\ | \\ Si-O \\ | \\ CH_2CH_2CF_3 \end{matrix}\right]_l$$

这种硅橡胶比乙烯基硅橡胶具有更好的耐油性能和耐溶剂性能，特别是耐热油性能良好，工作温度范围为-50～250℃。

以上几种硅橡胶主要采用有机过氧化物硫化，故统称为热硫化型硅橡胶。

（5）室温硫化硅橡胶（RTV）。室温硫化硅橡胶实际上是指室温硫化的硅橡胶和低温硫化硅橡胶，一般分子量较低。在室温下，生胶是流动的液体，加工成混炼胶后，通常也是可以流动的黏滞态橡胶或膏状物。室温硫化硅橡胶一般借助于交联剂与硅橡胶体系中的端基反应，因此室温硫化硅橡胶又被称为α，ω-遥爪硅橡胶。根据硫化机理可分为加成型和缩合型。其中最重要的是α，ω-二羟基聚硅氧烷，它是双组分和单组分缩合型硅橡胶的基础胶，市场上通常称为 107 胶。其结构式为：

$$HO-\begin{matrix} CH_3 \\ | \\ Si-O \\ | \\ CH_3 \end{matrix}\left[\begin{matrix} CH_3 \\ | \\ Si-O \\ | \\ CH_3 \end{matrix}\right]_n\begin{matrix} CH_3 \\ | \\ Si-O \\ | \\ CH_3 \end{matrix}-OH$$

硅橡胶的最主要特征是卓越的耐高低温性能、优异的耐臭氧和耐候性、优良的电绝缘性能以及特殊的生理惰性和生理老化性能。

（1）高温性能：硅橡胶显著的特征是高温稳定性，虽然常温下硅橡胶的强度仅是天然橡胶或某些合成橡胶的一半，但在 200℃以上的高温环境下，硅橡胶仍能保持一定的柔韧性、回弹性和表面硬度，且力学性能无明显变化。

（2）低温性能：硅橡胶的玻璃化温度一般为 $-70\sim-50℃$，特殊配方可达 $-100℃$，表明其低温性能优异。

（3）耐候性：硅橡胶中 Si—O—Si 键对氧、臭氧及紫外线等十分稳定，在不加任何添加剂的情况下，就具有优良的耐候性。

（4）电气性能：硅橡胶具有优异的绝缘性能，耐电晕性和耐电弧性也非常好。

（5）物理机械性能：硅橡胶常温下的物理机械性能比通用橡胶差，但在 $150℃$ 的高温和 $-50℃$ 的低温下，其物理机械性能优于通用橡胶。

（6）耐油及化学试剂性能：普通硅橡胶具有中等的耐油、耐溶剂性能。

（7）气体透过性能：室温下硅橡胶对空气、氮、氧、二氧化碳等气体的透气性比天然橡胶高出 $30\sim50$ 倍。

（8）生理惰性：硅橡胶无毒、无味、无嗅，与人体组织不粘连，具有抗凝血作用，对肌体组织的反应性非常少，特别适合作为医用材料。

高温硅橡胶主要用于制造各种硅橡胶制品，而室温硅橡胶则主要是作为粘接剂、灌封材料或模具使用。在生物医学工程中，高分子材料具有十分重要的作用，而硅橡胶则是医用高分子材料中特别重要的一类，它具有优异的生理惰性，无毒、无味、无腐蚀、抗凝血，与机体的相容性好，能经受苛刻的消毒条件。根据需要可加工成管材、片材、薄膜及异形构件，可用做医疗器械、人工脏器等。主要用于制作耐高低温制品（胶管、密封件等）、耐高温电线电缆绝缘层，由于其无毒无味，还用于食品及医疗工业。

1.7　合　成　纤　维

1.7.1　纤维的定义与分类

人们把长径比大于 100 倍以上的均匀条状或丝状的材料称为纤维。如棉花、羊毛、麻之类天然纤维的长度约为其直径的 $1000\sim3000$ 倍，对于供纺丝用的纤维，其长度与直径之比一般都大于 1000 倍。纺织纤维可分为两大类：一类是天然纤维，如棉花、麻、羊毛、蚕丝等；另一类是化学纤维，即用天然或合成高分子化合物经化学加工制得的纤维。化学纤维又可分为再生纤维和合成纤维两大类。再生纤维是以天然的高分子化合物为原料，经化学处理和机械加工而制得的纤维，其纤维的化学组成与原高聚物基本相同。合成纤维是以石油、煤炭、天然气以及一些农副产品为原料，经一系列化学反应，合成高分子化合物，再经加工处理制得的纤维。

合成纤维是以小分子的有机化合物为原料，经加聚反应或缩聚反应合成的线型有机高分子化合物，如聚丙烯腈、聚酯、聚酰胺等。它是将人工合成的、具有适宜分子量并具有可溶（或可熔）性的线型聚合物，经纺丝成型和后处理而制得的化学纤维。

合成纤维是用合成高分子化合物做原料制得的化学纤维的统称。与天然纤维和人造纤维相比，合成纤维的原料是由人工合成方法制得的，是石油化工大工业化产品，价格比较低廉，而且它的生产不受自然条件的限制。合成纤维除了具有化学纤维的一般优越性能，如强度高、质轻、易洗快干、弹性好、不怕霉蛀等性能外，不同品种的合成纤维还各具某些独特性能。合成纤维 50 年来在全世界得到了迅速的发展，已成为纺织工业的主要原料。

它广泛用于服装、装饰和产业三大领域，它的使用性能有的已经超过了天然纤维。

1884 年，法国 H. B. 夏尔多内将硝酸纤维素溶解在乙醇或乙醚中制成黏稠液，再通过细管吹到空气中凝固而成细丝。这就是最早的人造纤维——硝酸酯纤维，并于 1891 年在法国贝桑松建厂进行工业生产。由于硝酸酯纤维易燃，生产中使用的溶剂易爆，纤维质量差，未能大量发展。1935 年，美国首先研制出了第一种聚酰胺纤维——尼龙，1938 年建立了中间试验厂，1939 年开始工业化生产。这种纤维具有一系列新而优异的性能，如高弹性和高强度等，生产时采用了一种新的纺丝法——熔体纺法。

20 世纪 60 年代，石油化工的发展促进了合成纤维工业的发展，合成纤维产量于 1962 年超过羊毛产量，1967 年又超过人造纤维，在化学纤维中占主导地位，成为仅次于棉的主要纺织原料。70 年代初，化学纤维的总产量超过了 1000 万吨。随着化学纤维的应用领域不断扩大，开发了一些具有特殊性能的合成纤维品种。1957 年，杜邦公司生产了耐腐蚀的聚四氟乙烯纤维；1967 年，又生产了耐高温纤维——聚间苯二甲酰间苯二胺纤维和高强高模量纤维——聚对苯二甲酰对苯二胺纤维。此外，还有作为增强材料的碳纤维等问世。同时，对现有的化学纤维品种的改性也取得了明显成效，有改变纤维性能的抗静电、吸湿、吸汗、抗起球、耐热、阻燃、高卷曲、高收缩、高蓬松纤维，有改变纤维形状的异形、中空、超细、特殊立体卷曲纤维，还有仿棉、仿毛、仿麻、仿丝类纤维。在人造纤维中也生产了三超、四超黏胶纤维等。此外，用于三废处理的反渗透膜、离子交换纤维以及高分子光导纤维、导电纤维、医用纤维、超细纤维等也纷纷投入使用。

合成纤维按主链化学结构可以分为碳链纤维和杂链纤维两大类。碳链纤维包括聚丙烯纤维（丙纶）、聚丙烯腈纤维（腈纶）、聚乙烯醇缩甲醛纤维（维尼纶），杂链纤维包括聚酰胺纤维（锦纶）、聚对苯二甲酸乙二酯（涤纶）等。

合成纤维按功能可分为耐高温纤维（如聚苯咪唑纤维）、耐高温腐蚀纤维（如聚四氟乙烯）、高强度纤维（如聚对苯二甲酰对苯二胺）、耐辐射纤维（如聚酰亚胺纤维）以及阻燃纤维、高分子光导纤维、新型合成纤维等。

按照所用原料，合成纤维可分为涤纶纤维、锦纶纤维、腈纶纤维、丙纶纤维、维纶纤维、氯纶纤维、氨纶纤维、黏胶纤维等。

1.7.2　合成纤维的性能和应用

合成纤维具有良好的物理、机械性能和化学性能，如强度高、密度小、弹性高、耐磨性好、吸水率低、保暖性好、耐酸碱性好、不会发霉或虫蛀等。某些特种纤维还具有耐高温、耐辐射、高强力、高模量等特殊性能。表 1-7 为几种合成纤维与天然纤维、人造纤维性能的比较。

表 1-7　几种纤维主要性能比较

项目	断裂强度 /MPa	相对弹性	密度 /g·cm⁻³	回潮率/%	熔点/℃	耐日光性	耐磨性	耐蛀霉性
棉花	3.0~4.9	1	1.54	7	150℃分解	强度下降 变黄	尚好	耐蛀 不耐霉
毛	1.0~1.7	1.34	1.32	16	130℃分解	强度下降 色泽变差	一般	不耐蛀 抗菌蚀

项目	断裂强度/MPa	相对弹性	密度/g·cm⁻³	回潮率/%	熔点/℃	耐日光性	耐磨性	耐蛀霉性
黏胶纤维	1.7~5.2	0.74~1.08	1.5	12~14	260℃分解	强度下降	较差	耐蛀性好耐霉性差
醋酸纤维	1.1~1.6	0.95~1.22	1.3	6.0~7.0	260	强度稍降低	较差	耐蛀性好耐霉性好
涤纶	4.3~9.0	1.2~1.35	1.38	0.4~0.5	225~260	强度不变	优良	良好
腈纶	2.8~4.5	1.2~1.28	1.17	1.2~2.0	190~240	强度不变	尚好	良好
锦纶	3.0~9.5	1.28~1.35	1.14	3.5~5.0	215~220	强度下降	优良	良好
丙纶	3.0~8.0	1.28~1.35	0.91	0	160~177	耐间接日光	良好	良好
维纶	3.0~9.0	0.95~1.2	1.30	3.0~5.0	220~230	强度不变	良好	良好

合成纤维的优异性能使它的应用远远超出了纺织工业的传统概念的范围，而逐渐深入到国防工业、航空航天工业、交通运输、医疗卫生、海洋水产、通信联络等重要领域，成为不可或缺的重要材料。合成纤维在民用上可纺制轻暖、耐穿的各种服装面料、装饰材料，也可混纺。如在工业上可用作轮胎帘子布、运输带、传送带、渔网、绳索、耐酸碱滤布和工作服等。高性能的特种合成纤维可用作高空降落伞、飞行服、飞机导弹和雷达的绝缘材料、原子能工业中的特殊防护材料。

1.7.3　聚酯纤维

聚酯纤维的中国商品名称是涤纶，俗称"的确良"，是由二元酸和二元醇经过缩聚而制得的聚酯树脂，再经熔融纺丝和后处理制得的一种合成纤维。聚酯纤维在合成纤维中发展最快，产量居于首位。

聚酯纤维的品种很多，但主要以聚对苯二甲酸乙二醇酯为主，已经工业化生产的还有聚对苯二甲酸 1，4-环己烷二甲酯纤维，聚对、间苯二甲酸乙二醇酯纤维等。

聚酯纤维的抗皱性和挺括性比羊毛好，一次熨烫后可以保持很长时间，是所有天然纤维和其他合成纤维所不能及的，因而可做衣着织物或装饰用织物的材料。

聚酯纤维的强度非常高，比棉花高 1 倍，比羊毛高 3 倍，且湿强度不低于干强度，因而广泛用于制备绳索、汽车安全带等。聚酯纤维有很高的冲击强度和耐疲劳性，它的冲击强度比尼龙高 4 倍，是制造轮胎帘子线很好的材料。

聚酯纤维也存在一系列的缺点，如透气性差、吸湿率低、手感硬等；但通过与天然纤维混纺，可以克服这一缺点。聚酯纤维和天然纤维混纺交织得到的毛涤或棉涤织物同时具有聚酯纤维强度好、挺括的特点，以及棉毛纤维吸湿性好、柔软、染色性好的特点，是制备高级衣服面料的重要材料。

1.7.4　聚酰胺纤维

聚酰胺（PA）纤维是指分子主链由酰胺键连接起来的合成纤维，俗称尼龙（nylon），在中国称为锦纶。PA 纤维是以聚酰胺为原料，经熔融纺丝等方法制得的。已工业化的有全脂肪族聚酰胺、含脂肪环的脂肪族聚酰胺纤维和含芳香环的脂肪族聚酰胺纤维。以全脂肪族聚酰胺纤维产量最大，主要品种有聚酰胺6纤维和聚酰胺66纤维。

聚酰胺纤维最突出的特点是其耐磨性在所有的纺织纤维中是最好的，为棉花的10倍，羊毛的20倍，黏胶纤维的50倍。同时还具有强度高、回弹性好、耐疲劳性、可染性和耐腐蚀性、耐虫蛀性等优良性能，密度低于大多数纤维品种。因而在衣料上可用于制作袜子、紧身衣、妇女内衣等，在工业上可用作渔网、绳索、完全网、轮胎帘子线等，同时还可用于制作大面积覆盖式地毯。

聚酰胺纤维的耐光性和保型性都较差，制成的衣料不挺括，容易变形，虽是制造运动服和休闲服的好材料，但不适于作为高级服装面料，同时其耐热性也较差，加热到160~170℃就开始软化收缩，所以不宜用开水洗涤尼龙织物，熨烫的温度也不能很高。

1.7.5　聚丙烯腈纤维

聚丙烯腈（PAN）纤维是以丙烯腈（AN）为主要结构单元的聚合物纺制的合成纤维，由AN含量占35%~85%的共聚物制成的纤维称为改性聚丙烯腈纤维。在国内聚丙烯腈纤维或改性聚丙烯腈纤维的商品名叫腈纶。目前聚丙烯腈纤维在国内合成纤维的产量位居第二位，居世界合成纤维产量第三位。

腈纶的性能优良，无论外观还是手感都类似于羊毛，因此有"人造羊毛"之称。而且一些指标都已经超过羊毛，如腈纶的强度比羊毛高1~2.5倍，密度小，保暖性及弹性好等。此外，腈纶还具有耐光性、耐候性，是天然纤维和合成纤维中最好的，腈纶的化学稳定性、对酸碱和氧化剂的稳定性也比较好；它的缺点是耐磨性、抗疲劳性差。

聚丙烯腈纤维大部分用于民用，而且以腈纶短纤维服装为主，可纯纺替代羊毛制成哔叽、华达呢、大衣呢、运动衫、针织衫、地毯、毛毯、人造毛皮、装饰织物等，也可混纺制成内衣、衬衫、服装及雨衣等，与羊毛混纺制成围巾、手套、袜子、针织衫、毛毯等，与涤纶、黏胶纤维混纺制成薄呢、外套和衣料；在工业中主要制成帆布、过滤材料、保温材料、包装用布、医疗材料等；另外，可制成军用帐篷、防火服等。

1.7.6　聚丙烯纤维

聚丙烯纤维是以丙烯聚合得到的等规聚丙烯为原料经纺丝而制成的合成纤维，在我国的商品名为丙纶，它是聚烯烃类纤维的一个品种。聚丙烯纤维是在20世纪50年代才开始生产的一种新的合成纤维，1953年意大利首先采用Ziegler催化剂合成的高度立构规整性的聚合物为聚丙烯纤维的生产奠定了工业基础。1957年意大利进一步应用Ziegler-Natta催化剂，开始了聚丙烯的工业生产，为聚丙烯纤维的工业生产提供了基本原料。

聚丙烯纤维具有质轻、强度高、弹性好、耐磨损、不起球等优点，而且原料丙烯来源丰富，易于制得，生产过程也较其他合成纤维简单，生产成本较低，用途也比较广泛。但它在性能上也存在一些比较突出的缺点，主要是耐热性、耐光性较差，易于老化及染色性较差。

聚丙烯纤维的主要用途是制作地毯（包括地毯底布和面）、装饰布，可与多种纤维纺制成不同类型的混纺织物，经过针织加工后可以制成衬衣、外衣、运动衣、袜子等。由聚丙烯中空纤维制成的絮被，质轻、保暖、弹性良好。聚丙烯纤维无纺布主要用于卫生制品、医用手术帽、床上用品等；聚丙烯纤维丝束可用于香烟过滤嘴填料。

1.7.7　聚乙烯醇纤维

聚乙烯醇（PVA）纤维是把聚乙烯醇溶解于水中，经纺丝、甲醛处理制成的合成纤维，也称为聚乙烯醇缩甲醛纤维，商品名为维尼纶或维纶，俗称人造棉。聚乙烯醇是维尼纶纤维的原料，但乙烯醇极不稳定，无法游离存在，将迅速异构化成乙醛，因此聚乙烯醇只能通过聚醋酸乙烯酯的醇解（水解）来制备。

聚乙烯醇短纤维外观形状接近于棉花，但强度、耐磨性都优于棉花。50/50的棉/维纶混纺织物其强度比纯棉织物高60%，耐磨性可以提高50%~100%。聚乙烯醇纤维的密度约比棉花小20%，用同样重量纤维可以纺织成较多相同厚度的织物。

聚乙烯醇纤维在标准条件下的吸湿率为4.5%~5.0%，在几个合成纤维品种中名列前茅，由于导热性差，聚乙烯醇具有良好的保暖性。另外，聚乙烯醇纤维还具有很好的耐腐蚀性和耐日光性。

聚乙烯醇纤维的主要缺点是染色性差，染着量较低，色泽也不鲜艳，这是由于纤维具有皮芯结构和经过缩醛化使部分羟基被封闭的缘故。另外，聚乙烯醇纤维的耐热水性较差，弹性也不如聚酯等其他合成纤维与棉花纤维，其织物不够挺括，在使用过程中易发生褶皱。

聚乙烯醇纤维性质与棉花相似，因此常大量与棉、黏胶纤维或其他纤维混纺，也可纯纺，可制作外衣、汗衫、棉毛衫裤和运动衫以及工作服，也可制作帆布、渔网、包装材料和过滤材料；可作为塑料、水泥、陶瓷的增强材料，也可作为石棉代用品制成石棉板。

1.7.8　芳香族聚酰胺纤维

芳香族聚酰胺纤维是由大分子酰胺基和芳基连接的一类合成纤维。我国商品名为芳纶。主要的芳香族聚酰胺纤维有聚间苯二甲酰间苯二胺纤维（芳纶1313）、聚对苯二甲酰对苯二胺纤维（芳纶1414）、聚对氨基苯甲酰纤维（芳纶14）等。芳香族聚酰胺高分子中含有芳香环，链的刚性大，特别是全芳基的芳纶纤维1313和芳纶1414，具有高强度、高模量、耐高温、耐辐射等特点。主要用于宇航、航空部门，如用作飞机轮胎帘子线、宇航服等的制造。芳纶1414是专为航空和宇宙飞船设计的高性能纤维，主要用做结构材料的增强组分。

1.7.9　碳纤维

碳纤维是主要的耐高温纤维之一，是用再生纤维素或聚丙烯腈纤维高温炭化而制得的。碳纤维包括碳素纤维和石墨纤维两种，前者含碳量为80%~95%，后者含碳量在99%以上。碳素纤维可耐1000℃高温，石墨纤维可耐3000℃高温。石墨纤维还具有高强度、高模量，高温下持久不变形，很高的化学稳定性，良好的导电性和导热性等优点，是宇宙航行、飞机制造、原子能工业的优良材料。

1.7.10　聚四氟乙烯纤维

聚四氟乙烯纤维是由聚四氟乙烯乳液直接进行乳液纺丝，通过高温烧结制成的。商品名为氟纶。聚四氟乙烯纤维具有突出的耐化学腐蚀性，对酸、碱、有机溶剂以及氧化剂、还原剂都有极好的抗耐性。还具有高度的耐候性、润滑性和电绝缘性。此外还耐高温、低温，可在$-180\sim260℃$下长期使用。因此，可作为耐高温、低温、耐腐蚀的轴承材料及密封填料、过滤材料等。

1.7.11 聚氨酯纤维

聚氨酯纤维是当今最富弹性的一种合成纤维，也称为弹性纤维，它是以聚氨基甲酸酯为主要成分的一种嵌段共聚物制成的纤维。聚氨酯纤维在我国的商品名为氨纶。

氨纶因为是由柔性的聚醚或聚酯链段和刚性的芳香族二异氰酸酯链段组成的嵌段共聚物，又用脂肪族二胺进行了交联，因而获得了类似橡胶的高伸长性和回弹性。它具有高的延伸性（$500\%\sim700\%$）、低弹性模量和高弹性回复率；强度高，是橡胶的$3\sim5$倍，其他物理机械性能与天然橡胶丝十分类似；氨纶耐汗、耐海水并耐各种干洗剂和大多数防晒油；长期暴露在日光下或在氯漂白剂中会褪色，但褪色程度随氨纶的类型不同而不同，差异较大。

聚氨酯纤维一般不单独使用，而是少量地掺入织物中，这种纤维既具有橡胶性能又具有纤维的性能，易于纺制不同粗细的丝，因此广泛被用来制作弹性编织物，是比较理想的伸缩性衣料用纤维。由氨纶或其包芯纱经针织、机织制成游泳衣、弹力布、灯芯绒织物等；由经向弹力织物制成滑雪衣、紧身裤；由纬向弹力织物制作运动服；由氨纶直接制成针织内衣、衣物的领口、袖口、裤口、袜口及松紧带、腰带等；由氨纶直接制成医疗织物、军需装备、宇航服的弹性部分等。

1.8 涂 料

1.8.1 涂料概述

涂料是指用于涂覆在物体表面起保护、装饰作用或赋予某些特殊功能的材料。涂料俗名油漆，因为中国古代用漆树的树脂做涂覆层用于涂覆在木制家具或其他器物上，称为漆或生漆，并有底漆、面漆和髹层等名目。后来用合成树脂和干性油、半干性油熬制成涂料代替漆使用，仍把这种合成的涂料称为油漆，至今仍然沿用。涂料操作时，底漆层、面漆层很少称为涂料，还是叫底漆、面漆。

涂料应用的场合很多，被涂覆的表面材料常称为基材，基材有金属和非金属，以及其他材料，如钢铁、铝、合金、木材、混凝土、砖石、塑料、皮革、纸张等。

涂料涂覆在物体表面，形成一层涂膜，涂膜和它的组成不同，就有不同的作用。一般说来，涂料或涂膜、涂层的作用主要是起保护作用和某些功能作用。

涂料涂层的保护作用是不言而喻的，由于涂层膜的隔绝，使大气中的氧、水气、CO_2、微生物、盐雾、污垢物以及紫外线、昆虫等不能直接接触到被涂覆的竹、木、纸、皮革、金属、砖石等，从而起保护作用或者起到防腐作用，这在工业上的应用是屡见不鲜的。有些场合就称为防锈漆、防腐漆等。

涂料的功能作用可分为装饰性、标志性和特殊功能性三种。装饰性是人类运用得较早的一种功能；许多涂层也许初期出于装饰的想法，后来意外地发现它们还有其他作用，因此，涂料从一开始就注意颜色和颜料的运用。随着人们对生活质量的注重，对美化工作环境、生活环境的涂料提出了更高的要求，既要求绚丽多彩的外观，又要求无毒、不脱落等。这些都有赖于彩色涂料来实现。

至于涂料的标志作用，已广泛应用于道路、路标、警示牌、信号牌等，而化工产品的包装及管道、容器，甚至都有标准规定的色彩标志，如氧气钢瓶涂天蓝色，氯气钢瓶为墨绿色，危险物管道涂红色，氢气钢瓶要涂有红色条杠等。现在，功能涂料已层出不穷，如迷彩涂料、伪装涂料、防辐射涂料、防火涂料、防水涂料、耐高温涂料、导电涂料、防污涂料、防结露涂料、静电屏蔽涂料、发射红外线的涂料、干扰红外线的涂料、干扰电磁波的涂料、示温涂料等，不一而足。

涂料的命名一直都较为混乱，目前国外厂家常把涂料按用途来分，如建筑涂料、汽车涂料、桥梁涂料、排风管涂料、飞机涂料、船舶涂料、家电涂料、机床涂料、塑料涂料、罐头涂料、彩钢涂料、蒙皮涂料、伪装涂料、抗干扰涂料、木器涂料、家具涂料、地板涂料、仿瓷涂料、外墙涂料、内墙涂料、玩具涂料、纸张涂料、喷塑涂料、道路涂料等。

而涂料研究者喜欢按功能划分各种特种涂料；施工者喜欢按喷涂漆、辊涂漆、烘漆、调和漆、清漆、浸渍漆、电泳漆等来划分；合成涂料的研究者喜欢按涂料的树脂成分来划分和称呼，如酚醛涂料、聚氨酯涂料、醇酸树脂涂料、聚酯涂料、环氧涂料、不饱和聚酯涂料、丙烯酸涂料、有机硅涂料、硅-丙涂料、苯-丙涂料、氨基涂料、沥青涂料等。

从高分子学科的角度，一般都是以涂料当中的高分子树脂来命名或加以研究。涂料当中的高分子树脂可以是天然的，也可以是人工合成的或由天然树脂改性的。

组成涂料的物质，按其在涂料中的作用可以分为主要成膜物质、次要成膜物质和辅助成膜物质三大类。

主要成膜物质又称为基料，主要由一种或多种高分子树脂组成，是涂料中最重要的组分，是构成涂料的基础，决定着涂料的基本性能。它的作用是将涂料中的其他组分黏结在一起，并牢固地附着在基层表面，形成连续、均匀、坚韧的保护膜，使其具有较高的化学稳定性和一定的机械强度。

次要成膜物质是指涂料中所用的颜料和填料，它们是构成涂膜的组成部分，并以微细粉状均匀地分散于涂料介质中，赋予涂膜以色彩、质感，使涂膜具有一定的遮盖力，减少收缩，还能增加涂膜层的机械强度，防止紫外线的穿透作用，提高涂膜的抗老化性、耐候性。

颜料的品种很多，可分为人造颜料与天然颜料。按其作用又可分为着色颜料、防锈颜料与体质颜料（即填料）。着色颜料是涂料中使用最多的一种。它的主要作用是使涂料具有一定的遮盖力和所需要的色彩。着色颜料的颜色有红、黄、蓝、白、黑、金属光泽及中间色等；防锈颜料用在涂料中涂覆于金属表面上，可防止金属锈蚀；体质颜料多为惰性物质，添加到涂料中可降低涂料的成本。

辅助成膜物质又称为助剂，是为进一步改善或增加涂料的某些性能，在配制涂料时加入的物质，其添加量较少，一般只占涂料的百分之几到万分之几，但效果显著。常用的助剂有成膜助剂、分散剂、消泡剂、增稠剂、防腐防霉剂、防冻剂等。此外，还有增塑剂、抗老化剂、pH 调节剂、防锈剂、消光剂等。

涂料中用的树脂显然比塑料中用的"树脂"范围要窄得多，因为涂料最终要成为一个不溶的膜，成膜过程又叫固化过程，因此，涂料用树脂必须是体型聚合物凝胶化之前的准线型预聚体或留有可交联的基团的预聚体，分子量一般不是很大。

1.8.2　常用合成树脂涂料

以高分子合成树脂为主要成膜物质的涂料，称为合成树脂涂料。常用的合成树脂有醇酸树脂、酚醛树脂、环氧树脂、聚氨酯树脂、丙烯酸树脂五大类。

1.8.2.1　醇酸树脂涂料和聚酯树脂涂料

醇酸树脂涂料和聚酯树脂涂料是最早用于涂料的品种之一，由多元酸和多元醇聚合而成，聚合条件一般不苛刻。早期的醇酸树脂合成中要加入植物油或椰子油、亚麻油、梓油、脱水蓖麻油、棉籽油等，有含双链的，有单官能团的，有多官能团的。从早期一直沿袭至今，变化不大。这类醇酸树脂，有一部分依赖天然产物，称为含油醇酸树脂。

现在有许多合成的醇酸树脂，不加油脂，而全部用二元酸和多元醇反应，称为无油醇酸树脂。合成醇酸树脂用的二元酸一般是 2～10 个碳的二元酸，常用的多元醇则有乙二醇、丙二醇、丁二醇、辛二醇、己二醇、新戊二醇、丙三醇、季戊四醇等多元醇。多元醇的伯、仲、碳上羟基活性不同，利用这个原理，可以在投料配比上进行控制，可以生产出基本上是线型的预聚体。

醇酸反应生成聚酯，但人们习惯上不称它为聚酯，而把那些使用芳香族二酸，如邻苯二甲酸酐、对苯二甲酸与多元醇进行的高分子称为聚酯。如果聚酯预聚物中没有双键，就称为饱和聚酯；如果预聚物中含有双键，就称为不饱和聚酯。

用作醇酸或聚酯涂料的树脂，往往不是使用单一的多元醇，而是二元醇和多元醇混用。长链、短链的醇混用，可以调整高分子链的刚性和柔性，使涂料最终形成的高分子膜具有各种特性，或韧或刚、或硬或软、或强或柔。

醇酸树脂原料易得，制造工艺简便，综合性能好，用量一直居于涂料中的树脂首位。醇酸树脂中含有大量酯基，因而耐水性、耐碱、耐化学药品性要略差一些，但这种高分子链中有羟基、羧基、酯基，有些还有双键、苯环，所以比较容易改性。例如用氨基树脂、环氧树脂、异氰酸酯或聚氨酯、氯化橡胶、丙烯酸酯、有机硅树脂改性等。用聚酰胺改性醇酸树脂，可用来制取触变性涂料。其在静止状态时呈冻胶状，而当受到剪切力作用，如在搅拌或刷涂时，就会变成低黏度的液体，便于施工；剪切力停止，又逐步恢复冻胶状。

用芳香二酸合成的聚酯树脂，其耐候性和韧性优于醇酸树脂，常用的有单组分和双组分两类，前者加热自交联，后者要添加催化剂和交联剂（另一组分）。

1.8.2.2　酚醛树脂和其他甲醛类树脂涂料

在涂料工业中，酚醛树脂是发展最早、价格低廉的合成树脂之一。主要用于代替天然树脂和干性油配制涂料，具有硬度高、快干、光泽好、耐水、耐油、耐碱和电器绝缘等特点，广泛用于建筑、木器家具、船舶、机械、电器及化工防腐蚀等方面。但是，酚醛树脂因其颜色较深，使用过程中涂膜易泛黄，所以不宜用于制造白色和浅色涂料。

酚醛树脂是由酚类和醛类在酸或碱催化作用下缩聚而得。纯酚醛树脂因性脆、机械强度低、耐热性及抗氧化性不高、易吸水、高频绝缘性和耐电弧性不好等原因，很少单独加工成制品，需对酚醛树脂进行改性后再使用。

脲（$H_2N{-}\overset{\overset{\displaystyle O}{\|}}{C}{-}NH_2$）和甲醛缩聚生成脲醛树脂，三聚氰胺（ ）和甲

醛反应生成三聚氰胺-甲醛树脂，这两种有时统称为氨基树脂。氨基树脂固化时变硬变脆，一般不单独用于涂料，常常作为交联剂用于含羟基、羧基、酰胺基的其他树脂。

1.8.2.3　环氧树脂涂料

环氧树脂中仅有羟基和醚链，没有酯基，因而耐水、耐碱性很好。它有极好的黏附力、涂膜保色性、耐化学腐蚀性、耐溶剂性、热稳定性和电绝缘性等特点，成为涂料用重要的合成树脂之一。

环氧树脂要加固化剂才能交联固化，所以环氧涂料多为双组分。固化剂有多元酸、多元酐、氨基树脂、酚醛树脂、多元硫醇等。环氧树脂与一种潜在型固化剂配合，可以制成单组分涂料，这种固化剂在室温下稳定，一旦高温就起交联作用。

由于环氧树脂可以室温固化，常用作防腐涂料尤其用作大型构件如船舶、建筑物、桥梁等的防护涂料。环氧树脂可以一次涂刷较厚，作容器涂料又有很强的黏着力，可作电绝缘漆和化工设备防腐底漆。

1.8.2.4　聚氨酯涂料

以聚氨酯树脂为主要成膜物质的涂料就是聚氨酯涂料。聚氨酯分子中含有极性很强的异氰酸酯基、酯基、醚键等，可使聚氨酯涂膜具有良好的附着力，分子结构中羰基的氧原子还可以与氨基上的氢原子形成环状或非环状氢键，使聚氨酯树脂的断裂伸长率、耐磨性和韧性均优于其他树脂；涂膜光亮、坚硬、耐磨、耐化学腐蚀性、耐热性优异；弹性从极坚硬到极柔韧。由于异氰酸酯基的活性较高，因此聚氨酯可以在高温下烘干，也可在低温下固化，具有常温固化速度快、施工季节长等优点。但用它作耐候涂料则显不足，在阳光下会变黄。用 HDI 可以制成不变黄的涂料，作室内外装饰涂料，扩大了其应用范围。

聚氨酯涂料可用于飞机、船舶、舰艇、车辆的涂装。这些场合一般环境条件严酷，其涂装涂料要求特别高，用聚氨酯涂装飞机外壁，寿命可延长 50%，可使用 5 年，而且涂膜平滑，飞行阻力小，又特别耐磨，飞过冰雹层也不会受到伤害。聚氨酯黏附力很强，用于船舰金属底漆，与金属和面漆结合良好，是任何水下用涂料不可比的。

聚氨酯涂料用于建筑物涂装，从室内到室外，涂层耐磨，光亮丰满。用于木材表面涂装，塑料、金属、橡胶、皮革、化工设备、油品储运设备、机床、电线涂覆，各具特色。

1.8.2.5　聚丙烯酸酯涂料

聚丙烯酸酯是丙烯酸类单体，如丙烯酸甲酯、乙酯、丁酯、羟基乙酯、羟基丙酯、甲基丙烯酸甲酯的均聚物、共聚物以及与其他烯烃的共聚树脂等。聚丙烯酸酯耐光、耐候、耐户外阳光曝晒、耐紫外光、耐热性好，在 170℃不分解，在更高的温度如 230℃可以不变色，耐酸、碱、洗涤剂，耐化学腐蚀，在汽车、家具、家电、仪表、建筑等行业得到广泛应用。

各种单体侧基的长短，与分子柔性有关，调整投料比例可以得到许多种热塑性和热固性树脂。热固性树脂是利用含有羟乙酯、羟丙酯的单体，或含羧基的丙烯酸，含氨基、酰

胺基的单体共聚合以后，在大分子链中有许多活性官能团，用环氧、聚氨酯（二异氰酸酯）、三聚氰胺甲醛树脂等可以进行固化。

丙烯酸树脂的性能与合成它们的单体有较大关系，随着聚合物侧链长度的增大，拉伸强度和硬度减少，而柔韧性和防开裂性增加，耐寒性变得很好。丙烯酸树脂与许多树脂的相容性较好，可以很好地共混改性。由于它在合成中可能引入反应性基因，因此适用于与多种树脂进行化学改性，使其多种多样。

热塑性丙烯酸酯涂料主要用作汽车面漆和修补漆、金属涂层的底漆、地板涂层等。热固聚丙烯酸酯涂料用作家电涂料最为广泛，用环氧树脂固化，其黏附力优良，又耐污，无需底漆，施工简便。用氨基树脂固化或与多种树脂改性，用作汽车漆可获得多种性能，应用最广。此外还用作各种金属材料、板材、卷材的涂层。

1.8.2.6 粉末涂料

粉末涂料由高分子树脂、颜料、固化剂、填料和各种助剂组成。与溶剂涂料相比，只是少了一份溶剂而已。

粉末涂料不含有机溶剂，毒性低，运输的安全性好，生产环境几乎无污染，树脂利用率高，筛余和喷溢的粉末可以回收。此外粉末涂料施工安全、卫生、涂膜厚度可控，一次涂装厚度相当于溶剂型的喷涂若干遍，易于自动化，提高劳动生产率。但其主要缺点是烘烤或成型温度高，厚涂容易薄涂难。

适合于制造粉末涂料的树脂必须考虑熔融温度不宜太高，更不能接近分解温度，室温下为玻璃态或晶态，稳定性好，附着力强，易于被粉碎。

热塑性的粉末涂料有 PVC、PE、PA、氟树脂、醋酸纤维素等，要低温粉碎，甚至要冷冻下破碎；而热固性粉末涂料常常加入固化剂，固化剂要高温固化，在熔融粉碎时，不与树脂反应。此外流平剂、消光剂等提高施工性能的添加剂也不可少。例如环氧树脂粉末涂料，选用软化点 70℃ 以上的牌号的固化剂，如 160℃ 反应的双氰胺，180℃ 反应的酸酐等，加入流平剂、颜料，在略高于软化点温度上挤压，挤压料冷却破碎。粉末涂料用静电喷涂施工。在 150~180℃ 15min 即可固化为坚韧涂层。除了环氧粉末涂料外，还有聚酯/环氧、聚酯、聚氨酯、聚丙烯酸酯、丙烯酸/聚酯粉末涂料以及它们的各种拼混产物。

1.8.2.7 水性涂料

水性涂料又叫水基涂料，主要是合成水溶性或可水乳化型的高分子材料。一般在高分子聚合中，要引入亲水基团，或引入成盐基团。如高分子中含较多的羟基，亲水性能就较好；如含有羧基，可以用氨或碱中和，使之成为可电解的高分子电解质，用以引入亲水基团的如聚醚多元醇、聚乙烯醇、顺丁烯二酸酐、蓖麻油、草酸、山梨醇等多元酸和多元醇等。

除了合成水溶性高分子材料之外，许多高分子可以用乳液聚合的方法制成乳液。乳液作为水性涂料的使用也是最常见的。如聚丙烯酸酯乳液、聚丙烯酸酯/苯乙烯乳液、有机硅/丙烯酸酯乳液等。

聚合物的水分散体系与颜料的水分散体系的混合物在增稠剂、表面活性剂和稳定剂的参与下，形成乳胶涂料（乳胶漆），本质上也是水性涂料。

1.8.2.8 紫外线固化涂料（UV 涂料）

紫外线固化涂料是一种无溶剂涂料，又称光固化涂料。其聚合机理是在光或辐射射线照射下，自由基引发聚合。一般是涂料树脂中含有未聚合的双键，或者以苯乙烯为溶剂，涂料树脂含有不饱和双键，在光引发剂（常用二苯甲酮或安息香醚）作用之下很快聚合，表现形式是没有溶剂挥发。用作含有可聚合双键或可交联的高分子的，有不饱和聚酯、聚丙烯酸酯或氨基丙烯酸酯、环氧或其他多元醇丙烯酸酯聚合物，稀释剂最常用价格低廉的苯乙烯，还有丙烯酸羟丙酯、二丙烯酸酯等。

1.9 胶 黏 剂

1.9.1　胶黏剂概述

能把同一种或不同种材料的固体物质表面连接在一起的媒介物质，统称为胶黏剂，也叫黏合剂。

胶黏剂的组成可以简单也可以复杂，简单的只有黏合料，复杂的则由如下组成：

胶黏剂 {
　基料：是主料，胶黏剂中起黏合和粘接作用
　固化剂：使胶黏剂固化成型
　填料：改善胶料机械性能或降低成本
　稀释剂：调节胶黏剂体系的黏度，改善其流平性和润湿性
　增塑剂：增加胶黏剂的流动性和浸润扩散力
}

从理论上讲分子量不很大的高分子都可以作胶黏剂。用作胶黏剂的树脂类高分子材料常有聚乙烯醇、聚乙烯醇缩醛（甲醛、丁醛）类、聚乙酸乙烯、聚丙烯酸酯类、聚氨酯类、饱和聚酯类、聚乙烯类、聚氯乙烯类、聚酰胺类、纤维素衍生物类，这些是属于热塑性树脂。还有酚醛树脂、线型酚醛树脂、环氧树脂、不饱和聚酯、聚酰亚胺等属于热固性树脂。热固性胶黏剂要加固化剂或者制成双组分。橡胶类型的胶黏剂常用的有氯丁橡胶、丁腈橡胶、丁苯橡胶、丁基橡胶、硅橡胶、聚硫橡胶和热塑性弹性体，以及将这些胶黏剂共混的复合型胶黏剂。

1.9.2　热塑性高分子胶黏剂

热塑性高分子胶黏剂的黏合料（基料）由线型高分子组成，分子量比较大，容易配成溶液或加热成熔融状态，容易在液态状态下使用和施工，使用方便。一般这类胶黏剂由于分子量足够大，因此起始黏附力（初黏力）比较好。其具有一定的柔韧性，耐冲击性、耐候性良好等优点，但相对来说，最终粘接强度较低，耐高温和耐溶剂性能不是很好。常见的有：

（1）聚乙酸乙烯溶液胶黏剂。由乙酸乙烯溶液聚合成树脂，溶解于丙酮、乙酸乙酯、甲苯或无水乙醇中，一般配成浓度 30%~35%（可高达 70%）。对于非极性材料有较好的粘接性，用于木材、织物、皮革等。

（2）聚丙烯酸酯胶黏剂。常用丙烯酸的甲酯、乙酯、丁酯、异辛酯等，有溶液型和乳液型，后者更为常用。用于粘接有机玻璃、无纺布织物等。

（3）聚乙烯醇水溶液。就是胶水的主要成分，聚乙烯醇缩醛类胶黏剂常作为建筑装修的主要胶黏材料。

1.9.3 热固性高分子胶黏剂

热固性高分子胶黏剂分子中含有反应性基团，分子量不大，通过加热、加压或加固化剂结合成不溶不熔的交联高分子，以粘接物体界面。由于分子量小，初始粘接力较低，固化过程中易收缩或有应力，在固化过程中易变形，但固化后的黏结层耐热性较高，抗蠕变，常见的有：

（1）氨基树脂胶黏剂，包括脲醛树脂、三聚氰胺-甲醛树脂等，加入固化剂或加热加压。主要用于制造层压板、人造板、碎木板等。用于制造胶合板、人造板材料的还有酚醛树脂胶黏剂。

（2）环氧树脂胶黏剂，又叫做"万能胶"，对各种金属和大多数非金属都有粘接功能，在国防军工、汽车、建筑、电子电器、机械和日常生活中应用广泛，用于粘接陶瓷、金属、硬软材料等。一般都是双组分，其中一个组分是固化剂。常用固化剂为胺类，如乙二胺、二亚乙基三胺、三亚乙基四胺、苯二甲胺、β-羟乙基乙二胺，低分子聚酰胺等，这些固化剂室温下即可以固化。还有许多固化剂是在高温下固化的，如间苯二胺、顺酐、双氰胺、癸二酸二酰肼等，要到160℃以上才固化。有一些固化剂在室温下是稳定的，只有在高温下才能与环氧树脂反应，因此，在环氧树脂胶黏剂中可以把这种固化剂分散进去。环氧树脂胶黏剂在室温下是稳定的，加热至160~180℃以上很快就固化，这种胶黏剂不必把固化剂单独包装，所以就成了单组分环氧树脂胶黏剂，有使用方便的一面，但固化要求在高温下进行。那些高温才发生固化反应的固化剂被叫作潜伏性固化剂。

（3）不饱和聚酯胶黏剂，一般是由饱和的与不饱和的二元酸和二元醇反应的预聚物，溶于苯乙烯中，加入固化剂。固化剂常用过氧化物，分为常温固化与高温固化两种。适用于玻璃钢生产和粘接金属、混凝土和陶瓷等。

（4）聚丙烯酸酯类胶黏剂，是聚丙烯酸酯或其共聚物大分子中有活性基团，如羟基、环氧基、羧基等，在固化剂作用下交联固化或在催化剂作用下自交联固化，具有耐热、耐洗涤和耐化学药品性，适用于作无纺布胶黏剂。

1.9.4 橡胶型胶黏剂

橡胶型胶黏剂适合于黏合柔软的或热膨胀系数相差较大的物件，如橡胶与橡胶，橡胶与金属、塑料、皮革、织物、木材，以及它们相互之间的粘接，广泛应用于飞机、汽车、建筑、橡胶、塑料加工及制品、轻工、用具等方面，据统计5%~7%的橡胶被用作胶黏剂。

橡胶型胶黏剂主要有：

（1）氯丁橡胶胶黏剂。具有较好的耐臭氧、耐水、耐化学试剂、耐油和耐老化性能，是用氯丁橡胶塑炼，加入各种添加剂混炼后溶解于溶剂中。这种胶黏剂改进的配方很多，有单组分和双组分两类。单组分胶黏剂添加有预反应树脂，它已成为重要品种；双组分常用的交联剂一般是异氰酸酯。目前已广泛应用于电子、轻工、建筑等部门。

（2）丁腈橡胶胶黏剂。对极性表面的黏附性特别好，分为溶剂型与胶乳型两种，主要用于橡胶与橡胶、橡胶与金属、橡胶与织物等的粘接。此外由于橡胶的特点，可作为酚醛树脂、环氧树脂胶黏剂的增韧改性的结构胶黏剂。

（3）氯化天然橡胶胶黏剂。具有优良的耐化学腐蚀性，有良好的黏附性和稳定性，除了自身作胶黏剂之外，还常用于改性氯丁橡胶、丁腈橡胶的胶黏剂，可提高胶黏剂的胶接强度、耐高温蠕变和其他性能。

（4）氯磺化聚乙烯胶黏剂。耐臭氧、耐热老化好，脆性温度可到$-62℃$，它用于除硅橡胶、氟橡胶之外，几乎所有的橡胶之间的粘接以及这些橡胶与金属的粘接。

（5）硅橡胶胶黏剂。用作胶黏剂使用的形式有单组分、双组分和硅凝胶。单组分和双组分室温硫化硅橡胶胶黏剂用作建筑物胶黏剂和密封门窗玻璃，以及许多耐温耐水的场合，如地下室、地道、地铁、隧道的粘贴物件；硅凝胶用于航天、航空和特殊场合以及作医用胶黏剂。其黏合性能在汽车工业、太阳能电池、船舶、潜艇等许多部门都有独特意义。

1.9.5　热熔型胶黏剂

热熔型胶黏剂的特点是常温下为固态，加热熔融成黏流态，涂布润湿被黏合物，加压结合，冷却几秒钟内即完成粘接。特点是固化快、使用方便、无污染、无溶剂，广泛应用于书籍装订、胶合板、建筑、家具、木工等行业。例如，应用于电视机、音响、缝纫机的机壳、外部件，汽车的车灯、尾灯、灯罩、透镜、门镶板等以及地毯铺设、接缝，铭牌粘贴，陶瓷文物修复和建筑物护墙板、天花板、隔音板的粘接等。

常用的热熔胶有聚酯、聚酰胺、无规聚丙烯、乙烯-乙酸乙烯共聚物、乙烯-丙烯酸乙酯共聚物。高分子是胶黏剂的主要成分，但热熔胶常添加增黏剂、降黏剂、增塑剂等。例如，最常见的是加入松香和松香衍生物作增黏剂，可以使初始黏力增大。

1.9.6　压敏胶

压敏胶指无溶剂、不加热、只要轻轻加压就能黏合的胶黏剂。通常是用长链线型高分子，加入增黏树脂和软化剂混炼得到。

常用长链线型聚合物有各类橡胶、聚乙烯醚、聚丙烯酸酯、丙烯酸酯共聚物、SBS等。增黏树脂有羊毛酯、液体聚丁烯、液体态的聚丙烯酸酯等。

聚丙烯酸酯压敏胶现在是最主要的产品，用各种丙烯酸酯单体共聚或与少量乙烯基其他单体共聚。这种压敏胶不必加入防老剂，耐油，不迁移，对绝大多数人不过敏，对皮肤无刺激。

压敏胶带除了用溶剂型压敏胶生产外，现在常用乳液型压敏胶，烘干制成胶带，无污染，操作成熟。压敏胶带可以一面涂层，也可以双面涂层变成双面胶，双面胶两面都要用有机硅防粘纸加以保护。也可以将压敏胶涂于有机硅防粘纸上，再转移到胶带上。现在压敏胶和压敏胶带已在医药、日常生活、绝缘、包装、标志等方面得到应用。

1.10　功能高分子材料

对物质、能量和信息具有传播、转换或储存作用的高分子及其复合材料称为功能高分子材料，也可简称功能高分子，有时也称为精细高分子或特种高分子。

功能高分子材料是在20世纪60年代迅速发展起来的新型高分子材料。功能高分子的内容丰富、品种繁多、发展迅速，已成为新技术革命必不可少的关键材料，并将对 21 世纪人类社会生活产生巨大的影响。

1.10.1 功能高分子材料的分类和特点

功能高分子按组成和结构可分为结构型、复合型和混合型三种。结构型功能高分子材料是指在大分子链中连接有特定功能基团的高分子材料；复合型功能高分子材料是指以普通高分子材料为基体或载体与具有特定功能的其他材料进行复合，也有的功能高分子材料是既有结构型又有复合型的特点，称作混合型。

功能高分子材料按照功能特性通常可分成光、电、磁、力、声、化学和生物八大类，见表 1-8。

表 1-8　功能高分子材料的分类

功能特性		种　类	应　用
化学	反应性	高分子试剂、可降解高分子	高分子反应，农药、医用、环保
	催化	高分子催化剂、固定酶	化工、食品加工、生化反应
	离子交换	离子交换树脂	水净化、分离
	吸附	螯合树脂、絮凝剂	稀有金属提取、水处理
光	光传导	塑料光纤	通信、显示、医疗器械
	透光	接触眼镜片、阳光选择膜	医疗、农用薄膜
	偏光	液晶高分子	显示、连接器
	光化学反应	光刻胶、感光树脂	印刷、微细加工
	光色	光致变色高分子、发光高分子	显示、记录
电	导电	高分子半导体、高分子金属、高分子超导体	电极、电池材料
		导电塑料（纤维、橡胶、涂料、黏合剂）	防静电、屏蔽材料、接点材料
		透明导电薄膜、高分子聚电解质	透明电极、固体电解质材料
	光电	光电导高分子、电致变色高分子	电子照相、光电池
	介电	高分子助极体	释电材料
	热电	热电高分子	显示、测量
磁	导磁	塑料磁石、磁性橡胶、光磁材料	显示、记录、存储、中子吸收
热	热变形	热收缩塑料、形状记忆高分子	医疗、玩具
	绝热	耐烧蚀材料	火箭、宇宙飞船
	热光	热释光材料	测量
声	吸声	吸声防震材料	建筑
	声电	声电换能材料、超声波发振材料	音响设备
力	传质	分离膜、高分子减阻剂	化工、炼油
	力电	压电高分子、压敏导电橡胶	开关材料、机器人敏感材料
生物	身体适应性	医用高分子	外科材料、人工脏器
	药用	高分子医药	医疗、计划生育
	仿生	仿生高分子、智能高分子	生物医学工程

功能高分子材料之所以发展迅速，是因为除了具有重量轻、易于加工、可大面积成膜、原材料来源广泛等优点之外，还有如下特点：

（1）涉及面广。

（2）技术密集，附加值高。

（3）开发难度大，周期长，竞争激烈。

（4）专用性强、品种多、产量小、价格高。

1.10.2　功能高分子材料的制备

1.10.2.1　功能型小分子的高分子化

功能型小分子的高分子化是利用聚合反应将功能型小分子高分子化，使制备得到的功能材料同时具有聚合物和小分子的共同特征。功能型小分子和聚合物骨架的连接有两种方法。

（1）功能型可聚合单体的聚合。主要包括功能型可聚单体的合成和聚合反应两个步骤，其关键步骤是合成可聚合的功能型单体。合成可聚合的功能型单体的关键是在小分子功能化合物上引入可聚合基团，如端双键、吡咯基或噻吩等基团。

单体除了进行均聚之外，采用多种单体进行共聚也是一种常见的方法。在共聚反应中借助于改变单体的种类和两种单体的相对量，可以得到多种不同性质的聚合物，使功能和性能得到改善。

（2）聚合物包埋法。在单体溶液中加入小分子功能化合物，在聚合过程中小分子被生成的聚合物所包埋。聚合物骨架与小分子功能化合物之间没有化学键连接，固化作用通过聚合物的包络作用来完成。这种方法制备的功能高分子类似于用共混方法制备的产物，但是均匀性更好。另外一个优点是方法简便，功能小分子的性质不受聚合物性质的影响。

1.10.2.2　高分子材料的功能化

通过化学或物理方法对已有聚合物进行功能化，可使常见的高分子材料具有特定功能，成为功能高分子材料。这种方法的好处是可以利用通用高分子材料，得到功能高分子材料。通过高分子材料的功能化获得功能高分子材料，包括化学改性和物理共混两种方法。

（1）高分子材料的化学方法功能化。这种方法主要是利用接枝反应在聚合物骨架上引入活性功能基团，从而改变聚合物性质，赋予新的功能。能够用于这种接枝反应的高分子材料都是通用高分子，原材料来源广泛、价格低廉。常见的品种包括聚苯乙烯、聚乙烯醇、聚丙烯酸衍生物、聚丙烯酰胺、聚乙烯亚胺、纤维素、聚酯、聚酰胺、环氧化合物、聚苯醚、聚氨酯和一些无机高分子。

（2）高分子材料的物理方法功能化。高分子的物理功能化方法主要是通过小分子功能化合物与高分子的共混来实现。共混方法主要有熔融共混和溶液共混。熔融共混与两种高分子共混相似，是将聚合物熔融，在熔融态加入功能型小分子化合物，小分子在聚合物中溶解，形成分子分散相，获得均相物。溶解性能直接影响得共混物的相态结构。溶液共混是将高分子溶解在一定的溶剂中，同时，将功能型小分子溶解于高分子溶液中，或者悬浮聚在溶液中成混悬体。

1.10.2.3 功能高分子材料的多功能复合

有时候一种高分子功能材料难以满足某种特定需要，如单向导电高分子，必须要采用两种以上的功能材料加以复合才能实现。又如聚合型光电池中光电转换材料不仅需要光吸收和光电子激发功能，为了形成电池电势，还要有电荷分离功能。这时也必须要有多种功能材料复合才能完成。有时为了满足某种需求，需要在同一分子内引入两种功能基团，如在聚合物中引入电子给予体和电子接受体，使光电子转移过程在分子内完成。此外，某些功能高分子的功能单一，作用程度不够，也需要对其用化学的或物理的方法进行二次加工，这称为功能高分子材料的多功能复合。

此外，在同一种功能材料中，甚至在同一个分子中引入两种以上的功能基团，也是制备新型功能高分子材料的一种方法。以这种方法制备的功能高分子，或者集多种功能于一身，或者两种功能协同，创造出新的功能。

例如在离子交换树脂中，离子取代基邻位引入氧化还原基团，如二茂铁基团，以该法制成的功能材料对电极表面进行修饰，修饰后的电极对测定离子的选择能力受电极电势的控制。当电极电势升到二茂铁氧化电位以上时，二茂铁被氧化，带有正电荷，吸引带有负电荷的离子交换基团，构成稳定的正负离子对，使其失去离子交换能力。

1.10.3 医用高分子材料

医用高分子材料的分类有许多分类方法，但从医学的应用领域可以分为以下几类：

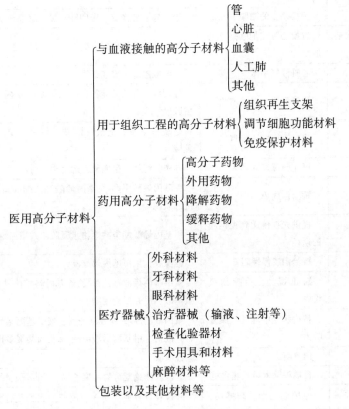

医用高分子材料是指可以应用于医药的人工合成（包括改性）的高分子材料，不包

括天然高分子材料、生物高分子材料、无机高分子材料在内。实际上，医用高分子材料，也可以叫高分子医用材料，有两层含义：一层是医用生物材料，或者叫合成高分子医用生物材料，指应用于生物体内的包括药物在内的材料；另一层含义是在医疗行业或在医药领域内被使用的人工合成高分子材料。这里的医用高分子材料是指广义的医用高分子材料。

医用高分子材料应具备的特性：

（1）良好的生物相容性。组织相容性、血液相容性和耐生物老化性。

生物相容性是指植入人体内的生物医用材料及各种人工器官、医用辅助装置等医疗器械，必须对人体无毒性、无致敏性、无刺激性、无遗传毒性和无致癌性，对人体组织、血液、免疫等系统不产生不良反应。

（2）良好的物理力学性能。加工成型容易，耐老化性好。

（3）形态结构应符合医用的使用要求。

（4）研制和生产过程要按照卫生和药物管理部门的有关质量管理规范进行。

硅橡胶和聚四氟乙烯材料在化学上呈惰性、吸水性小，与肌体反应微弱，对周围组织的影响最小。聚氨酯材料的表面带有负电荷，使其具有较好的抗凝血性能。

目前医用高分子材料主要应用领域以及主要品种见表1-9。

表1-9　医用高分子材料与制品分类表

用途	功能	主要使用的高分子材料
人工血管	置换病变血管或进行搭桥手术	聚酯纤维、真丝、膨体聚四氟乙烯、聚氨酯
人工瓣膜	置换病变的瓣膜	聚氨酯、硅橡胶、聚四氟乙烯、聚酯纤维
人工心脏及心脏辅助装置	置换心脏或加强病变心脏功能	聚氨酯、聚氯乙烯、硅橡胶、天然橡胶
心脏补片	心脏修复手术	聚四氟乙烯、聚酯纤维
人工血浆	代替血浆、血液增浓	葡萄糖、羟乙基淀粉、聚乙烯吡咯烷酮、聚 N-羟丙基丙烯酰胺
人工血红蛋白	代替红血球输运氧气	全氟三丁胺、全氟三丙胺、环氧乙烷与环氧丙烷共聚物乳液
人工玻璃体	填充眼球玻璃体腔	硅橡胶海绵、聚四氟乙烯海绵、骨胶原
人工晶状体	矫治白内障	甲基丙烯酸甲酯-甲基丙烯酸羟乙酯共聚物、聚丙烯、聚有机硅氧烷凝胶
人工角膜	提供光线传递到视网膜的途径	甲基丙烯酸酯类共聚物水凝胶、共聚涤纶、硅橡胶
人工泪管	矫治泪道慢性阻塞	硅橡胶、聚甲基丙烯酸酯
隐形眼镜	矫正视力，治疗角膜疾患	聚甲基丙烯酸羟乙酯-乙烯基吡咯烷酮共聚物、硅橡胶、聚氨基酸、甲壳素衍生物
人工中耳骨	替代病变中耳鼓，康复听力	聚四氟乙烯-碳纤维复合物、聚甲基丙烯酸羟乙酯-羟基磷灰石共混物、甲基丙烯酸甲酯-苯乙烯共聚多孔骨水泥、聚乙烯
耳鼓膜	康复听力	硅橡胶
人工食道	食道根除术后重建食道	硅橡胶涤纶复合物、聚乙烯、聚四氟乙烯、天然橡胶
人工皮肤	保护创伤面、防感染、透气、有助于新皮生长	硅橡胶骨胶原无纺布、离子型聚酯复合物、聚氨基酸、聚甲基丙烯酸羟乙酯

续表1-9

用途	功能	主要使用的高分子材料
人工骨	骨替代	羟基磷灰石、多孔聚四氟乙烯、超高分子量聚乙烯、聚砜碳纤维复合物
人工颅骨	颅骨替代	聚甲基丙烯酸甲酯、甲基丙烯甲酯-苯乙烯共聚物、聚碳酸酯
人工关节	置换病变及损伤的关节	钛-钴-钼-镍合金、高分子量聚乙烯、甲基丙烯酸甲酯-苯乙烯共聚物、多孔聚四氟乙烯、聚甲基丙烯甲酯碳纤维复合物
骨板、骨钉、脊椎钉	骨折修复、排列错位校正、矫正慢性脊柱弯曲	聚砜碳纤维复合材料、聚乳酸、聚乙烯醇复合材料
齿料材料	齿修补、替代	尼龙、聚甲基丙烯酸甲酯、聚碳酸酯、氯乙烯-乙酸乙烯酯共聚物、硅橡胶、环氧树脂、聚苯乙烯、聚砜、吸水树脂
人工喉	喉头切除后发音功能恢复	硅橡胶涤纶复合物、膨体聚四氟乙烯、聚氨酯、聚乙烯、尼龙、聚甲基丙烯酸甲酯
人工肾	肾功能衰竭患者肾功能的替代	醋酸纤维素、铜氨纤维素、聚丙烯腈、聚甲基丙烯酸甲酯、聚乙烯醇、乙烯-乙烯醇共聚物、聚砜、聚碳酸酯、丙烯腈-苯乙烯共聚物、聚氨酯、聚四氟乙烯、聚氯乙烯、硅橡胶、火棉胶、聚甲基丙烯酸甲酯
人工肝	急性肝功能衰竭治疗，血液解毒净化	活性炭、炭化树脂、吸附树脂、聚丙烯酰胺、环氧氯丙烷交联琼脂糖、白蛋白、硅橡胶、聚氨酯、聚四氟乙烯、聚丙烯
人工肺	替代肺进行血液气体交换	聚氯乙烯、硅橡胶、聚丙烯空心纤维、聚砜空心纤维
人工胰	替代胰脏功能，释放胰岛素，控制血糖水平	海藻酸、聚丙烯腈、聚氨基酸
人工胆道	替代摘除的胆道	聚氨酯、硅橡胶
人工输尿管	替代摘除的输尿管	聚氨酯、硅橡胶、涤纶织物、聚甲基丙烯酸羟乙酯涂料
人工膀胱	膀胱全切后，替代膀胱集尿排尿功能	硅橡胶、聚氨酯、天然橡胶乳液、涤纶织物、聚丙烯
人工括约肌	控制排尿	硅橡胶
人工乳房	乳房修复、整容	硅橡胶、硅凝胶、氟硅橡胶
人工脑硬膜	脑手术	硅橡胶、聚四氟乙烯
人工腹膜	代替	聚乙烯、聚四氟乙烯、硅橡胶、血纤维蛋白、涤纶、聚氯乙烯
疝增补材料	修补	聚乙烯醇、涤纶、尼龙、聚四氟乙烯、聚乙烯
人工指	修复	硅橡胶、聚丙烯、超高分子量聚乙烯
人工角膜	替代	硅橡胶、聚甲基丙烯酸甲酯
人工眼珠	替代	硅橡胶
人工玻璃体	替代	骨胶原、液体有机硅、聚乙烯醇水凝胶
各种医用插管	治疗过程中引流、输液检查	聚乙烯、聚氯乙烯、硅橡胶、天然橡胶、聚氨酯、聚四氟乙烯

用途	功能	主要使用的高分子材料
注射器	向人体输送液体、药物	聚丙烯、聚乙烯、聚苯乙烯、聚氯乙烯、天然橡胶、泡沫聚苯乙烯、氨纶弹力丝织带
输液输血袋	向人体输液、输血	聚氯乙烯、聚丙烯、聚乙烯、ABS 树脂、尼龙
医用手套、指套	检查疾患、手术时医生使用	天然胶乳、聚氨酯
绷带	固定、包扎伤口	反式聚异戊二烯、水固化聚氨酯、泡沫聚苯乙烯、氨纶弹力丝织带
手术覆盖膜	代替手术圆孔巾、防止汗液感染	聚乙烯膜、聚甲基丙烯酸酯压敏胶、有机硅处理的尼龙带
止血海绵	伤口及刀口止血	聚乙烯醇、明胶
组织胶黏剂	用黏合代替缝合	α-氰基丙烯酸丁酯、亚甲基丙二酸酯类、聚氨酯预聚物、环氧树脂
手术衣		聚酯和尼龙无纺布
各种手术器具		聚乙烯、增强塑料

1.10.4　离子交换树脂

　　离子交换树脂是一种可以与接触的介质进行离子交换的高分子材料。它本身不溶于介质中，只有相关的离子与介质交换。其组成和分类可表示为：

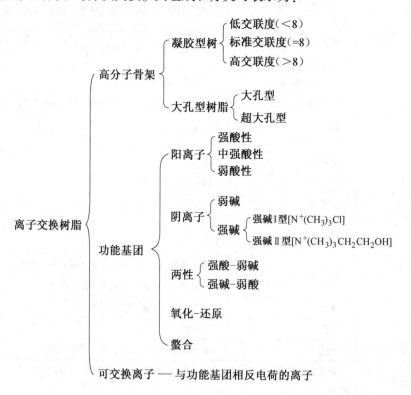

1.10.4.1 离子交换树脂骨架

聚苯乙烯型树脂：是用苯乙烯和二乙烯苯悬浮共聚制得。

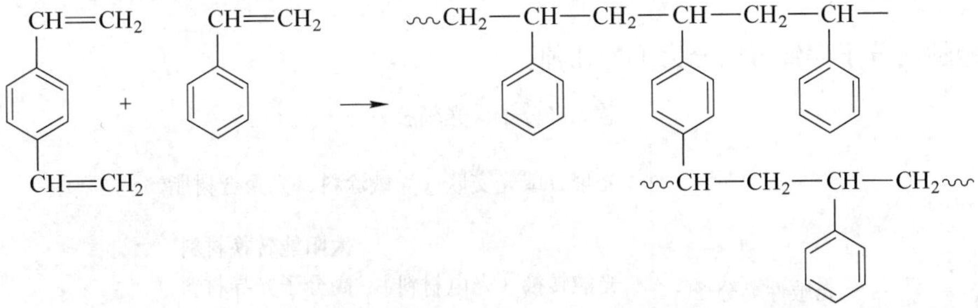

聚丙烯酸型树脂：是用丙烯酸甲酯或甲基丙烯酸甲酯与二乙烯苯、二甲基丙烯酸乙二醇酯、甲基丙烯酸烯丙酯、三聚异氰酸三烯丙酯等作交联剂悬浮共聚制得。

1.10.4.2 功能基团进入高分子骨架

阳离子交换树脂：

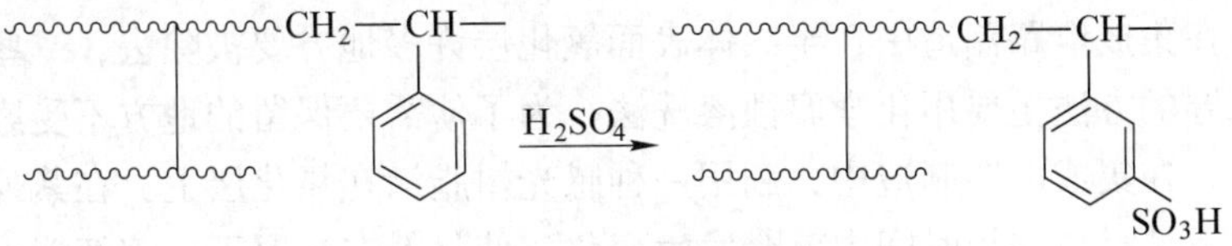

阴离子交换树脂：

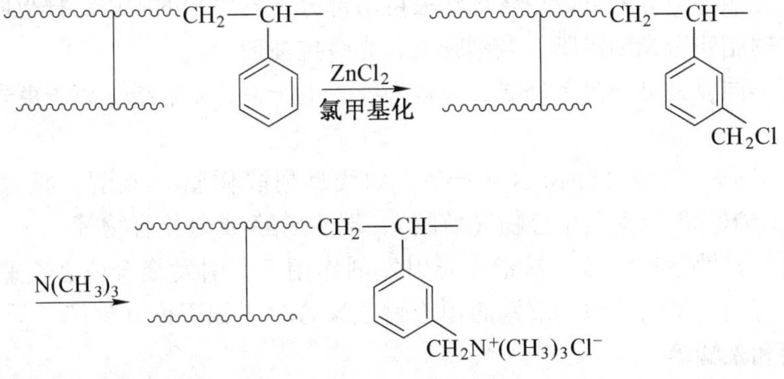

1.10.4.3 离子交换树脂的应用

离子交换树脂在水处理领域应用最多，水处理可分为软水、脱盐水、去离子水和超纯水四个层次。脱盐水电阻 $(0.1 \sim 1) \times 10^6 \Omega \cdot cm$，含盐量为 $0.5 \sim 5mg/L$，是工业上常用的纯水，又叫初级纯水；去离子水电阻 $1.0 \times 10^6 \Omega \cdot cm$，含盐量为 $0.05 \sim 0.5mg/L$；超纯水电阻为 $10 \times 10^6 \Omega \cdot cm$ 以上，含盐量小于 $0.05mg/L$。

离子交换树脂也常用于处理工业废水，可以从废水中富集和回收金属，以及丙酮、乙醇等溶剂。如从照相废液中回收银，从化纤废水中回收铜，从电镀废水中回收铬等。对于抗菌素的提取，阳离子交换树脂能收到奇效。在处理氯碱工业废水废液、海水淡化等方面也有广泛的应用。

离子交换树脂可以作为高分子酸性和碱性催化剂，广泛应用于有机合成工业，如用离子交换树脂法合成双酚 A，代替古老的 H_2SO_4 法，方法简便、收率高、成本低，可以连续化生产，产物极易分离和提纯。

1.10.5　光敏性高分子

光敏性高分子大致可以分为下列几种：

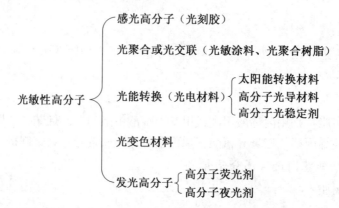

光刻胶：在集成电路制造中，半导体表面氧化层许多地方要被除去，一些地方则要保留。除去氧化层的方法主要用化学腐蚀溶洗法。为了使需要保留的地方不受影响，就要用涂料保护起来。在集成电路制造中，利用一种感光树脂涂在氧化层上，在紫外光或其他可控光源的照射下，材料在短时间内就会发生变化，使材料在光照下，溶解能力、熔融性能和附着力都发生变化。只要有一个事先设计好的图案，掩盖在表面上，进行像照相一样的光源曝光，被光照的地方就可以用溶剂洗去可溶部分，同照相的术语一样也叫显影。这种性能的感光性树脂叫做光刻树脂、光刻胶或者光致抗蚀剂等。

根据光源不同，又可分为紫外线、远紫外线、电子束、X射线、离子束光致抗蚀剂等几种。

光刻胶的组成一般是聚合物加感光剂，如线型酚醛树脂-α-萘醌二重氮化合物（正胶）、聚异戊二烯橡胶-双重氮化合物（负胶）、聚乙烯醇-重氮化合物等。

光敏涂料：光敏涂料实际上是指在光引发剂作用下，引发聚合或者交联而实现固化的。一般都含有一定量的不饱和双键的预聚物或聚合物，如不饱和聚酯、低聚环氧树脂、不饱和聚氨酯和聚醚等。

除了预聚物外，光敏涂料中有时还要加入稀释剂，实际上是可以在光引发作用下产生自由基，进行交联的低分子物或低分子预聚物，如苯乙烯、丙烯酸等。

光变色聚合物：光变色高分子的常用方法是将高分子和变色低分子化合物（如偶氮苯等）共混，也可以将光变色基团接枝到高分子侧基上。

1.10.6　磁性高分子材料

磁性高分子材料主要分为复合型和结构型两大类，复合型磁性高分子材料是指以高分子材料与各种无机磁性材料通过粘接、填充、表面复合、层积式复合等多种方式加工制得的磁性体，通称为磁性树脂基复合材料，又可以分为树脂基铁氧体类高分子共混磁性材料和树脂基稀土填充类高分子共混磁性材料两类，目前以铁氧体类高分子磁性材料为主。

复合型高分子磁性材料具有质轻、价廉、易于成型加工等特点，可以制成尺寸精度很高而且形状复杂的元件，可广泛应用在试验仪器、电子产品、日用家电、办公设备、计量通信设备等领域，还可制成用于细胞分离、固定酶、免疫因子测定等领域的磁性聚合物微球和生物导弹，甚至还可以应用于DNA分离以及核酸杂交等领域。

结构型磁性高分子材料是指分子本身具有强磁性的聚合物，如聚双炔和聚炔类聚合物、含氮基团取代苯衍生物、聚丙烯热解产物等。目前大多数结构型高分子磁性材料只有在低温下具有铁磁性，仍处于研究阶段。

1.10.7　高分子试剂和高分子催化剂

1.10.7.1　高分子试剂

高分子试剂是指聚合物主链或侧链上连接具有反应活性的功能基团，或以聚合物作为载体负载低分子试剂，在适当的溶剂中能与可溶性试剂进行化学反应的一类高分子化合物。

高分子试剂的制备有两种方法：一是将低分子试剂通过功能基团反应以共价键结合到预先选定的聚合物上，或通过物理吸附、包埋等方式固定在聚合物的网状结构内；二是由带有特定功能基的单体聚合而成。

高分子试剂具有容易分离、选择性高、有选择性保护某些官能团等特点。

高分子试剂主要有高分子酰化剂（4-羟基-3-硝基苯乙烯与苯甲酰氯的酯化物、对，对-二羟基二苯砜聚合物、N-羟基马来酰亚胺聚合物等）、高分子卤化剂（交联聚苯乙烯吡啶溴络合物、N-氯化苯并三唑基聚合物、N-氯代琥珀酰亚胺聚合物等）、高分子氧化还原试剂（含过氧酸基聚合物等）、高分子缩合剂（高分子碳化二亚胺、锍炔高分子、聚对锂代苯乙烯、聚对-4-锂代丁基苯乙烯等）。

1.10.7.2　高分子催化剂

高分子催化剂是指将具有反应活性的或催化活性的功能基团通过适当方法引入到高分子骨架制得的高分子催化剂。在高分子骨架上引入活性功能基团主要有两种方法，即含功能基团单体的聚合，以及对聚合物载体进行功能化改性。

高分子催化剂具有较高的安全稳定性、易于回收再生、催化选择性高、后处理简单等优点。

高分子催化剂主要有高分子固定化酶（主要利用酶所带的官能团—NH_2、—SH、—COOH、咪唑基等与高分子化合物的官能团进行反应制得）、高分子有机金属络合物催化剂、高分子酸碱催化剂、高分子相转移催化剂等。

—— 本 章 小 结 ——

本章主要介绍了材料与高分子之间的关系；高分子材料的分类；高分子材料的有关概念和术语；高分子材料研究方法；聚乙烯、聚丙烯、聚氯乙烯、聚苯乙烯、ABS树脂、PET树脂、聚碳酸酯、聚四氟乙烯等常用塑料的性质与应用特点；天然橡胶、丁苯橡胶、顺丁橡胶、丁腈橡胶、乙丙橡胶、硅橡胶等常用橡胶的性质与应用特点；聚酯纤维、聚酰胺纤维、聚丙烯腈纤维、聚丙烯纤维、聚乙烯醇纤维、芳香族聚酰胺纤维、碳纤维、聚四氟乙烯纤维、聚氨酯纤维等常用纤维的性质与应用特点；涂料的概念及主要合成树脂涂料的性质与应用；胶黏剂的概念及主要合成树脂胶黏剂的性质与应用；功能高分子材料的分类及其特点。

习　题

1-1 "高分子材料"、"塑料"、"橡胶"和"纤维"分别是怎样定义的？

1-2 怎样区分"通用塑料"和"工程塑料"、"天然橡胶"和"合成橡胶"？

1-3 举例说明与其他材料相比，高分子材料有何特点。

1-4 举例说明高分子材料的应用。

1-5 高分子材料品种繁多，如何进行分类？

2 高分子材料加工理论基础与设备

本章提要：

(1) 掌握高分子材料的可挤压性、可模塑性、可纺性和可延展性的定义及其特点。

(2) 掌握高分子材料的流变特点及其影响因素。

(3) 掌握高分子材料的混合原理以及混合构造特点。

(4) 掌握热塑性塑料的成型加工原理、成型加工方法以及主要设备构造特点。

(5) 掌握橡胶的成型原理、成型加工方法以及主要设备构造特点。

(6) 了解纤维成型工艺原理以及加工设备的构造特点。

2.1 高分子材料的制备

2.1.1 概述

与其他材料相比，高分子材料具有以下特征（以塑料为例）：

(1) 质轻。通常密度在 $0.9 \sim 2.3 g/cm^3$ 之间，约为钢的 1/5，铝的 1/2。

(2) 比强度高。接近或超过钢材，是一种优良的轻质高强材料。

(3) 韧性良好。高分子材料在断裂前能吸收较大的能量。

(4) 成型加工性能优良。可适应各种成型方法，多数情况下可以一次成型，无需经过铸造、车、铣、刨等加工工序，必要时也可进行二次加工。但高分子材料难于制得高精度的制品，且成型条件对制品物理性能的影响较大。

(5) 减摩、耐磨性好。有些高分子材料在无润滑和少润滑的条件下，它们的耐磨、减摩性能是金属材料无法比拟的。

(6) 电气绝缘性优良。体积电阻率在 $10^{13} \sim 10^{18} \Omega \cdot cm$ 之间，介电常数一般小于 2，介电损耗小于 10^{-4}，常用作电气绝缘材料。电绝缘性可与陶瓷、橡胶媲美。

(7) 耐腐蚀性能优良。有较好的化学稳定性，对酸、碱、盐溶液、蒸汽、水、有机溶剂等的稳定性较良好，优于金属材料。

(8) 导热系数小。约为金属的 1/100～1/1000，是理想的绝热材料。

(9) 易老化。高分子材料在光、空气、热及环境介质的作用下，分子结构会产生逆变，机械性能变差，寿命缩短。

(10) 易燃。塑料不仅可燃，而且燃烧时发烟，产生有毒气体。

(11) 耐热性（熔点、玻璃化温度）较低，使用温度不高。

(12) 刚度小。如塑料弹性模量只有钢材的 1/20～1/10，且在长期荷载作用下易产生蠕变。但在塑料中加入纤维增强材料，其强度可大大提高，甚至可超过钢材。

最近几十年来，塑料工业取得了飞速的发展，如从1950年到1990年钢铁工业增长了3倍，而塑料工业却增长了近60倍。至20世纪90年代初，塑料产量已超过了1亿吨，以体积计算的产量已超过钢铁。之所以如此，主要原因有4个：

（1）具有可以作为结构材料使用的物性，可替代金属材料和其他材料；而且使用过程中节能显著，如塑料门窗，在相同的条件下可比铝合金门窗节能30%。

（2）优良的成型加工性。塑料一般在150～300℃之间即可成型，如以塑料能耗为1的话，则玻璃为2.6，钢为4.5，铝则要高达24。

（3）可赋予各种特殊的功能性。

（4）石油化学工业提供了量大、价廉、优质的原材料，制造成本急剧下降。

对一个特定的高分子化合物来说，其成型加工性能是极为重要的特征。高分子化合物只有通过加工成型获得所需的形状、结构与性能，才能成为有实用价值的材料与制品。

所谓成型加工是指可模塑性（mouldability）、可挤压性（extrudability）、可纺性（spinnability）和可延性（stretchability），是使固体状态（粉状或粒状）、糊状或溶液状态的高分子化合物熔融或变形，经过模具制成所需的形状，并保持已经取得的形状，最终得到制品的工艺过程。

与金属及无机非金属材料相比，高分子材料具有特有的力学、物理性能，而且在成型中高分子材料具有一些特有的性质，如有良好的可模塑性、可挤压性、可纺性和可延性。正是这些成型性质为高分子材料提供了适用于多种多样成型技术的可行性，也是聚合物得到广泛应用的重要原因。

聚合物通常可以分为线型聚合物和体型聚合物，但体型聚合物也是由线型聚合物或某些低分子物质与分子量较低的聚合物通过化学反应而得到的。众所周知，线型聚合物的分子具有长链结构，在其聚集体中总是彼此贯穿、重叠和缠结在一起。在聚合物中，由于长链分子内和分子间强大吸引力的作用，使聚合物表现出各种力学性质。聚合物的成型过程中所表现的许多性质和行为都与聚合物的长链结构和缠结以及聚集态所处的力学状态有关。

根据聚合物所表现的力学性质和分子热运动特征，可以将聚合物划分为玻璃态（结晶聚合物为结晶态）、高弹态和黏流态，通常称这些状态为聚集态。聚合物可从一种聚集态转变为另一种聚集态，聚合物的分子结构、聚合物体系的组成、所受应力和环境温度等是影响聚集态转变的主要因素，在聚合物及其组成一定时，聚集态的转变主要与温度有关。处于不同聚集态的聚合物，由于主价键和次价键共同作用构成的内聚能不同而表现出一系列独特的性能，这些性能在很大程度上决定了聚合物对成型技术的适应性，并使聚合物在成型过程中表现出不同的行为。图2-1所示为线型聚合物的模量-温度曲线，说明聚合物聚集态与成型过程的关系。

由于线型聚合物的聚集态是可逆的，这种可逆性使聚合物材料的成型性更加多样化。聚合物在成型过程中都要经历聚集态转变，了解这些转变的本质和规律就能选择适当的成型方法和确定合理的成型工艺，在保持聚合物原有性能的条件下，能以最少的能量消耗、高效率地制得质量良好的产品。

处于玻璃化温度 T_g 以下的聚合物为坚硬的固体。此时由聚合物的主价键和次价力所

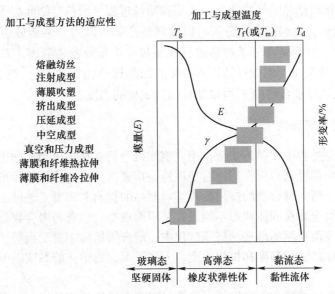

图 2-1 线型聚合物的聚集态与成型过程的关系示意图

形成的内聚力，使材料具有相当大的力学强度。在外力作用下大分子主链上的键角和键长可发生一定的变形，因此玻璃态聚合物有一定的变形能力，在极限应力范围内该形变具有可逆性。由于弹性模量高，该形变值小，故玻璃态聚合物不宜进行引起大变形的成型，但可通过车、铣、削、刨等进行机械加工成型。在 T_g 以下的某一温度，材料受力容易发生断裂破坏，这一温度称为脆化温度，它是材料使用的下限温度。

在 T_g 以上的高弹态，聚合物模量减少很多，形变能力显著增大，但形变仍是可逆的。对于非晶态聚合物，在 $T_g \sim T_f$ 温度区间靠近 T_f 一侧，由于聚合物黏性很大，可进行某些材料的真空成型、压力成型、压延和弯曲成型等。但达到高弹形变的平衡值与完全恢复形变不是瞬时的，所以高弹形变有时间依赖性，因此应充分考虑到成型中的可逆形变，否则就得不到符合形状尺寸要求的制品，把制品温度迅速冷却到 T_g 以下温度是这类成型过程的关键。对结晶或部分结晶聚合物，在外力大于材料的屈服强度时，可在玻璃化温度至熔点（即 $T_g \sim T_m$ 温度）区间进行薄膜或纤维的拉伸。由于 T_g 对力学性能影响很大，因此 T_g 是选择和合理应用材料的重要参数，同时也是大多数聚合物成型的最低温度，例如纺丝过程中初生纤维的后拉伸，最低温度不应低于 T_g（实际上在 T_g 以上若干度进行）。

高弹态的上限温度是黏流温度 T_f，由 T_f（或 T_m）开始聚合物转变为黏流态，通常又将这种液体状态的聚合物称为熔体。从 T_f 开始，材料在 T_f 以上不高的温度范围表现出类橡胶流动行为。这一转变区域常用来进行压延成型、某些挤出成型和吹塑成型等。生橡胶的塑炼也在这一温度范围，因为在这一条件下橡胶有较适宜的流动性，在塑炼机辊筒上受到强烈的剪切作用，生橡胶的分子量能得到适度降低，转化为较易成型的塑炼胶。比 T_f 更高的温度使分子热运动大大激化，材料的模量降低到最低值，这时聚合物熔体形变的特点是不大的外力就能引起宏观流动，此时形变中主要是不可逆的黏性形变，冷却聚合物就能将形变永久保持下来，因此这一温度范围常用来进行熔融纺丝、注射、挤出、吹塑和贴合等成型。过高的温度将使聚合物的黏度大大降低，不适当的增大流动性容易引起诸如注塑成型中溢料、挤出制品的形状扭曲、收缩和纺丝过程纤维的毛细断裂等现象，温度高到分解温度 T_d 附近还会引起聚合物分解，以致降低产品物理力学性能或引起外观不良等现象。因此 T_f 与 T_g 一样都是高分子材料进行成型过程中重要参考温度。对结晶聚合物，T_g 与 T_m 之间有一大致关系，例如对结构不对称的结晶聚合物，$T_m(K)$ 与 $T_g(K)$ 的比值约为 3:2，因此从结晶聚合物的 T_g 可以估计出其成型的温度。

2.1.2　聚合物的可挤压性

聚合物在成型过程中常受到挤压作用。例如聚合物在挤出机和注塑机料筒中、压延机辊筒以及在模具中都受到挤压作用。可挤压性是指聚合物通过挤压作用形变时获得形状和保持形状的能力。研究聚合物的挤出性质能对制品的材料和成型工艺做出正确的选择。

通常条件下聚合物在固体状态不能通过挤压而成型，只有当聚合物处于黏流态时才能通过挤压获得宏观而有用的形变。挤压过程中，聚合物熔体主要受到剪切作用，故可挤压性主要取决于熔体的剪切黏度和拉伸黏度。大多数聚合物熔体的黏度随剪切力或剪切速率增大而降低。

如果挤压过程中材料的黏度很低，虽然材料具有很好的流动性，但保持形状的能力较差；相反，熔体的剪切黏度很高时则会造成流动和成型的困难。材料的挤压性质还与成型设备和结构有关。挤压过程中聚合物熔体的流动速率随压力增大而增加（见图 2-2），通过对熔体流动速率的测量可以决定聚合物成型时所需的压力和设备的几何尺寸。

材料的挤压性质与聚合物的流变性（剪应力或剪切速率对黏度的关系）、熔融指数和流动速率密切相关。

熔融指数是评价热塑性聚合物，特别是聚烯烃挤压性的一种简单而实用的方法，它是在熔融指数仪中测定的，熔融指数测定仪的结构如图 2-3 所示。

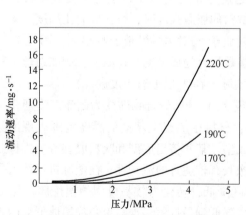

图 2-2　聚丙烯在不同温度下的流动速率

（毛细管直径 $d=1.05\text{mm}$，长径比 $L/d=4.75$）

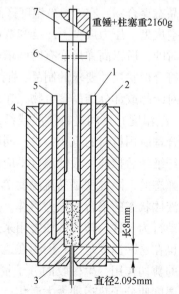

图 2-3　熔融指数测定仪结构示意图

1—热电偶；2—料筒；3—出料孔；

4—保温层；5—加热器；6—柱塞；7—重锤

这种仪器只测定给定剪应力下聚合物的流动度（简称流度 φ，即黏度的倒数 $\varphi = 1/\eta$），用定温下 10min 内聚合物从出料孔挤出的质量（g）来表示，其数值就称为熔体流动指数，通常称为熔融指数，简写为 [MI] 或 [MFI]。

熔融指数仪具有结构简单、方法简便的优点。但在荷重 2.16kg（重锤与柱塞的质量）和出料孔直径为 2.095mm 的条件下，熔体中的剪切速率 $\dot{\gamma}$ 值仅约为 $10^{-2} \sim 10^{-1}s^{-1}$ 范围内，属于低剪切速率下的流动，远比注塑或挤出成型中通常的剪切速率（$10^2 \sim 10^4 s^{-1}$）要低，因此通常测定 [MI] 不能说明注塑或挤出成型时聚合物的实际流动性能。但用 [MI] 能很方便地表示聚合物的流动性的高低，对于成型过程中材料的选择和适用性有参考的实用价值。

熔融指数仪主要用于测定在给定温度下一些线型聚合物的 [MI]，如聚乙烯（190℃），聚丙烯（230℃或250℃），此外，还用于聚苯乙烯、ABS 树脂、聚丙烯酸酯类、聚酰胺等。表 2-1 列出了某些加工方法和熔融指数关系的数据。熔融指数为 1.0 时，相当于熔体黏度约为 $1.5 \times 10^4 Pa \cdot s$。

表 2-1 某些加工方法示意的熔融指数

加工方法	产品	所需材料的 [MI]
挤出成型	管材	<0.1
	片材、瓶、薄壁管	0.1~0.5
	电线电缆	0.1~1
	薄片、单丝（绳）	0.5~1
	多股丝或纤维	≈1
	瓶（玻璃状物）	1~2
	胶片（流延薄膜）	9~15
注射成型	模压制件	1~2
	薄壁制件	3~6
涂布	涂敷纸	9~15
真空成型	制件	0.2~0.5

2.1.3 聚合物的可模塑性

可模塑性是指材料在温度和压力作用下形变和在模具中模制成型的能力。具有可模塑性的材料可通过注塑、模压和挤出等成型方法制成各种形状的模塑制品。

可模塑性主要取决于材料的流变性、热性质和其他物理力学性质等。对于热固性聚合物还与聚合物的化学反应性有关。

从图 2-4 中可以看出，过高的温度，虽然熔体的流动性大，易于成型，但会引起分解，制品收缩率大；温度过低时熔体黏度大，流动困难，成型性差。且因弹性发展，明显地使制品形状稳定性差。适当增加压力，通常能改善聚合物的流动性，但过高的压力降会引起溢料（熔体充满模腔后溢至模具分型面之间）和增大制品内应力。

压力过低时则会造成缺料（制品成型不全）。所以图 2-4 中 4 条线所构成的面积才是模塑最佳区域。模塑条件不仅影响聚合物的可模塑性，且对制品的力学性能、外观、收缩以及制品中结晶和取向等都有广泛影响。聚合物的热性能（如热导率 λ、熔 ΔH、比热容 C_p 等）影响其加热与冷却的过程，从而影响熔体的流动性和硬化速度，因此也会影响聚合物制品的性质（如结晶、内应力、收缩、畸变等）。模具的结构尺寸也会影响聚合物的可模塑性，不良的模具结构甚至会使成型失败。

除了测定聚合物流变性之外，加工过程中广泛用来判断聚合物可模塑性的方法是螺旋流动试验。它是通过一个有阿基米德螺旋形槽的模具来实现的。模具结构如图 2-5 所示。聚合物熔体在注射压力推动下，由中部注入模具中，伴随流动过程熔体逐渐冷却并硬化为螺旋线。螺旋线的长度反应不同种类或不同级别聚合物流动性的差异。

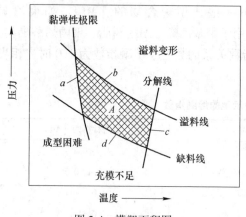
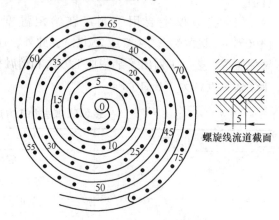

图 2-4　模塑面积图

A—成型区域；a—不良线；b—溢料线

c—分解线；d—缺料线

图 2-5　螺旋流动试验示意图

通过螺旋流动试验可以了解：（1）聚合物在宽广的剪切应力和温度范围内的流变性质；（2）模塑时温度、压力和模塑周期等的最佳条件；（3）聚合物分子链和配方中各种添加剂成分和用量对模塑材料流动性和加工条件的影响关系；（4）成型模具浇口和模腔形状和尺寸对材料流动性和模塑条件的影响。

2.1.4　聚合物的可纺性

可纺性是指聚合物材料通过加工形成连续的固态纤维的能力。它主要取决于材料的流变性质，熔体黏度、熔体强度，以及熔体的热稳定性和化学稳定性等。作为纺丝材料，首先要求熔体从喷丝板毛细孔流出后能形成稳定细流。细流的稳定性通常与有熔体从喷丝板的流出速度 v、熔体的黏度 η 和表面张力 γ_F 组成的数群有关 $v\eta/\gamma_F$。

作为纺丝材料还要求在纺丝条件下，聚合物有良好的热和化学稳定性，因为聚合物在高温下要停留较长的时间并要经受在设备和毛细孔中流动时的剪切作用。

2.1.5　聚合物的可延展性

可延展性是无定型或半结晶聚合物在一个方向或两个方向上受到压延或拉伸时变形的能力。材料的这种性质为生产长径比（长度对直径，有时是长度对厚度）很大的产品提供了可能。利用聚合物的可延性，可通过压延或拉伸工艺生产薄膜、片材或纤维。但工业上仍以拉伸法用得最多。

线型聚合物的可延展性来自于大分子的长链结构和柔性。当固体材料在 $T_g \sim T_m$ 或（T_f）温度区间受到大于屈服强度的拉力作用时，就产生宏观的塑性延伸变形，在形变过程中在拉伸的同时变细或变薄、变窄。

聚合物的可延展性取决于材料产生塑性形变的能力和应变硬化作用。形变能力与聚合物所处的温度有关。在 $T_g \sim T_m$ 或（T_f）温度区间聚合物分子在一定拉应力作用下能产生塑性流动，以满足拉伸过程材料截面尺寸减小的要求。对半结晶聚合物拉伸在稍低于 T_m 以下的温度进行，非晶聚合物则在接近 T_g 的温度进行。通常升高温度，材料的可延伸性能进一步提高，拉伸比可以更大，甚至一些延伸性较差的聚合物也能进行拉伸。通常把在室温至 T_g 附近的拉伸称为"冷拉伸"，在 T_g 以上的温度下进行的拉伸称为"热拉伸"。当拉伸过程聚合物发生"应力硬化"后，将限制聚合物的流动，从而阻止拉伸比的进一步提高。

2.2 聚合物流变学基础

聚合物成型加工技术几乎都是靠外力作用下使聚合物产生流动与变形，来实现从聚合物材料到制品的转变。在大多数加工过程中，聚合物都要产生流动和形变。研究物质形变与流动的科学称为流变学（Rheology）。聚合物流变学的主要研究对象是认识应力作用下，高分子材料产生弹性、塑性和黏性形变的行为以及研究这些行为与各种因素（聚合物结构与性质、温度、力的大小和作用方式、作用时间以及聚合物体系的组成等）之间的相互关系。由于流动与形变是聚合物加工过程最基本的工艺特征，所以流变学研究对聚合物加工有非常重要的现实意义。

2.2.1 聚合物熔体的流动

极大多数聚合物的成型加工都是在熔融状态下进行的，因此聚合物在熔融状态下的流动性是其成型加工的重要性能。

2.2.1.1 流动类型

聚合物熔体在成型条件下的流速、外部作用力形式、流道几何形状和热量传递情况不同，可表现出不同的流动类型。

（1）层流和湍流。按雷诺数 Re 的大小可将流体流动形式分为层流和湍流。$Re \leqslant 2300$ 的为层流，$Re \geqslant 4000$ 的为湍流，Re 在 $2300 \sim 4000$ 时为过渡区。聚合物熔体黏度高，而且流速较低，在加工过程时剪切速率一般不大于 $10000s^{-1}$。因此，聚合物熔体成型条件下的雷诺值一般小于1，呈现层流状态。但是在某些特殊场合，如经小浇口的熔体注射进大型腔，由于剪切应力过大，会出现弹性引起的湍流，造成熔体的破碎或不规则变形。

（2）稳定流动与不稳定流动。凡在输送管道中流动时，流体任何部位的流动状况及一切影响流体流动的因素不随时间而变化，此种流动称为稳定流动。所谓稳定流动，并非是流体在各部位的速度以及物理状态都相同，而是指在任何一定部位，它们均不随时间而变化。例如在正常操作的挤出机中，聚合物熔体沿螺杆螺槽向前的流速、流量、压力和温度的分布等参数均不随时间而变动，该流动属于稳定流动。

凡流体在输送通道中流动时，其流动状况及影响流动的各种因素随时间而变化，此种流动称为不稳定流动。例如在注射成型的充模过程中，在模腔内的流动速率、温度和压力等各种影响流动的因素均随时间变化而变化，塑料熔体的流动属于不稳定流动。

（3）等温流动和非等温流动。等温流动是指流体各处的温度保持不变情况下的流动。在等温流动情况下，流体与外界可以进行热量传递，但传入和输出的热量应保持相等。

在塑料成型的实际条件下，由于成型工艺要求将流道各区域控制在不同的温度下，而且由于黏性流动过程中有生热和热效应，这些都使其在流道径向和轴向存在一定的温度差，因此聚合物流体的流动一般呈现非等温状态。塑料注射成型时，熔体在进入低温的模具后即开始冷却降温。但将熔体充模流动阶段当做等温流动过程处理并不会有过大的偏差，却可以使冲模过程的流变分析大大简化。

（4）拉伸流动和剪切流动。即使流体的流动状态为层流稳态，流体内各处质点的速度也并不完全相同。质点速度的变化方式称为速度分布。按照流体内部质点速度分布与流动方向关系，可将聚合物加工时熔体的流动分为两类，一类是质点仅沿着流动方向发生变化，称为拉伸流动；另一类是质点速度仅沿着与流动方向垂直的方向发生变化，称为剪切流动。

拉伸流动有单轴拉伸和双轴拉伸。单轴拉伸的特点是一个方向被拉长，其余两个方向相对缩短。如合成纤维的拉丝成型。双轴拉伸时两个方向被同时拉长，另一个方向则缩小。如塑料的中空吹塑、薄膜生产等。

剪切流动按其流动的边界条件可分为拖曳流动和压力流动。由边界的运动产生的流动称为拖曳流动，如运转辊筒表面对流体的剪切摩擦而产生流动。边界固定，由外压力作用而产生的流动，称为压力流动。聚合物熔体注射成型时，在流道内的流动属于压力梯度引起的剪切流动。

2.2.1.2 聚合物流体的非牛顿型流动

A 聚合物流体的流动行为

聚合物流体的流动行为可用黏度表征，黏度不仅与温度有关，而且对非牛顿流体来说与剪切速率有关。在剪切速率不大的范围内，流体剪切应力 τ 与剪切速率 $\dot{\gamma}$ 之间呈线性关系，其黏度 η 与剪切速率无关，并服从牛顿定律：

$$\tau = \eta\dot{\gamma}$$

这类流体称为牛顿流体。而聚合物流体在成型过程中的流动都不是牛顿流体，其剪切应力 τ 与剪切速率 $\dot{\gamma}$ 之间不呈线性关系，其黏度 η 随剪切速率 $\dot{\gamma}$ 变化而变化，这类流体称为非牛顿流体。多用幂律定律来描述非牛顿流体的流体关系式：

$$\tau = K\dot{\gamma}^n$$

式中 K ——黏度系数；

n ——非牛顿指数，用来表征流体偏离牛顿型流动的程度。

当 $n=1$ 时，该式与牛顿定律相同，表明流体具有牛顿行为；当 $n<1$ 时，表观黏度 η_a（$\eta_a = \tau/\dot{\gamma} = K\dot{\gamma}^{n-1}$）随 $\dot{\gamma}$ 增大而减小，这种流体称为假塑性流体或切力变稀流体，大部

分聚合物熔体或其溶液属于这类；当 $n>1$ 时，表观黏度 η_a 随 $\dot{\gamma}$ 的增大而增大，这种流体称为膨胀性流体或切力增稠流体，少数聚合物溶液和一些固体含量高的聚合物分散体系属于这一类。

此外还有一种流体，必须克服某一临界剪切应力才能使其产生牛顿流体，这类流体称为宾汉流体，其临界应力值称为屈服应力，在屈服应力以下流体不流动。聚合物的浓溶液、涂料属于这一类。图 2-6 所示为各种流体的流动曲线。

B 牛顿流体的流动曲线

表征聚合物流体的剪切应力 τ 与剪切速率 $\dot{\gamma}$ 关系的曲线称为流动曲线，研究聚合物流体在宽广的剪切速率范围内的流动曲线（见图 2-7）可以发现，在不同的剪切速率范围内，黏度对剪切速率的依赖关系是不同的。聚合物流体是非牛顿型的，但非牛顿流动现象只是在某一特定范围内显现。当 $\dot{\gamma}$ 较低时，流动是牛顿型的，非牛顿指数 $n=1$，表观黏度 η_a 与剪切速率 $\dot{\gamma}$ 无关，称为零切黏度 η_0，相应的区间称为第一牛顿区。当剪切速率 $\dot{\gamma}$ 增大到某一极限值 $\dot{\gamma}_{cr}$ 以上时，τ 与 $\dot{\gamma}$ 的比值不再是常数，表观黏度 η_a 的变化有两种情况：一是表观黏度 η_a 随 $\dot{\gamma}$ 的增加而下降，呈现所谓的"切力变稀"现象；二是表观黏度 η_a 随 $\dot{\gamma}$ 的增加而增大，呈现所谓的"切力增稠"现象，相应的 $\dot{\gamma}$ 区间称为非牛顿区。继续提高剪切速率 $\dot{\gamma}$，流体又表现为牛顿流动，相应的黏度称为极限牛顿黏度 η_∞，此时进入第二牛顿区。

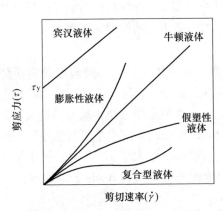

图 2-6 不同类型流体的流动曲线

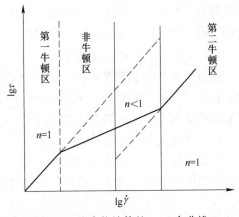

图 2-7 聚合物熔体的 lgτ-lg$\dot{\gamma}$ 曲线

聚合物流体在非牛顿区的流动行为对其成型具有特别意义。因为大多数聚合物的成型都是在这一剪切速率范围内进行的，流体的非牛顿指数 n 越小，则随着剪切速率的增大表观黏度下降越剧烈。刚性大分子或分子对称性较大的聚合物流体的 n 值较小，切力变稀现象较显著。n 值还具有温度、分子量、剪切速率依赖性，只有在较窄的温度范围内才保持常数。不同聚合物熔体的黏度对剪切速率依赖性的敏感程度不同。

流动曲线在较宽广的剪切速率范围内描述了聚合物的剪切黏性，这种剪切黏性是其内在结构的反映。当流体内聚合物的链结构、平均分子量、分子量分布以及分子链之间的结构化程度发生变化时，流动曲线也相应地发生变化。

因此，流动曲线可以作为衡量聚合物流体质量是否正常的依据，也可以作为判断聚合物质量波动程度的依据，它所提供的流变等信息比零切黏度要丰富得多。

聚合物流体在不同成型方法中有不同的剪切速率，同一成型方法中流体在不同设备中的流动速度也有很大的差异，见表2-2。在处理工艺及工程问题时，需要了解聚合物流体在特定的流动条件下的表观黏度，而流动曲线可以提供这方面的数据。

表 2-2　各种成型方法加工中的剪切速率范围

成型方法	剪切速率 $\dot{\gamma}/s^{-1}$	成型方法	剪切速率 $\dot{\gamma}/s^{-1}$
模压	$1 \sim 10$	压延	$5 \times 10^1 \sim 5 \times 10^2$
开炼	$5 \times 10^1 \sim 5 \times 10^2$	纺丝	$10^2 \sim 10^5$
密炼	$5 \times 10^2 \sim 5 \times 10^3$	注射	$10^3 \sim 10^5$
挤出	$10^1 \sim 10^3$	涂覆	$10^2 \sim 10^3$

2.2.2　聚合物熔体剪切黏度的影响因素

聚合物熔体在任何给定剪切速率下的黏度主要由两个方面的因素来决定：聚合物熔体内的自由体积和大分子长链之间的缠结。一方面，自由体积是聚合物中未被聚合物占领的空隙，它是大分子链段进行扩散运动的场所。凡是会引起自由体积增加的因素都能活跃大分子的运动，并导致聚合物熔体黏度的降低。另一方面，大分子之间的缠结使得分子链的运动变得非常困难，凡是能减少这种缠结作用的因素，都能加速分子的运动并导致熔体黏度的降低。各种环境因素，如温度、应力、应变速率、低分子物质（如溶剂）等以及聚合物自身的相对分子量、支链结构对黏度的影响，大都能用这两种因素来解释。

2.2.2.1　温度对黏度的影响

温度是重要的成型条件之一。聚合物的黏度像一般液体一样，是随温度升高而降低的。这是因为温度升高，分子活动性增强，分子间的距离变大，分子间的摩擦力减小，所以流动阻力减小，黏度降低。黏度降低，流动性提高，成型操作方便，动力消耗减小。

但由于过高的温度会使聚合物出现热降解，故熔体所处的温度范围不可能很宽。聚合物从黏流温度 T_f 到分解温度 T_d 区间并不是很大的，而实际成型的温度区间就更小了。在较高的温度范围内（$T > T_g + 100℃$），黏度对温度的依赖关系可用 Andrade 公式表示：

$$\ln\eta = \ln A + \frac{E_\eta}{RT}$$

式中　A——相当于温度 $T \to \infty$ 时的黏度常数；

$\quad\quad R$——气体常数；

$\quad\quad E_\eta$——聚合物黏流活化能。

上式与 Arrhenius 公式有相似之处的形式，在给定条件下，由于 A、R 和 E_η 均为常数，故黏度 η 仅与温度（T 或 $\frac{1}{T}$）有关。如以 $\lg\eta$ 对 $\frac{1}{T}$ 作图可得一微弯曲的曲线，但在不很宽的温度范围内可被视为一直线，这一温度范围大约有 37.8℃ 区间。直线的斜率即为黏流活化能 E_η。E_η 的大小反映出聚合物黏度对温度的依赖性，E_η 越大，熔体对温度越敏感。常见的聚合物熔体的剪切黏流活化能见表2-3。

表 2-3　常见聚合物熔体的黏流活化能

聚合物	$E_\eta/\text{kJ} \cdot \text{mol}^{-1}$	聚合物	$E_\eta/\text{kJ} \cdot \text{mol}^{-1}$
聚丙烯	41.9~50.3	聚苯乙烯	100.5~146.5
聚己内酰胺	56.1~60.3	高密度聚乙烯	25.1~29.3
聚对苯二甲酸乙二醇酯	54.4~83.7	低密度聚乙烯	46.1~54.4

聚合物的性质不同，其黏流活化能也不同。一般来说，极性越大，分子链刚性较大的聚合物，由于分子间的作用力或内聚力比非极性的、分子链柔顺性较大的聚合物大，所以黏流活化能较大。一般塑料的 E_η 均比橡胶的大，即塑料比橡胶敏感。

只有当聚合物处于黏流温度 T_f 以上不宽的温度范围内，Andrade 公式才适用。当温度从玻璃化温度 T_g 到熔点 T_m（黏流温度 T_f）这样很宽的温度范围时，聚合物的黏度与温度的关系可用 WLF 方程表示：

$$\ln\eta_T = \lg\eta_g - \frac{17.44(T - T_g)}{51.6 + (T - T_g)}$$

式中　η_g——玻璃化温度 T_g 下的黏度。

2.2.2.2　剪切速率对黏度的影响

聚合物熔体的一个最显著的特征是具有非牛顿行为，其黏度对剪切速率有着强烈的依赖性。在非牛顿型流动区的剪切速率低值范围内，聚合物熔体的黏度约为 $10^3 \sim 10^9 \text{Pa} \cdot \text{s}$，随分子量的增大而增加，当剪切速率增加时，大多数聚合物熔体的黏度下降。但不同种类的聚合物对剪切速率的敏感性是有差别的。

对加工过程来说，如果聚合物熔体的黏度在很宽的剪切速率范围内，都是可用的，那宁可选择在黏度对剪切速率 $\dot{\gamma}$ 较不敏感的剪切速率下操作更为合适。因为此时 $\dot{\gamma}$ 的波动不会造成制品质量的显著差别。

从黏度对剪切速率的依赖性来说，一般橡胶对剪切速率的敏感性要比塑料大。不同塑料的敏感性有明显区别，敏感性较明显的有 LDPE、PP、HIPS、ABS、PMMA 和 POM；而 PA-6、PA-66、PC 为最不敏感。

理解和掌握剪切速率对聚合物熔体黏度的影响，对聚合物成型加工过程中选择合适的剪切速率很有意义。对剪切速率敏感性大的塑料，可采用提高剪切速率的方法使其黏度下降，黏度降低可使聚合物熔体容易通过浇口而充满模具型腔，也可使大型注射机能耗降低。

2.2.2.3　压力对聚合物熔体黏度的影响

聚合物熔体是可压缩的流体。聚合物熔体在压力为 1~10MPa 下成型，其体积压缩量小于 1%。注射成型时，压力可达到 100MPa，此时就会有明显的体积压缩。体积压缩必然引起自由体积的减少，分子间距离缩小，将导致聚合物熔体的黏度增加，流动性降低，这对于生产来说是不能不考虑的。所以在没有可靠的依据情况下，将低压的流变数据任意外推至高压下进行应用会造成错误。在生产上可能会出现在普通压力范围内是可以成型的，但压力过大时，黏度太高，使材料变硬，因而不能成型或使生产效率下降。

2.2.2.4　聚合物分子结构的黏度的影响

（1）相对分子质量 M_r。聚合物熔体的黏性流动主要是分子链之间发生的相对位移。

因此 M_r 越大，流动性差，黏度较高；反之，黏度较低些。在给定的温度下，聚合物熔体的零剪切黏度 η_0 随相对分子质量的增加呈指数关系增大。相对分子质量 M_r 越高，则非牛顿型流动行为愈强。

（2）相对分子质量分布。在相对分子质量 M_r 相同情况下，相对分子质量分布宽的聚合物熔体，对剪切速率的敏感性较分布窄的物料为大。在相同的平均相对分子质量下，分布宽的聚合物熔体中，一些较大的长分子链所形成的缠结点，在剪切速率增大时缠结的破坏作用明显，黏度下降较多。从成型加工观点来看，具有相对分子质量分布宽的聚合物，其流动性较好，易于加工。但过宽的相对分子质量分布，低相对分子质量的级分会降低材料的力学性能。

（3）支化。当相对分子质量相同时，分子链是否支化及其支化程度，对黏度影响很大。熔体流动速率相近的两种聚合物在流动性上也会有很大差异。支化聚合物的黏度比相同相对分子质量的线型聚合物的黏度要小一些，黏度的减小，主要是由于支化分子的无规运动在熔体的弥散的体积较线型分子小。

2.2.2.5　添加剂对聚合物熔体黏度的影响

添加剂中增塑剂、润滑剂和填充剂等对聚合物熔体的流动性能都有较显著的影响。

增塑剂：加入增塑剂会降低成型过程中熔体的黏度。不同增塑剂种类和用量，对黏度的影响有差异。PVC 黏度随增塑剂用量的增加而下降，可以提高流动性，但加入增塑剂后，其制品的力学性能及热性能会随之改变。

润滑剂：聚合物中加入润滑剂可以改善流动性。如在 PVC 中加入内润滑剂——硬脂酸，不仅可使熔体的黏度降低，还可控制加工过程中所产生的摩擦热，使 PVC 不易降解。

填充剂：一般会使聚合物熔体的流动性降低。填充剂对聚合物流动性的影响与填充剂的粒径大小有关。粒子小的填料，会使其分散所需的能量较多，加工时流动性差，但制品的表面较光滑，机械强度较高；反之，粒子大的填充剂，其分散性和流动性都较好，但制品表面较粗糙，机械强度下降。

2.2.3　高聚物流变性能的测定

高分子材料因其具有各种优越性能，所以在各行各业中得到了越来越广泛的应用。绝大多数聚合物的成型加工都是在其被熔融后进行的，例如挤出、注射、吹膜及涂覆压延等加工过程，都经历了聚合物首先被升温熔融、然后流经挤出机、注射流动等再成型过程。聚合物熔体在流动中都伴随着形变，所以聚合物材料熔融的流态性能直接影响其加工性能，从而最终影响产品的外观和使用性能。例如在注射过程中，由于充模不足而造成的产品缺陷即影响产品外观，更重要的是使产品强度降低，影响使用。

高分子熔体由于其链状的发展结构而具有独特的平衡和动态流动性——在流动中伴随着形变。高分子液体与小分子液体相比，最明显的区别是高分子具有黏弹性。高分子非牛顿黏弹性产生于其分子链松弛动力学的滞后性。正是因为高分子的本体黏弹性和本构性质直接支配聚合物的加工行为，所以高分子科学的一个中心任务就是要对高分子的流动行为取得根本认识和了解。聚合物流变学测量即测定高分子材料流动和变形性质的技术，主要采用流变仪进行测定。

2.2.3.1 旋转式流变仪

旋转式流变仪具有不同的测量头系统，最常见的有三种形式：同轴圆筒式、平行平板式和锥板式。旋转式流变仪一般使用方式有两种：一种是控制输入应力，测定产生的剪切速率，具体的工作方式就是先施加在转轴上一定的扭矩，然后测定样品抵抗这个外加的扭矩而产生的剪切速率；另一种是控制输入剪切速率，测定产生的剪切应力，其工作方式是试样以固定的速率转动，然后测定为维持这个速率所需要的外加扭矩值。

（1）同轴圆筒黏度计。聚合物试样被放置在内筒和外筒的缝隙之间，其中一个圆筒以恒定速率相对于另一个圆筒转动，通过一定的角速度 ω 来旋转内筒或外筒，使试样发生剪切。一般外圆筒是固定的，便于用夹套控制温度，内圆筒有马达控制。

（2）平行平板式黏度计。与同轴圆筒式黏度计类似，也是固定一个平板，另一个平板做相对转动，聚合物试样被放置在上下两个平行平板之间。

（3）锥板式流变仪。聚合物熔体被放置在锥板和圆形平板之间的缝隙内。锥角 α 指的是锥体表面和水平板表面间的夹角。锥角 α 通常是很小的（1°～5°）。锥板流变仪也是固定一个板不动，另一个板在恒定的角速度下旋转。由于锥角很小，可以认为锥板间的液体中剪切速率处处相等。

旋转式流变仪的优点是具有灵活多变的使用性能，既可以测定中等黏度的样品也可以测定黏度非常高的样品。但旋转式流变仪一般都是在较低的剪切速率下测定，对于高剪切速率就应该使用毛细管流变仪。一般水、饮料、涂料类材料常常使用旋转式流变仪。

（4）门尼黏度计。也是一种常用的旋转式黏度计，它主要用于测定橡胶的流变性能。门尼黏度计是在一定温度（通常 100℃）和一定转子转速下，测定未硫化胶（生胶料）对转子转动的阻力。通常的表示方法为 $M_{t_1+t_2}^{100}$，例如 M_{3+4}^{100}，表示 100℃下预热 3min 转动 4min 的测定值。

门尼黏度计不属于精密的测试仪器，而且其测试范围有限，但由于其方便、快捷，在实际生产中得到了很广泛的应用。

2.2.3.2 毛细管流变仪

毛细管流变仪（见图 2-8）主要用于对聚合物材料熔体流变性能的测试。它的工作原理是，物料在电加热的料筒里被加热熔融，料筒的下部安装有一定规格的毛细管口模（有不同直径（0.25～2.0mm）和不同长度的（0.25～40mm）），温度稳定后，料筒上部的料杆在驱动马达的带动下以一定的速度或以一定规律变化的速度把物料从毛细管口模中挤出来。在挤出的过程中，可以测量出毛细管口模入口处的压力，再结合已知的速度参数、口模和料筒参数，以及流变学模型，从而计算出在不同剪切速率下熔体的剪切黏度。

与其他仪器相比，毛细管流变仪的优点是可以在较宽的范围内调节剪切速率和温度，得到十分接近于加工条件的流变学物理量，而且仪器结构简单，易于操作。除了可以测定黏度外，还可以用来观察高聚物的熔体弹性和不稳定流动现象。

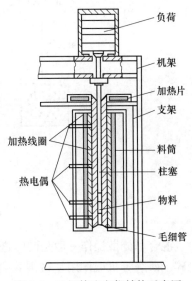

负荷
机架
加热片
支架
料筒
柱塞
物料
毛细管
加热线圈
热电偶

图 2-8 毛细管流变仪结构示意图

2.3　高分子材料的混合及设备

　　高分子材料制品的生产中，很少使用纯聚合物，大部分是由聚合物与其他物料混合，进行高分子材料混合后才能进行成型加工。加入其他物料的目的是改善高分子材料制品的使用性能和成型加工性能以及降低成本。所以，高分子材料是以聚合物为主、各种配合剂为辅所组成的复合体系。高分子材料的性能和形状可以说千差万别，成型工艺各不相同，但成型前的准备工艺基本相同，关键是靠混合操作来形成均匀的混合物。只有把高分子材料的各组分相互混在一起成为均匀的体系，生产出合格的混炼胶和各种形态的塑料，才有可能得到合格的橡胶和塑料制品。

　　混合，一般包括两方面的含义，即混合和分散。混合是指将两种或两种以上组分分布在各自所占的空间中，使两种或多种组分所占空间的最初分布情况发生变化。其原理如图2-9所示。分散是指混合中一种或多种组分的物理特性发生一些内部变化的过程，如颗粒尺寸减小或溶于其他组分中。分散作用示意图如图2-10所示。

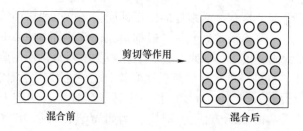

图 2-9　混合过程两物料所占空间位置变化示意图

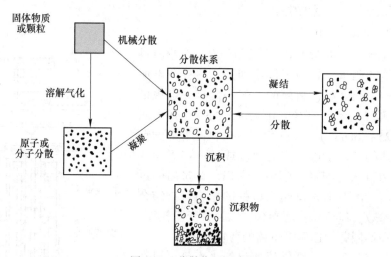

图 2-10　分散作用示意图

　　混合和分散操作一般是同时进行和完成的。即在混合的过程中，与混合的同时，通过粉碎、研磨等机械作用使被混物料的粒子不断减小，从而达到均匀分散的目的。图 2-11为分散混合过程示意图。

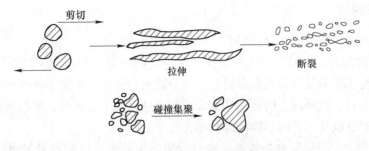

图 2-11 分散混合过程示意图

2.3.1 混合基本原理

混合的目的就是使原来两种或两种以上的各自均匀分散的物料，从一种物料按照可接受的概率分布到另一种物料中去，以便得到组成均匀的混合物。然而，在没有分子扩散和分子运动的情况下，为了达到所需的概率分布，混合问题就变为一种物料发生形变和重新分布的问题，而且如果最终物料的颗粒之间不是互相孤立的，分散的颗粒就有一种凝聚的趋势。因此，要使混合分散得好，必须要有外加的作用力（剪切力）来克服颗粒分散后所发生的凝聚。因此，物料分散的关键是使物料发生形变和重新分布，以及克服凝聚所需的外加作用力。

黏性流体的混合要素有剪切、分流和位置交换。

混合过程一般是靠扩散、对流、剪切三种作用来完成的。

（1）扩散。利用物料各组分的浓度差，推动构成各组分的微粒，从浓度较大的区域向较小的区域迁移，以达到组成均一。但对固体物料之间而言，除非在较高温度下才有此作用，一般都不甚显著。而在聚合物熔体中的扩散是一个比较慢的过程，对在挤出机中的混合影响较小。只有固体和液体、液体与液体之间的扩散才较大，若物料层很薄时，虽然扩散速度很小，但却很显著。

（2）对流。两种物料相互向各自占有空间进行流动，以期达到组成均一的目的；机械力的搅拌，使物料作不规则流动而达到对流混合的目的。不论对任何一种聚集状态（粉状或粒状）的物料，要使其组成均一，对流作用是必不可少的。

（3）剪切。依靠机械的作用产生的剪切力，促使物料组成达到均一。剪切的混合效果与剪切力的大小和力的作用距离有关。剪切力大和剪切作用的距离越小，混合效果越好，受剪切作用的物料被拉长变形越大，越有利于与其他物料的混合。

必须指出，在实际混合中，扩散、对流和剪切三种作用通常总是共同作用，只是在一定条件下，其中的某一种占优势而已；但不管哪种作用，除了造成层内流动外，还应造成层间流动，才能达到最好的混合效果。而对塑料的配制来说，在初混合过程，许多物料多为粉状原料，即使在温度较高的情况下进行，其熔体黏度仍是很高，因此其扩散作用极小，这时的混合主要是由对流作用来完成；在高速混合机、捏合机等中的混合就是这样完成的。而塑炼过程使用的双辊筒塑炼机、密炼机、挤出机等则主要靠剪切作用来完成混合作用。

2.3.2　混合的类型

混合可分为非分散混合和分散混合。

（1）非分散混合。在混合中仅增加粒子在混合物中空间分布均匀性而不减小粒子初始尺寸的过程称为非分散混合或简单混合。非分散混合是通过重复地排列少组分，在原理上可减少非均匀性。这种混合的运动基本形式是通过对流来实现的，可以通过包括塞型流动和不需要物料连续变形的简单体积排列和置换来达到。

（2）分散混合。分散混合是指在混合过程中发生粒子尺寸减小到极限值，同时增加相界面和提高混合物组分均匀性的混合过程。分散混合主要靠剪切应力和拉伸应力作用来实现。

在聚合物加工中，有时候要遇到将呈现屈服点的物料混合在一起的情况，如将固体颗粒或结块的物料加入到聚合物中。例如填充或染色，以及将黏弹性聚合物液滴混合到聚合物熔体中，这时要将它们分散开来，使结块和液滴破裂。分散混合的目的是把少数组分的固体颗粒或液相液滴分散开来，成为最终粒子或允许的更小颗粒，并均匀地分布到多组分中。这就涉及少组分在变形黏性流体中的破裂问题，这是靠强迫混合物通过窄间隙而形成高剪切区来完成的。

为了获得更大的剪切应力，混合机的设计应引入高剪切区（即设置窄的间隙），保证所有固体颗粒重复地通过高剪切区。剪切应力的大小与粒子或结块的尺寸有关，分散能力随粒子或结块的大小而变化。在混合初始，由于粒子或结块较大，受到的剪切力大，易于破裂，故初始分散速度将取决于大粒子或结块的数量，而小粒子或结块的分散速度对总的分散速度起的作用很小。随着大粒子或结块黏度的降低，小粒子或结块对分散速度越来越起到主导作用，但由于小粒子或结块受到的剪切应力变小，分散变得困难了，分散速度下降。而当粒子或结块的黏度达到某个临界值时，分散就完全停止了。

剪切应力大小与物料的黏度有关，黏度大，局部剪切应力大，粒子结块易破裂，而黏度又与温度有关，温度越高，黏度越低，因此希望在较低的温度下进行分散混合。

加大混合机的转数可以提高剪切速度，因而能增加分散能力。在间歇混合机中，加大转速还可以使物料更频繁地通过最大剪切区，有利于混合。

2.3.3　主要混合设备

2.3.3.1　Z型捏合机

Z型捏合机是一种常用的物料初混设备，适用于固态物料和固液物料的混合，结构如图2-12（a）所示，主要由转子、混合室及驱动装置组成。Z型捏合机是靠转子转动对各类物料进行混合、配料。小型捏合机采用较高转速，而大型捏合机为防止搅拌过程温升过高通常采用低速搅拌。它的主要结构部分是一个有可加热和冷却夹套的鞍形底部的混合室和一对Z型搅拌器。混合时物料借助于相向转动的一对搅拌器沿着混合室的侧壁上翻而后在混合室的中间下落，再次为搅拌器所作用。这样周而复始，物料受到重复折叠和撕捏作用，从而得到均匀的混合。捏合机的混合一般需要较长的时间，约半小时至数小时不等。Z型捏合机是广泛应用于塑料和橡胶等高分子材料的混合设备。

2.3.3.2 高速混合机

高速混合机是使用极为广泛的塑料混合设备，适用于固态混合和固液混合，更适用于配制粉料，结构如图 2-12（b）所示。高速混合机由混合室、叶轮、折流板、回转盖、排料装置及传动装置等组成。叶轮是高速混合机的主要部件，与驱动转轴相连，可在混合室内高速旋转，由此得名为高速混合机。高速混合机工作时，高速旋转的叶轮借助表面与物料的摩擦力和侧面对物料的推力使物料沿叶轮切向运动，同时，由于离心力的作用，物料被抛向混合室侧壁，并且沿壁面上升，当升到一定高度后，由于重力的作用，又落回到叶轮中心，接着又被抛起。由于叶轮转速很快，物料运动速度很快，快速运动着的粒子间相互碰撞、摩擦，使得团块破碎，物料温度相应升高，同时迅速进行交叉混合，这些作用促进了组分的均匀分布和对液态添加剂的吸收。高速混合机的混合效率较高，所用时间远比捏合机短。

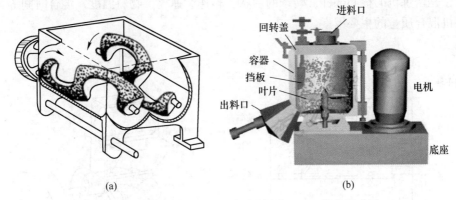

(a)   (b)

图 2-12 Z 型捏合机（a）和高速混合机（b）结构示意图

2.3.3.3 开炼机

开炼机又称为双辊开炼机或炼胶机，结构如图 2-13（a）所示。它是通过两个相向转动的辊筒将物料混合或使物料达到规定状态。开炼机主要用于橡胶的塑炼和混炼、塑料的塑化和混合、填充和共混改性物的混炼、为压延机连续供料、母料的制备等。它的主要工作部分是两个辊筒，两个辊筒并列在一个平面上，分别以不同的转速做向心转动，两辊筒之间的距离可以调节。辊筒为中空结构，其内部可通入介质加热或冷却。

开炼机工作时，两个辊筒相向旋转，且转速不等，放在辊筒上的物料由于与辊筒表面的摩擦和黏附作用以及物料之间的黏结力而被拉入辊隙之间，在辊隙内物料受到强烈的挤压和剪切作用，使物料产生大的形变，从而增加了各组分之间的界面，产生了分布混合。影响开炼机熔融塑化和混合质量的因素有辊筒温度、辊距、辊筒转速等。

2.3.3.4 密炼机

密炼机又称为密闭式塑炼机或炼胶机，是在开炼机基础上发展起来的，结构如图 2-13（b）所示。由于密炼机的混炼室是密闭的，混合过程中物料不会外泄，可避免混合物中添加剂的氧化和挥发，并且较易加入液态添加剂。密炼机改善了工作环境，降低了劳动强度，缩短了生产周期。密炼机是目前高分子材料加工中最典型的混合设备之一。

密炼机的主要工作部件是一对表面有螺旋形突棱的转子和一个密炼室。两个转子以不同转速相向旋转，转子在密炼室里面，密炼室由室壁和上顶栓、下顶栓组成，室壁外和转子内部有加热或冷却系统，两个转子的侧面顶尖及顶尖与密炼室内壁之间的间距都很小，因此转子可对物料施加很大的剪切力。密炼机工作时，物料由加料口加入，上顶栓在气压驱动下下降将物料压入混炼室，工作过程中，上顶栓始终压住物料。混合完毕后，下顶栓开启，物料由排料口排出。密炼机中的各种物料在转子的作用下进行强烈的混合，其中大的团块被破碎，逐步细化，达到一定的粒度，这一过程为分散混合过程。在混合过程中，粉状与液体添加剂附着在聚合物表面，直到被聚合物包围，这一过程称为浸润或混入过程。混合物中各组分在密炼室内进行位置更换，形成各组分均匀分布状态，这一过程称为分布过程。混合中，由于剪切、挤压作用，聚合物逐步软化或塑化，达到一定流动性，这一过程称为炼塑过程。这四个过程在混合过程中不是独立的，而是相互伴随着存在于混合过程的始终，并且相互影响。

转子是密炼机的核心部件，转子的形状、转速、速比、物料温度、混合时间等都是影响密炼机混合质量的主要因素。

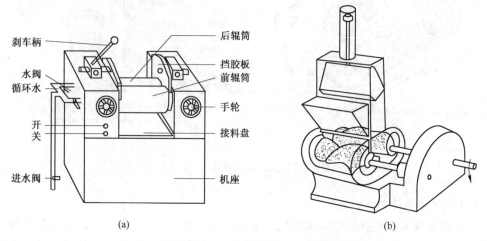

(a) 　　　　　　　　　　　　　　　　　(b)

图 2-13　开炼机（a）和密炼机（b）结构示意图

2.3.3.5　单螺杆混合挤出机

单螺杆挤出机是聚合物加工应用最广泛的设备之一，主要被用来挤出造粒，成型板、管、丝、膜、中空制品、异型材等，也用来完成某些混合任务。

单螺杆挤出机的主要部件是螺杆和料筒。在单螺杆挤出机中，物料自加料斗加入到由口模挤出，经历了固体输送、熔融、熔体输送、混合等区段。在固体输送区，不会发生固体粒子间的混合；在熔融区的固相内各颗粒之间仍没有相对移动，因而也不会发生混合；而在熔体输送区，物料在前进方向的横截面上形成环状层流混合。因此，在单螺杆挤出机中，只有当物料熔融后，混合才得以进行。

虽然单螺杆挤出机具有一定的混合能力，在一定程度上能完成一定范围内的混合任务，但由于单螺杆挤出机剪切力较小，分散强度较弱，同时分布能力也有限，因而不能用来有效地完成要求较高的混合任务。为了改进混合性能，在螺杆和机筒结构上进行改进，如加大螺杆的长径比，在螺杆上加上混合元件或剪切元件，形成各种屏蔽型螺杆、分离型螺杆、销钉型螺杆以及各种专门结构的混炼螺杆。单螺杆挤出机的标准螺杆通常分为三段：加料段、压缩段和均化计量段。但单螺杆混合挤出机通常还有其他组成部分，以完成混合加工中更为复杂的过程。图 2-14 所示为单螺杆混合挤出机的混合螺杆的外形示意图。

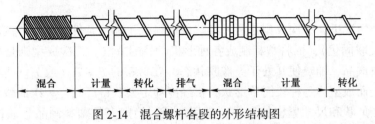

图 2-14　混合螺杆各段的外形结构图

2.3.3.6　双螺杆挤出机

双螺杆挤出机是极为有效的连续式混合设备，可用作粉状物料的混合熔融、填充改性、纤维增强改性、共混改性以及反应性挤出等。图 2-15 为双螺杆混合挤出机的螺杆结构简图。

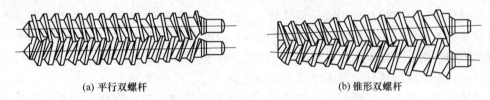

(a) 平行双螺杆　　　　　　　　　　　　　(b) 锥形双螺杆

图 2-15　双螺杆挤出机的螺杆结构示意简图

2.3.3.7　行星螺杆挤出机

行星螺杆挤出机是一种应用越来越广泛的混合设备，特别适用于加工 PVC，其具有混炼和塑化双重作用。

该挤出机有两根结构不同、作用各异、串联在一起的螺杆，第一根为常规螺杆，起供料作用；第二根为行星螺杆，起混炼、塑化作用，末端呈齿轮状，螺杆套筒上有特殊螺旋齿。在螺杆和套筒的齿间嵌入 12 只带有螺旋齿的特殊几何形状行星式齿柱，当螺杆转动时，这些齿柱既能自转，又能围绕螺杆转动。当物料通过啮合的齿侧间隙时，形成 0.2～0.4mm 的薄层，其表面不断更新，这非常有利于塑化熔融。图 2-16 所示为行星螺杆挤出机的结构示意图。

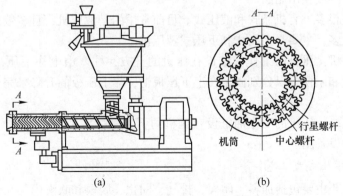

(a)　　　　　　　　　　　　　　(b)

图 2-16　行星螺杆挤出机结构示意图

2.4 塑料的成型加工及设备

在大多数情况下，一次成型是通过加热使塑料处于黏流条件下，经过流动、成型和冷却硬化（或交联固化），而将塑料制成各种形状产品的方法。二次成型则是将一次成型所得的各种塑料成品，加热使其处于类橡胶状态（在材料的 $T_g \sim T_f$（或 T_m）间），通过外力作用使其形变而成型为各种较简单形状，再经冷却定型获得产品。一次成型法能制得从简单到极为复杂形状和尺寸紧密的制品，应用广泛，绝大多数塑料制品是通过一次性制得的。一次成型法包括挤出成型、注射成型、压延成型、模压成型、传递模塑成型以及泡沫塑料的成型等，而以前四种最为重要。

2.4.1 压制成型及其主要设备

2.4.1.1 压制成型概述

压制成型（又称模压成型或压缩成型），是高分子材料成型加工技术中历史最久，也是最重要的方法之一，广泛应用于热固性塑料和橡胶制品的成型加工。压制成型是指主要依靠外压的作用，实现成型物料造型的一次成型技术。根据成型物料的性状和加工设备及工艺特点，压制成型可分为模压成型和层压成型。

模压成型又称为压缩模塑，是将粉状、粒状或纤维状的聚合物放入加热的阴模模槽中，合上阳模后加热使其熔化，并在压力作用下使得物料充满模腔，形成与模腔形状一样的模制品，再经加热（使其进一步发生交联反应而固化）或冷却（对热塑性塑料应冷却使其硬化），脱模后即得到制品。

模压成型是间歇操作，工艺成熟，生产控制方便，成型设备和模具较简单，所得制品的内应力小，取向程度低，不易变形，稳定性好。但其缺点是生产周期长，生产效率低，较难实现生产自动化，劳动强度较大，且由于压力传递和传热与固化的关系等因素，不能成型形状复杂和较厚制品。

适用于模压成型的热固性树脂主要有酚醛塑料、氨基塑料、环氧树脂、有机硅树脂、聚酯树脂、聚酰亚胺等。

模压成型的主要设备是压机，压机通过模具对高分子材料施加压力，在某些场合下压机还可以开启模具或顶出制品。

压机的种类很多，有机械式和液压式。目前常用的是液压机，且多数是油压机。液压机的结构形式很多，主要是上压式和下压式液压机。

上压式液压机：压机的工作液缸设在压机的上方，柱塞由上往下压，下压板是固定的。模具的阴模和阳模可以分别固定在上下压板上，靠上压板的升降来完成模具的启闭和对物料施加压力。

下压式液压机：压机的工作油缸设在压机的下方，柱塞由下往上压。图 2-17 所示为下压式液压机的设备图。

2.4.1.2 模压成型工艺

模压成型工艺主要包括加料、闭模、排气、固化、脱模和吹洗模具几个步骤。

（1）加料。按需要往模具内加入规定量的塑料，加料多少直接影响制品的密度和尺寸等。加料量多则制品毛边厚，尺寸准确性差，难以脱模，并可能损坏模具；加料量少，制品不紧密，光泽差，甚至由于缺料而产生废品。

（2）闭模。加料完毕后使阳模和阴模相闭合，合模时先用快速，待阴、阳模快接触时改为慢速，先快后慢的操作法有利于缩短非生产时间，防止模具擦伤，避免模槽中原料因合模过快而被空气带出，甚至使嵌件移位，成型杆或模腔遭到破坏，待模具闭合即可增大压力，对原料加热加压。

图 2-17　液压机的结构图

（3）排气。闭模后，塑料受热软化、熔融，开始发生交联缩聚反应，常有水分和低分子物放出，为了排出这些低分子物、挥发物及模具内空气等，在模腔内塑料反应进行至适当时间后，可卸压松模排气一很短时间。排气操作能缩短固化时间和提高制品的机械性能，避免制品内部出现分层或气泡。但排气过早、过迟都不行，过早达不到排气目的；过迟则因物料表面已经固化气体排不出。

（4）固化。热固性塑料的固化是在模压温度下保持一段时间，以使树脂的缩聚反应达到要求的交联程度，使制品具有所要求的机械性能为准。固化时间取决于塑料的种类、制品的厚度、预热情况、模压温度和压力等。过长或过短的固化时间，对制品性能都有影响。

（5）脱模。脱模通常是靠顶出杆来完成的，带有成型杆或某些嵌件的制品应先用专门工具将成型杆拧脱，而后进行脱模。对形状复杂的或薄壁制件应放在与模型相仿的型面上加压冷却，以防翘曲，有的还应在烘箱中慢冷，以减少因冷热不均而产生的内应力。

（6）后处理。为了提高制品的外观和内在质量，脱模后需对制品在较高温度下进行后处理。后处理能使塑料固化更趋完全；同时减少或消除制品的内应力，减少制品中的水分及挥发物等，有利于提高制品的电性能及强度。后处理的温度一般比成型温度高 10～50℃，后处理时间需视塑料的品种、制品的结构和壁厚而定。

热固性塑料的模压成型工艺流程示意图如图 2-18 所示。

除了以压塑粉为基础的模压成型外，以片状材料为填料，通过压制成型还能获得另一类材料，即层压材料。制造这种层压材料的成型方法为层压成型。填料通常是片状（或纤维状）的纸、布、玻璃布（纤维或毡）、木材厚片等，胶黏剂则是各种树脂溶液或液体树脂，如酚醛树脂、不饱和聚酯树脂、环氧树脂、有机硅树脂等。

层压成型主要包括浸渍上胶、干燥和压制等几个过程。浸渍上胶前先将树脂配成固含量约为 50%～60% 的树脂液，然后以直接浸胶法或刮胶法、铺展法等让填料浸渍足够的胶液，再通过挤压以控制填料中合适的含胶量，经过干燥的含胶材料，按要求相重叠，即可在加热加压下成型为层压材料。由于树脂具有反应能力，在热或固化剂的作用下能形成交联结构，所以对某些填料的粘接既有物理作用又能有化学作用。

层压成型所用设备较为简单，可用多层油压机或水压机压制，也可用极简单的加压方法使其成型，甚至可用接触压力。层压成型所用模具也很简单，如生产层压板的模具就是两块具有一定光洁度的钢板。但层压成型工序较多，且手工操作量大、制品结构复杂，故应用较为有限。

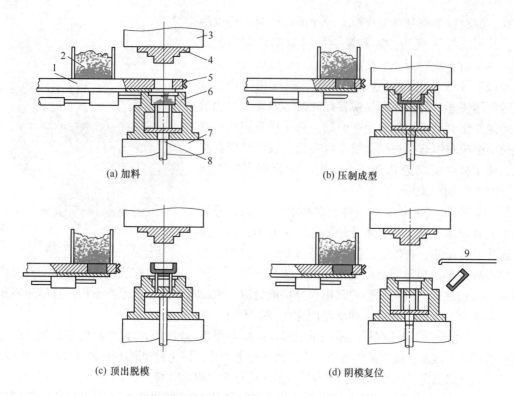

(a) 加料　　　　　　　　　　(b) 压制成型

(c) 顶出脱模　　　　　　　　(d) 阴模复位

图 2-18　热固性塑料模压成型工艺过程示意图
1—自动加料装置；2—料斗；3—上模板；4—阳模；5—压缩空气上下吹管；
6—阴模；7—下模板；8—顶出杆；9—成品脱模装置

2.4.2　挤出成型及设备

2.4.2.1　概述

挤出成型又称为挤压模塑或挤塑，即借助螺杆或柱塞的挤压作用，使受热熔化的塑料在压力推动下，强行通过口模而成为具有恒定截面的连续型材的一种成型方法。挤出法几乎能成型所有的热塑性塑料；也可以加工某些热固性塑料。生成的制品有管材、板材、薄膜、线缆包覆物以及塑料与其他材料的复合材料等。目前挤出制品约占热塑性塑料制品的40%~50%。此外，挤出设备还可以用于塑料的塑化造粒、着色和共混等。所以，挤出是生产效率高、用途广泛、适应性强的成型方法之一。

挤出成型设备有螺杆挤出机和柱塞式挤出机两大类，前者为连续式挤出，后者为间歇式挤出。螺杆式挤出机又可分为单螺杆挤出机和多螺杆挤出机，目前单螺杆挤出机是生产上用得最多的挤出设备，也是最基本的挤出机。多螺杆挤出机中双螺杆挤出机近年来发展最快，其应用也逐渐广泛。螺杆挤出机借助于螺杆旋转产生的压力和剪切力，使物料充分塑化和均匀混合，通过口模而成型。因为使用一台挤出机就能完成混合、塑化和成型等一系列工序，进行连续生产，所以应用十分广泛。柱塞式挤出机是借助柱塞的推挤压力，将事先塑化好的或由挤出机料筒加热塑化的物料从机头口模挤出而成型的。物料挤完后柱塞退回，再进行下一次操作，生产是不连续的，而且挤出机对物料没有搅拌混合作用，故生产上较少采用。但由于柱塞能对物料施加很高的推挤压力，故只应用于熔融黏度很大及流动性极差的塑料，如聚四氟乙烯和硬聚氯乙烯管材的挤出成型。

A 单螺杆挤出机的基本结构与作用

单螺杆挤出机是由传动装置、挤出系统、加热和冷却系统、控制系统等几个部分组成。其中挤出系统是挤出成型的关键部分，对挤出成型的质量和产量起着重要作用，挤出系统主要包括加料装置、料筒、螺杆、机头和口模等几个部分。单螺杆挤出机的结构如图2-19 所示。

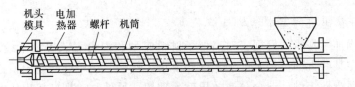

图 2-19 单螺杆挤出机的结构示意图

加料装置：加料装置是保持向挤出机料筒连续、均匀供料的装置，形如漏斗，有圆锥形和方锥形，又称料斗。料斗的底部与料筒连接处是加料孔，该处有截断装置，可以调整和截断料流，在加料孔的周围有冷却夹套，用以防止高温料筒向料斗传热，避免料斗内塑料升温发黏而引起加料不均和料流受阻情况。

料筒：又叫机筒，是一个受热受压的金属圆筒。物料的塑化和压缩都是在料筒中进行的。料筒的结构形式直接影响传热的均匀、稳定性和整个挤出系统的工作性能。挤出成型时的工作温度一般在 180~300℃，料筒内的压力可达到 55MPa。在料筒的外面设有分段加热和冷却的装置，以便对塑料进行加热和冷却。料筒要承受很高的压力，故要求具有足够的强度和刚度，内壁光滑，料筒一般用耐磨、耐腐蚀、高强度的合金钢和碳钢内衬合金钢来制造。料筒的长度一般为其直径的 15~30 倍，其长度以使物料得到充分加热和塑化均匀为原则。

螺杆：是挤出机最主要的部件，通过螺杆的转动，对料筒内的物料产生挤压作用，物料产生移动、增压和摩擦生热，物料得到混合和塑化，黏流态的熔体在被压实而流经口模时，得到所需形状而成型。与料筒一样，螺杆也是由高强度、耐热和耐腐蚀的合金钢制成。

由于高分子材料品种多样、性质各异，因此为适应加工不同物料的需要，螺杆种类众多，结构上也有差别，以便能对塑料产生较大的输送、挤压、混合和塑化作用。螺杆是一根笔直的有螺纹的金属圆棒。螺杆用止推轴承悬支在料筒中央，与料筒中心线吻合，不应有明显的偏差。螺杆与料筒的间隙很小，以使物料受到强烈的剪切作用而塑化。螺杆由电动机通过减速机构传动，转速一般为 10~120 r/min。螺杆的几何结构参数主要有螺杆直径、长径比、压缩比、螺槽深度、螺旋角、螺杆与料筒的间隙等。螺杆直径是指外径，一般为 30~200 mm。长径比 L/D_s 是指螺杆工作部分的有效长度 L 与直径 D_s 之比，通常为15~25。压缩比是指加料段第一个螺槽的容积与均化段最后一个螺槽的容积之比，它表示塑料通过螺杆的全过程被压缩的程度，一般在 2~5 之间。

挤出成型时，螺杆的运转对物料产生三个作用：（1）输送物料；（2）传热塑化物料；（3）混合均化物料。螺杆结构示意图如图 2-20 所示。

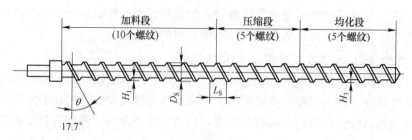

图 2-20 螺杆结构示意图

B 双螺杆挤出机的基本结构与作用

随着聚合物加工技术的发展，对高分子材料成型和混合工艺提出了越来越高的要求，单螺杆挤出机在某些方面已经不能满足这些要求。例如，用单螺杆挤出机进行填充改性和加玻璃纤维增强改性等的，混合分散效果就不理想。另外，单螺杆挤出机尤其不适合粉状物料的加工。为了适应聚合物加工技术中混合工艺的要求，双螺杆挤出机自 20 世纪 30 年代后期在意大利开发后，逐渐得到了改进和完善。目前双螺杆挤出机已广泛应用于聚合物共混、填充和增强改性，也可用来进行反应挤出。

双螺杆挤出机结构如图 2-21 所示。双螺杆挤出机由传动装置、加料装置、料筒和螺杆等几个部分组成，部件的作用与单螺杆挤出机相似。与单螺杆挤出机的区别之处在于双螺杆挤出机中有两根平行的螺杆置于一"∞"型截面的料筒中。不同双螺杆挤出机的主要差别在于螺杆结构的不同，双螺杆挤出机的螺杆结构比较单螺杆挤出机的复杂得多，这是因为双螺杆挤出机的螺杆还有诸如旋转方向、啮合程度等问题。

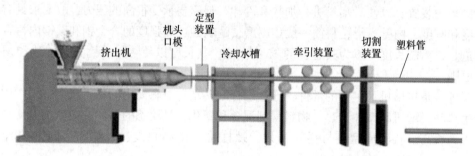

图 2-21 双螺杆挤出机结构示意图

双螺杆挤出机的工作原理与单螺杆挤出机不同，物料在单螺杆挤出机中的输送是依靠物料与机筒的摩擦力，而双螺杆挤出机则为"正向输送"，有强制将物料向前输送的作用；另外，双螺杆挤出机在两根螺杆的啮合处还对物料产生剪切作用，因此双螺杆挤出机具有如下工作特性：

（1）强制输送作用。在同向旋转啮合的双螺杆挤出机中，两根螺杆相互啮合，啮合处一根螺杆的螺纹插入另一根螺杆的螺槽中，使物料在输送过程中不会产生倒流或滞流。无论螺槽是否填满，输送速度基本保持不变，具有最大的强制输送性。

（2）混合作用。由于两根螺杆相互啮合，物料在挤出过程中进行着比在单螺杆挤出机中更为复杂的运动，不断受到纵向横向的剪切混合，从而产生大量的热能，使物料加热更趋均匀，达到较高的塑化质量。

（3）自洁作用。反向旋转的双螺杆，在啮合处的螺纹和螺槽间存在速度差，在相互擦离的过程中，相互剥离黏附在螺杆上的物料，使螺杆得到自洁。同向旋转的双螺杆，在啮合处两根螺杆的运动方向相反，相对速度更大，因此能剥去各种积料，有更好的自洁作用。因此双螺杆挤出机特别适用于混炼及与热敏性材料的挤出加工。

2.4.2.2　挤出成型工艺

各种挤出制品的生产工艺大致相同，一般包括原料的准备、预热、干燥、挤出成型、挤出物的定型与冷却、制品的牵引与卷曲，有些制品成型后还需要经过后处理。工艺流程如图 2-22 所示。

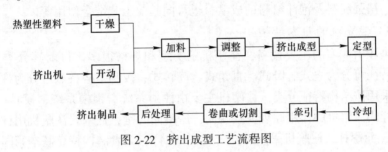

图 2-22　挤出成型工艺流程图

（1）原料的干燥。原料中的水分或从外界吸收的水分会影响挤出过程的正常进行和制品的质量，例如会出现气泡、表面晦暗无光，出现流纹，机械性能降低等。因此，使用前应对物料进行干燥，通常控制水分含量在 0.5% 以下。

（2）挤出成型。将挤出机加热到预定的温度，开动螺杆，同时加料，根据塑料挤出工艺性能和挤出机机头口模的结构特点等，调整挤出机料筒各加热段和机头口模的温度计、螺杆转速等工艺参数，控制料筒内物料的温度分布和压力分布。根据制品的形状和尺寸的要求，调整口模尺寸和同心度等设备装置，以控制挤出物离模膨胀和形状的稳定性，从而达到最终控制挤出产物的质量的目的，直到达到正常的状态。

（3）定型和冷却。热塑性塑料挤出物离开机头口模后仍处在高温熔融状态，具有很大的塑形变形能力，应立即进行定型和冷却。如果定型和冷却不及时，制品在自身重力作用下就会变形，出现凹陷或扭曲等现象。

（4）牵引和卷曲。热塑性塑料挤出离开口模后，由于有热收缩和离模膨胀双重效应，使挤出物的截面与口模的断面形状尺寸并不一致。此外，挤出连续过程如不引出挤出物，会造成堵塞，生产停滞，使挤出不能顺利进行或制品产生变形。因此，在挤出热塑性塑料时，要连续而均匀地将挤出物牵引出，其目的一是帮助挤出物及时离开口模，保持挤出过程的连续性；二是调整挤出型材截面尺寸和性能。

2.4.3　注射成型

2.4.3.1　概述

注射成型是将粒状或粉末状物料加入到注射成型机的料筒中，经加热熔化呈现流动状态，然后在注射机的柱塞或移动螺杆的快速而连续的压力下，从料筒前端的喷嘴中以很高的压力和很快的速度注入到模具中。充满模腔的熔体在受压的情况下，经冷却（热塑性塑料）或加热（热固性塑料）固化后，开模得到与模具型腔相应的制品。

注射成型是高分子材料成型加工中的一种重要方法，具有成型周期短、生产效率高、适应性强和易于自动化等。能一次加工外形复杂、尺寸精确制品，成型适应性强，制品种类繁多，容易实现自动化，应用较为广泛，几乎所有的热塑性塑料和多种热固性塑料都可以用此法成型，也可以成型橡胶制品。塑料的注射成型又称为注射模塑，简称注塑，是塑料制品成型的重要方法。目前注射制品约占塑料总量的30%，而工程塑料制品中有80%是采用注射成型。

注射成型是间歇生产过程，除了很大的管、棒、板等型材不能用此法生产外，其他各种形状、尺寸的塑料制品都可以用这种方法生产。它不但常用于树脂的直接注射，可以用于复合材料、增强材料及泡沫材料的成型，也可同其他工艺结合使用等。

2.4.3.2　注塑机的基本结构

注塑机是注射成型的主要设备，注塑机的类型和规格很多，目前其分类方法较为复杂。按外形特征可分为立式、卧式、直角式、旋转式；按照结构特点可分为柱塞式和螺杆式，目前多采用按结构特征分类。注塑机主要由注射系统、锁模系统、模具三部分组成。柱塞式和螺杆式注塑机的作用原理大致相同，所不同的是，柱塞式注塑机用柱塞施加压力（见图2-23），而螺杆式注塑机采用螺杆（见图2-24），二者结构特点基本相同，都是由注射系统、锁模系统、注射模具三部分组成。

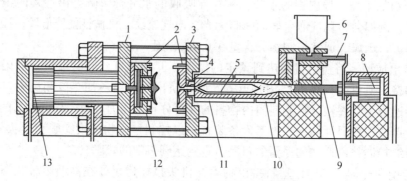

图 2-23　柱塞式注塑机注射装置图

1—动模板；2—注射模具；3—定模板；4—喷嘴；5—分流梭；6—料斗；7—加料装置；
8—注射油缸；9—注射活塞；10—加热器；11—加热料筒；12—顶出杆；13—锁模油缸

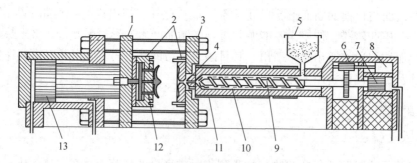

图 2-24　移动螺杆式注射机注射装置图

1—动模板；2—注射模具；3—定模板；4—喷嘴；5—料斗；6—螺杆传动齿轮；7—注射油缸；
8—液压泵；9—螺杆；10—加热料筒；11—加热器；12—顶出杆；13—锁模油缸

（1）注射系统。是注塑机的主要部分，其作用是使塑料均匀地塑化并达到流动状态，在很高的压力和较快的速度下，通过螺杆或柱塞的推挤注射入模。注射系统包括加料装置、料筒、螺杆（柱塞和分流梭）及喷嘴等部件。分流梭和柱塞是柱塞式注塑机的主要部件，分流梭装在料筒靠前端的中心部分，形状似鱼雷的金属部件。其表面上有几条凸出筋将其支撑于料筒上，起定位和传热作用。分流梭的作用是将料筒内流经该处的塑料分成薄层，使塑料产生分流和收敛流动，以缩短传热导程，既加快了热传导，也有利于减少或避免塑料过热而引起的热分解现象。分流梭仅限于柱塞式注塑机所有，分流梭的结构示意图如 2-25 所示。柱塞是一根坚实的表面硬度极高的金属圆杆，只在料筒内作往复运动，作用是传递注射油缸的压力以施加在塑料上，使熔融塑料注射入模具内。螺杆的作用是送料、压实、塑化、传压。当螺杆在料筒内旋转时，将从料斗来的塑料卷入并将其逐步压实、排气和塑化，熔化塑料不断由螺杆推向前端，逐渐积存在顶部与喷嘴之间，螺杆本身受熔体的压力而缓慢后退，当积存熔体达到一次注射量时，螺杆停止转动，传递液压或机械力将熔体注射入模。喷嘴是连接料筒和模具的重要桥梁。主要作用是注射时引导塑料从料筒进入模具，并具有一定射程。所以喷嘴的内径一般都是自进口逐渐向出口收敛，以便与模具紧密接触。

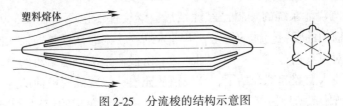

图 2-25　分流梭的结构示意图

（2）锁模系统。注射成型时，熔融塑料通常是以 40~200MPa 的高压注射入模的，为了保护模具严密闭合，要求有足够的锁模力。锁模系统的作用是在注塑时锁紧塑模，而在脱模取出制品时又能打开塑模。所以要求锁模机构开启灵活、闭锁紧密。启闭模具系统的夹持力大小及稳定程度对制品尺寸的准确程度和质量都有很大影响。

（3）模具。利用本身特定形状，使聚合物成型为具有一定形状和尺寸的制品的工具称为模具。模具的作用在于：在塑料的成型加工过程中，赋予塑料以形状，给予强度和性能，完成成型设备所不能完成的工作，使其成为有用的型材或制品。模具按照成型加工方法分为压制模具、挤出模具、注射模具、中空吹塑模具等。其中最主要的是挤出模具和注射模具。注射模具一般可分为动模和定模两大部分。注射时动模和定模闭合构成型腔和浇注系统。开启时动模和定模分离取出制件。定模安装在注射机的固定模板上，而动模安装在注射机的移动模板上。

图 2-26 所示为一典型注射模具结构图。主要部分有定位环、定模底板、定模板、动模板、动模垫板、顶出板、顶出底板、顶杆、导柱、凸模、凹模等。

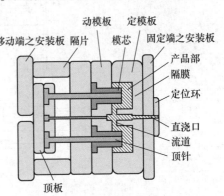

图 2-26　典型注射模具接头示意图

2.4.3.3　注射成型的工艺流程

不论是柱塞式，还是螺杆式注塑机，一个完整注射成型工艺应该包括以下几个过程，即加料→塑化→注射→冷却→脱模。工艺流程图如图 2-27 所示。

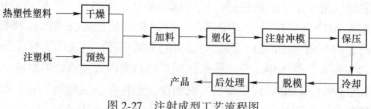

图 2-27　注射成型工艺流程图

（1）加料。由于注射成型是一个间歇过程，因而需定量（定容）加料，以保证操作稳定，塑料塑化均匀，最终获得高质量的塑件。

（2）塑化成型。物料在注射机机筒内经过加热、压实以及混合等作用，由松散的粉状或粒状固态转变成连续的均化熔体之过程。

（3）注射。柱塞或螺杆从机筒内的计量位置开始，通过注射油缸和活塞施加高压，将塑化好的塑料熔体经过机筒前端的喷嘴和模具中的浇注系统快速送入封闭模腔的过程。注射又可细分为流动充模、保压补缩、倒流三个阶段。

（4）冷却。当浇注系统的塑料已经冻结后，继续保压已不再需要，因此可退回柱塞或螺杆，卸除料筒内的塑料熔体的压力，并加入新料，同时在模具内通入冷却水、油或空气等冷却介质，对模具进行进一步的冷却，这一阶段称为浇口冻结后的冷却。实际上冷却过程从塑料熔体注入型腔起就开始了，它包括从充模、保压到脱模前的这一段时间。

（5）脱模。塑件冷却到一定的温度即可开模，在推出机构的作用下将塑件推出模外。

图 2-28 所示为注射成型工艺过程示意图。

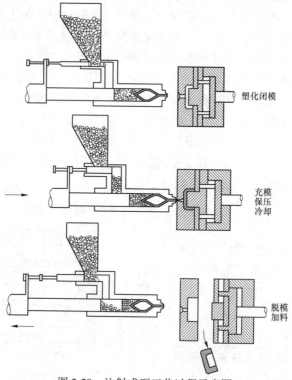

图 2-28　注射成型工艺过程示意图

2.5 橡胶的成型加工及设备

橡胶制品品种很多，通常可分为以下几类：

（1）轮胎。轮胎是橡胶制品的主要的产品之一，在橡胶中所占比例最大，约为50%~60%。

（2）胶带。按其功能不同，胶带可以分为运输物料用运输胶带和传递动力用的传动胶带。

（3）胶管。胶管有全胶胶管、夹布胶管、编织胶管、缠绕胶管、针织胶管和吸引胶管等。

（4）胶鞋。根据不同的生产方式，胶鞋有贴合胶鞋、模压鞋和注压鞋等。

（5）橡胶工业制品。橡胶工业制品如密封件、胶辊、胶布、减震制品等，品种繁多。

虽然橡胶制品种类很多，形状规格各异，但是生产橡胶制品的原材料、工艺过程及设备有许多相同之处。橡胶加工系指是由生胶及其配合剂经过一系列化学与物理作用制成橡胶制品的过程，橡胶成型的基本工艺过程包括配合、生胶塑炼、胶料混炼、成型、硫化五个基本过程。

在各种橡胶制品生产工艺中，配合、塑炼、混炼工序基本相同，模压和注压工序中成型与硫化实际上是同时进行的。压延和压出所得的可以直接进行硫化的半成品，如胶布压延、胶管压出，也可以经压延、压出后得一定形状的坯料，然后在专门的成型设备上将这些坯料粘贴、压合等制成各种未经硫化的橡胶制品的半成品，再经硫化得制品。从生产过程来看，橡胶制品可以分为模型制品和非模型制品两大类。模型制品是指在模型中定型并硫化的制品，大多数橡胶制品都属于模型制品；而不用模型制造的，如胶布、胶管以及压延制得的胶片、胶布贴合制造的贴合鞋、氧气袋等都是非模型制品。模型制品的制造工艺主要有两种，即模压法和注压法，其中以模压法应用最多。

橡胶材料的成型加工工艺是由一系列加工过程单元构成的复杂的加工制造系统，该系统的基本加工工艺过程如图 2-29 所示。其中，基本的加工过程单元是塑炼、混炼、挤出（压延）、成型、硫化等。

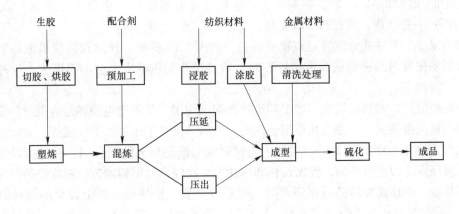

图 2-29　橡胶加工工艺流程图

2.5.1　塑炼

由于生胶的高弹性给加工过程带来极大的困难，各种配合剂难以均匀分散，流动性很差，难以成型，而且动力消耗很大，因此必须在一定条件下对生胶进行机械加工，使其由强韧的弹性状态转变为可塑的弹性状态，以满足各种加工工艺对胶料的要求，这一加工过程单元称为塑炼。塑炼胶可塑性的技术参数主要是门尼黏度，是在一定温度、时间、压力下，根据试样在转子和模腔之间的变形时所承受的扭力来确定生胶的可塑性。门尼黏度数值范围在 0~200 之间，数值越大，表示可塑性越小。

塑炼机理：塑炼过程是力化学过程，存在两种作用：一种是机械力作用；一种是氧化裂解作用。橡胶分子链在塑炼过程中，受机械的剧烈摩擦、挤压和剪切作用，使相互卷曲缠结的分子链很容易产生局部应力集中现象，当应力集中值超过主链中某一部位的键能时，便会造成分子链的断裂。氧化裂解是在塑炼过程中，橡胶分子链处于应力伸张状态，活化了分子链，促进了氧化裂解反应的进行。橡胶分子链在机械力的作用下，断裂生成化学活性很大的分子链自由基，这些分子链自由基必然引起各种化学反应，空气中的氧可以直接与分子链自由基发生氧化作用，产生氧化裂解作用。在塑炼过程中，机械力作用和氧化裂解作用同时存在。

塑炼过程是利用开放式炼胶机、密闭式炼胶机和螺杆塑炼机完成的。

2.5.2　混炼

混炼是将各种配合剂均匀混入生胶（塑炼胶）中，制成质量均一的混合物的过程。混炼过程的混合物称为混炼胶，是一种复杂的胶态分散体系。混炼过程采用的混炼方法可分为间歇混炼和连续混炼。采用开放式炼胶机混炼和密闭式炼胶机混炼属于间歇混炼，也是最早出现的混炼方法。连续混炼是 20 世纪 60 年代末出现的，混炼设备是外形类似挤出机的连续炼胶机，主要特点是自动化程度高，但加料系统复杂。

开放式炼胶机混炼：在炼胶机上先将生胶压软，然后按一定顺序加入各种配合剂，经多次反复捣胶压炼，采用小辊距薄通法，使橡胶与配合剂互相混合以得到均匀的混炼胶。加料顺序对混炼操作和胶料质量都有很大的影响，不同的胶料，根据所用原材料的特点，采用一定的加料顺序。通常加料顺序为：生胶（或塑炼胶）→小料（促进剂、活性剂、防老剂等）→补强剂、填充剂→硫化剂。

最为常见的开放式炼胶机是双辊开炼机，如图 2-13 所示。开放式炼胶机混炼的优点是适合混炼的胶料品种多或制造特殊胶料；缺点是粉剂飞扬大、劳动强度大、生产效率低、生产规模小。

密炼机混炼：密炼机混炼一般要和压片机配合使用。首先把生胶和配合剂按一定顺序投入密炼机的混炼室内，使之相互混合均匀。然后，排胶于压片机上压成片，并使胶料温度降低（不高于 100℃）。最后，再加入硫化剂和需低温加入的配合剂，通过捣胶装置或人工反复压炼，以混炼均匀。经密炼机和压片机一次混炼就得到均匀的混炼胶的方法叫做一段混炼胶。密炼机加料的顺序通常为：生胶（生胶、塑炼胶、再生胶）→固体软化剂（石蜡、硬脂酸等）→小药（促进剂、活性剂、防老剂）→补强剂（炭黑、碳酸钙、白炭黑等）→液体软化剂→压片机加硫化剂。

密炼机混炼与开放式炼胶机混炼相比，机械化程度高、劳动强度小、混炼时间短、生产效率高；此外，因混炼室为密闭的，减少了粉剂的飞扬。

2.5.3 成型

成型主要包括压延、压出、压型。

压延是指将胶料制成一定厚度和宽度的胶片，在胶片上压出某种花纹，以及在作为制品结构骨架的织物上覆上一层薄胶（如贴胶、擦胶）等。压延的主要设备是压延机，压延机按照辊筒数目分为双辊、三辊、四辊等。其设备示意图如图2-30所示。

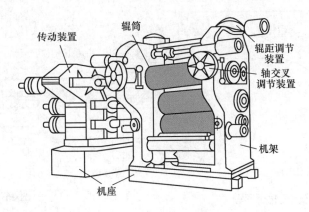

图 2-30　压延机的结构简图

压型操作是指将胶料压制成一定断面形状或表面有某种花纹的胶片的工艺，此种胶料可用作鞋底、台面等坯胶。压型用的压延机，其辊筒至少在一个表面上刻有一定图案。

压出是橡胶加工中一项基础工艺，其基本功能是在压出机中对胶料加热和塑化，通过螺杆的旋转，使胶料在螺杆和料筒筒壁之间受到强大的挤压力，不断向前移送，并借助于口型压出各种断面的半成品，以达到初步造型的目的。在橡胶工业中压出的应用范围很广，如轮胎胎面、内胎、胶管内外层胶、电线电缆外套等都可用压出机来造型。

2.5.4 硫化

硫化是橡胶材料加工最后一个加工过程单元，是橡胶分子链发生化学反应形成交联结构的过程，最终使材料获得预期的机械性能和使用性能。

硫化工艺一般是在一定温度、压力和时间的条件下完成的，这些条件称为硫化条件，如何制定和实施硫化条件，正确选用硫化设备和加热介质等都是硫化中的重要技术条件。

硫化历程：橡胶在硫化过程中，其各种性能随硫化时间增加而变化。将与橡胶交联程度成正比的某些性能（定伸强度）的变化与对应的硫化时间作曲线图，可以得到硫化历程图（见图2-31）。橡胶的硫化历程可分为四个阶段：焦烧阶段、预硫化阶段、正硫化阶段和过硫化阶段。（1）焦烧阶段：又称为硫化诱导期，是指橡胶在硫化开始前的延迟作用时间，交联反应尚未开始，或反应速率较慢，胶料在模具内具有较好的流动性，进行充模。此阶段的长短决定了胶料的性能和操作安全性。这一阶段长短取决于配合剂的种类和用量。胶料的实际焦烧时间包括操作焦烧时间（a_1）和剩余焦烧时间（a_2）两部分。（2）

预硫化阶段：该阶段以交联反应为主，逐渐形成硫化网络结构，此阶段橡胶的弹性和强度迅速提高，是交联反应动力学的标志性阶段。（3）正硫化阶段：橡胶的交联反应达到一定程度，此时交联反应已趋于完成，综合性能达到或接近最佳值，且基本上保持不变或变化很少，所以该阶段也称为平坦硫化阶段。此阶段所取的温度和时间称为正硫化温度和正硫化时间，硫化平坦阶段的长短取决于胶料的配方，主要是生胶、促进剂和防老剂的种类。（4）过硫化阶段：该阶段相当于交联反应中网络结构形成以后的反应，主要是交联键发生重排、裂解以及结构化等反应，因此胶料的性能发生较大变化。硫化仪是专门测定橡胶材料硫化特征的试验仪器（见图 2-32）。

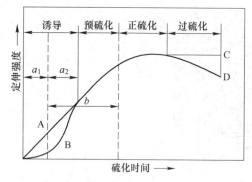

图 2-31　橡胶硫化历程图

A—起硫快速的胶料；B—有延迟特性的胶料；

C—过硫后定伸强度继续上升的胶料；

D—具有返原性的胶料

图 2-32　硫化仪结构示意图

　　按硫化工艺的方法分为间歇性硫化工艺和连续硫化工艺。间歇性硫化工艺主要有硫化罐硫化和硫化机硫化。按照硫化罐的形式不同，有卧式和立式两种，如图 2-33 所示。卧式硫化罐用于胶管、电缆及胶鞋等制品的硫化；立式硫化罐用于轮胎外胎等制品的硫化。硫化介质为直接蒸汽或间接蒸汽等。硫化机的种类很多，往往是根据制品的结构特征不同，选用不同的硫化机，主要有定型硫化机硫化、平板硫化机硫化。注射成型机硫化是一种将胶料直接从机筒注入模具进行硫化的工艺方法，与塑料注射成型相近，效率高，简化了工艺过程，自动化程度高，劳动强度小，产品质量优异，适合于密封橡胶制品的制造。

图 2-33　卧式和立式硫化罐

2.6 纤维成型工艺及设备

纤维是指长度比其直径大很多倍、并具有一定柔性的纤细物质。纤维主要包括天然纤维和合成纤维两大类。纤维成型包括纺丝液的制备、纺丝及初生纤维的后加工等过程。一般是先将成纤聚合物溶解或熔融成为黏稠的液体（称为纺丝液），然后将这种液体用纺丝泵连续、定量而均匀地从喷丝头小孔压出，形成的黏稠细流经凝固或冷凝而成纤维。最后根据不同的要求进行后加工。纺丝成型方法很多，但工业上最常用的纺丝方法主要是熔融纺丝法和溶液纺丝法。

2.6.1 熔融纺丝法

将聚合物加热熔融制成熔体，并经喷丝头喷成细流，在空气或水中冷却而凝固成纤维的方法称为熔融纺丝法。工艺流程示意图如图 2-34 所示。

熔融纺丝法用于工业生产有两种实施方法。一种是直接用聚合所得的高聚物熔体进行纺丝，这种方法称为直接纺丝法；另一种是将聚合得到的聚合物熔体经铸带、切粒等工序制成切片，然后在纺丝机上将切片重新熔融成熔体并进行纺丝，这种方法称为切片纺丝法。直接纺丝法可简化生产流程，有利于生产过程的连续化，降低成本；但存留的熔体中的单体和低聚物难以去除，产品质量较差。熔融纺丝法工艺简单，但其首要条件是聚合物在熔融温度下不分解，并具有足够的稳定性。

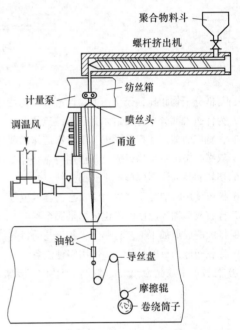

图 2-34 熔融纺丝工艺流程示意图

2.6.2 溶液纺丝法

将聚合物溶解于溶剂中以制得黏稠的纺丝液，由喷丝头喷成细流，通过凝固介质使之凝固而成纤维的方法称为溶液纺丝法。根据凝固介质的不同可分为两种，即湿法纺丝和干法纺丝。湿法纺丝的凝固介质为液体，它使从喷丝头小孔中压出的黏液细流在液体中通过，这时细流中的成纤高聚物便被凝固成细丝，工艺流程如图 2-35 所示。湿法纺丝时，由于纺丝液中的溶液需要凝固浴扩散而脱除，而凝固浴中凝固剂又借渗透作用方能进入黏液细流，因此凝固过程远比熔融纺丝法慢。干法纺丝的凝固液为干态的气相介质。从喷丝头小孔中压出的黏稠细流，被引入通有热

图 2-35 湿法纺丝工艺流程示意图

空气气流的通道中，热空气使黏稠细流中溶剂快速挥发出来，溶剂蒸气被热空气流带走，而黏稠细流脱去溶剂后很快转变为细丝。干法纺丝中，纺丝液与凝固介质（空气）之间只有传热和传质过程，不发生任何化学反应。纺丝速度主要取决于溶剂挥发的速度。因此，在配制纺丝液时，要求使用较易挥发的溶剂，同时纺丝液的浓度应尽可能高。

———— 本 章 小 结 ————

　　本章主要介绍了高分子材料的可挤压性、可模塑性、可纺性、可延展性的定义及其影响因素；聚合物的熔体流动黏度的特点及其影响因素等流变学基础理论；高分子材料的混合原理以及设备构造特点；塑料成型加工原理及其加工设备的构造特点；橡胶成型加工原理及其加工设备的构造特点；纤维加工工艺特点等。

习　　题

2-1　与低分子物相比，聚合物的黏性流动有何特点？

2-2　为什么大部分聚合物熔体为假塑性流体？

2-3　在宽广的剪切速率范围内，聚合物流体的剪切应力与剪切速率之间的关系会出现怎样的变化？

2-4　双螺杆挤出机结构组成及其作用特点是什么？

2-5　塑料制品的注射成型加工有哪些特点？

2-6　橡胶使用时应处于哪种力学状态，温度范围是什么？描述其力学特点。

2-7　橡胶成型加工温度的确定依据是哪个温度？为什么？

2-8　橡胶的成型加工工艺有哪些，各工艺的目的是什么？

2-9　橡胶塑炼的目的是什么，使用何种设备？

2-10　橡胶的半成品为什么要硫化？硫化的三要素是什么？

3 高分子材料与环境

本章提要：
(1) 了解高分子材料与人类之间的关系特点。
(2) 掌握高分子材料的"三废"对环境的污染。
(3) 掌握废旧高分子材料的特点及其环境问题。
(4) 了解高分子材料与可持续发展之间的关系。
(5) 掌握废旧高分子材料的再循环利用的方式及其内容。

3.1　人类社会离不开高分子材料

高分子材料的发现，特别是在 20 世纪 80 年代，三大合成高分子材料（塑料、橡胶和合成纤维）实现工业化大规模生产以来，大大降低了高分子材料的生产和应用成本，为人们提供了自然界没有的、价廉易得而性能优异的新材料。现在高分子材料在国民经济中与钢铁、木材、水泥一起并称为四大基础材料，被认为是推动社会生产力发展的新型材料，现在已被广泛应用在各行各业。

高分子材料各领域的应用主要有以下几个方面：

（1）高分子材料在机械工业中的应用。高分子材料在机械工业中的应用越来越广泛，"以塑代钢""以塑代铁"成为目前材料科学研究的热门和重点。这类研究拓宽了材料选用范围，使机械产品从传统的安全笨重、高消耗向安全轻便、耐用和经济转变。例如，聚甲醛材料具有突出的耐磨性，对金属的同比磨耗量比尼龙小，用聚四氟乙烯、机油、二硫化钼、化学润滑剂等改性，其摩擦系数和磨耗量更小，因此聚甲醛材料大量用于制造各种齿轮、轴承、凸轮、螺母、各种泵体以及导轨等机械设备的结构零部件，在汽车行业大量塑料代替锌、铜、铝等有色金属，还能取代铸铁和钢冲压件。

（2）高分子材料在现代农业中的应用。丙烯酸和丙烯酰胺等单体聚合而成的高吸水树脂是通过交联在聚合物内部形成的三维空间网状结构，其分子中含有大量的强亲水性官能团。高吸水性树脂由于分子链上有大量的亲水基团（羟基、羧基或酰胺基等），可与水发生水合作用，导致网络内外较大的渗透压，同时同性基团间相互排斥作用更使网链扩张，都促使水分子向树脂内部扩散，使吸水率达到上千倍；树脂的交联结构又保证了树脂只能溶胀不能溶解，保证了吸水凝胶的稳定性（保水性）。这种结构也赋予高吸水性树脂吸水、释水的可逆性，高性能吸水树脂在农业中可以用在种子包衣、凝胶蘸根、土壤直接施用等，对提高农业粮食产量具有重要的作用。

近年来我国大部分地区实施的地膜覆盖、温室大棚以及节水灌溉等新技术，使农业对高分子材料的需求量越来越大。农用地膜是现代农业的重要生产资料。农用地膜具有提高地温，保持土壤水分，调节土壤养分的转化，促进微生物活动，提高温、光的利用率，有利于作物根系的生长，抑制杂草生长，抑制盐碱上升，并可以除草防虫，促进植物生长，提前收割等功能，有利于作物生长发育，提高作物产量，提高农业效益。使用温室大棚和遮阳网使得蔬菜和鲜花可四季生长；高分子材料质轻、耐蚀、不结垢、易于运输、安装和使用，在现代农业灌溉中被广泛运用；此外，绳索、洗衣具、渔网、鱼筐等也应用高分子材料，既经久耐用又容易清洗。

（3）高分子材料在包装行业中的应用。高分子材料塑料薄膜用于包装早就融入日常生活之中，食品、针织品、服装、医药、杂品等轻包装绝大多数都用高分子材料包装；化肥、水泥、粮食、食盐、合成树脂等重包装也由高分子材料编织袋取代了过去的麻袋和牛皮纸包装；高分子材料容器作为包装制品既耐腐蚀，又比玻璃容器轻、不易碎，给运输过程带来了很多方便。根据不同国家或地区特点，塑料包装占塑料总用量的 25% ~ 70% 不等。从包装用材料而言，塑料包装已远远超过玻璃、金属、木材等传统包装材料，仅次于纸制品而居第二位。塑料包装的主要优点是：节省原辅材料、重量轻、运输方便、密封性能好，符合环保绿色包装的要求；能包装任何异形产品，装箱无需另加缓冲材料；被包装产品透明可见，外形美观，便于销售，并适合机械化、自动化包装，便于现代化管理、节省人力、提高效率。

据统计，包装已经成为塑料应用最大的市场。2004 年，中国包装用塑料消耗量达 540 万吨。对包装工业而言，塑料是包装用材料增长最快的品种。塑料包装应用的快速发展，一方面得益于塑料良好的适应性与易加工性；另一方面，各种功能产品不断推出，成为市场迅速扩张的最大推动力。

（4）高分子材料在环境保护方面中的应用。由于高分子具有质轻、比强度高、耐腐蚀、易加工、价格低等优点，在各种处理设施中的应用也日趋广泛。离子交换树脂是一种不溶于水的多孔性固体物质，在其孔表面及孔隙内一定部位含有特定的离子交换基团，它能从溶液中吸附某种阳离子或阴离子，同时把本身所含的另外一种相同电荷符号的离子等当量地交换，释放到溶液中。离子交换树脂有阳离子型和阴离子型两大类，由于它的交换容量大、选择性高和再生容易等特点，使它在处理工业废水中的重金属离子方面有相当广泛的应用。例如用阴离子型离子交换树脂回收处理含铬废水，用阳离子型离子交换树脂回收化纤厂含锌废水等。随着离子交换树脂品种的逐渐增多，尤其是高选择性树脂的开发，使它在工业废水中的应用更加广泛。

此外高分子泡沫材料具有表面积大，对声音有很好的吸收作用的特点，常用于消音材料。高分子材料在水资源领域的一个重要应用是膜法水处理技术。膜法水处理技术是净化污水、再生水资源的一个有效途径，具有分离效率高、能耗低、占地面积小、过程简单、操作方便、无污染等特点。

（5）高分子材料在电子和电气工业中的应用。随着时代的发展，高分子材料已经广泛应用在电子、家电和通信领域。高分子在电子电器工业主要用作绝缘、屏蔽、导电、导磁等材料；在通信领域，高分子材料的需求量随着社会的发展，不仅广泛用于各类终端设备，而且作为生产光纤、光盘等高性能材料使用。我国是电子电器产品生产大国，全行业对高分子材料需求量较大。高分子材料轻质、绝缘、耐腐蚀、易于成型加工的特点，正是生产各种家用电器的最佳材料，而家用电器是人们的必需生活用品，高分子材料在电子电器工业的发展不会停止。

（6）高分子材料在交通运输中的应用。高分子汽车材料就其自身化学性质分析，在组成上，材料内部高分子链间的范德华力远远超过一般分子，赋予了高分子材料足够的强度，这就是高分子材料能作为结构材料使用的根本原因，而其这一特性，恰好符合汽车对于车体材料安全性的考虑。由于化学性质特殊，高分子材料在化学上的可变性决定了其强大的适应性，从而能够满足汽车行业对于多方面的不同要求。高分子汽车材料外在特点主要表现为重量轻、有良好的外观装饰效果、有多种实际应用功能、容易加工成型、节约能源、可持续利用等各方面。

聚氨酯泡沫塑料广泛应用于汽车内饰和吸收振动的零部件上。其主要制品有：仪表板、后视镜框、保险杠、座椅软垫、头枕、转向盘、控制箱、仪表板防振垫、前后支柱装饰、中间支柱装饰、前顶衬里、窗框架、顶棚与侧顶架装饰、门衬板、遮阳板、后顶架装饰等。工程塑料制造的汽车机能件较多，其中常见的零部件有：散热器格栅（其材料有ABS、20%玻璃纤维增强聚丙烯）、空气滤清器壳（聚丙烯）、行李箱盖（聚丙烯）、仪表板（聚丙烯）、曲轴箱盖（尼龙6）、正时齿轮链盒（聚丙烯）、正时齿轮（30%玻璃纤维增强聚甲醛）、挡泥板（尼龙R-RIM）等。

高分子材料在汽车行业的运用，相比传统的金属件，高性能的塑料件具有成本低、重量轻、可塑性强、原材料渠道多样化、可替换性强等诸多优点。目前世界上许多轿车的塑料用量已经超过120kg/辆，个别车型还要高，德国高级轿车塑料用量已经达到300kg/辆，国内一些轿车的塑料用量已经达到200kg/辆。可以预见，随着汽车轻量化进程的加速，塑料在汽车中的应用将更加广泛。高分子材料在交通运输工具方面，应用最多的是汽车工业，而在机车上，高分子材料则主要用于无油润滑部件、制动盘摩擦片、车窗玻璃等。在其他类型的交通运输工具上，高分子复合材料的应用也越来越广泛。目前，汽车研究目标仍然是节能、降低排放量及安全性能的改进。而方法就是采用轻质材料，特别是广泛使用高分子材料。自开始采用合成材料以来，纤维增强高分子材料作为半结构性材料已被大量应用于铁道机车车辆。从那以后，合成材料就被推广应用于铁道机车车辆，甚至在许多应用领域享有优先权。舰船已经成为工业部门中应用高分子材料及其复合材料的一个重要方面，目前舰船中所用的复合材料绝大多数为纤维增强高分子，其中用量最大、范围最广的为玻璃纤维增强热固性高分子。碳纤维复合材料不久前还只在军用飞机上用做主结构，如机身和机翼，多种高性能的高分子复合材料目前已经用于各种航空航天工具中。

（7）高分子材料在建筑行业的应用。18世纪之前，传统建筑缺少高效保温隔热的防水材料，房屋的热环境质量差，屋顶、地面及开口缝隙等部位漏雨渗水现象普遍存在；缺少美观的装修材料，室内缺乏美感和舒适性，自然界的障碍给人类生活带来诸多不便。随着科技的发展，高分子材料的出现，建筑材料在质和量上有了极大的提高，极大地改善了人类的生存环境。例如使用防水材料，使房屋漏雨、漏水现象大大减少；在墙体及顶棚中采用保温材料，既改善了居住性，又节约了能源；各种装修材料的开发和利用使建筑具有美观性、健康性和舒适性。

内墙涂料以丙烯酸树脂为基料的乳胶漆为主。它不仅具有良好的施工性，还具有良好的装饰性能。高分子防水卷材是一种新型防水材料，主要是以聚氯乙烯、氯化聚乙烯等合成树脂、合成橡胶或其共混体为基材，添加人工助剂和填充料，通过压延、挤出等加工工艺而制成的无胎或加筋的塑性可卷曲片状防水材料。与传统的沥青、油毡系列卷材相比，高分子防水卷材具有优良的耐水、耐高低温性能，还具有良好的弹性、拉伸强度、耐候性、耐腐蚀性和抗老化性，使用寿命长达 10 年以上，不仅可以减轻对环境的污染，又可以使建筑屋面负重减轻。

现在的建筑工程均使用了高分子材料，高分子材料制品有排水管道、导线管、塑料门窗、家具、洁具、装潢材料和防水材料。在 20 世纪 70 年代以后低发泡塑料等结构材料的发展大量取代了木材，使得高分子材料在建筑材料中用作结构件增长很快；目前，塑料管道在我国建设领域累计使用量高达近 2000 万吨。2008 年，建设行业塑料管道工程使用量已达到 200 多万吨，其中：市政工程用量约 130 万吨，建筑工程约 70 万吨，2008 年市场占有率达到 45% 左右。有关专家根据住房和城乡建设行业的发展速度做了分析：未来几年随着住房和城乡建设领域对塑料管道的需求不断增长，预计年需求量在 300 万吨左右。

（8）高分子材料在医药卫生行业中的应用。生物医用高分子材料是以医用为目的，用于和活体组织接触，具有诊断、治疗或替换机体中组织、器官或增进其功能的高分子材料。生物医用高分子作为生物医用材料中发展最早、应用最广泛、用量最大的材料，鉴于其具有原料来源广泛、可以通过分子设计改变结构、生物活性高、材料性能多样等优点，是目前发展最为迅速的领域，已经成为现代医疗材料中的主要部分。生物医用高分子材料主要应用在以下几个方面：1）用于人造器官，如心脏瓣膜、人工肾、人造皮肤、疝气补片等。2）用于医疗器械，如手术缝合线、导尿管、检查器械、植入器械等。3）用于药物助剂，如药物控释载体、靶向材料等。例如，德国的恩卡公司、日本旭化成和夕沙毛公司研究成功以醋酸纤维、赛璐璐和聚乙烯醇等材质制成人工肾；以疏水性硅橡胶、聚四氟乙烯等高分子材料制成人工肺。又如采用聚甲基丙烯酸甲酯、聚砜和硅橡胶等作为牙科材料；采用高密度聚乙烯、高模量的芳香族聚酰胺、聚乳酸、碳纤维及其复合材料作为骨科材料；采用 PET、PP、PTFE、碳纤维等作为肌肉和韧带材料。此外，还有高分子缓释药物、抗癌高分子药物（非靶向、靶向）、用于心血管疾病的高分子药物（治疗动脉硬化、抗血栓、凝血）、抗菌和抗病毒高分子药物（抗菌、抗病毒、抗支原体感染）、抗辐射高分子药物、高分子止血剂等。

综上所述，人类生存的环境是离不开高分子材料的。这主要由以下特点决定：

（1）高分子材料的自身特点。原料多、易于生产、性能优良、质轻、加工方便、产品美观、实用、不易腐蚀、易着色等。

（2）高分子材料的应用特点。可广泛应用于衣、食、住、行及国民经济各领域，是无机材料、金属材料的理想替代品。

（3）高分子材料的生产特点。规模大、产量高、品种齐全。表 3-1 ～ 表 3-3 分别为我国和世界近年的高分子材料的产量数据。

表 3-1　2010～2018 年中国塑料产量统计表　　　　　　（万吨）

年份	2010	2011	2012	2013	2014	2015	2016	2017	2018
总产量	5830.38	5474.31	5781.86	6188.86	7387.8	7560.75	7717.2	7515.54	6042.15

年份	2010	2011	2012	2013	2014	2015	2016	2017	2018
塑料薄膜	798.97	843.64	970.25	1089.35	1261.8	1313.8	1419	1454.29	1180.36
农用薄膜	157.16	146.78	162.74	187.36	189.7	231	242.8	197.34	1195.95
泡沫塑料	200.3	141.16	172.06	146.48	202.2	245	249.4	278.65	242.43
人造革、合成革	214.62	240.26	314.27	347.02	375.1	343.8	332.6	348.29	299.5
日用塑料制品	645.86	458.37	461.84	471.38	579.7	592.7	634.3	665.14	559.21
其他塑料制品	3813.47	3644.1	3700.7	3947.03	5279.64	4834.4	4839.1	4769.17	3760.64

表 3-2　2009~2017 年我国 5 大通用塑料树脂产量　　　　　　　（万吨）

年份	聚乙烯	聚丙烯	聚氯乙烯	聚苯乙烯	ABS	5 大合成树脂
2009	813	821	916	247	128	2925
2010	985	917	1130	250	134	3416
2011	1015	981	1295	283	159	3733
2012	1030	1122	1318	210	106	3786
2013	1174	1239	1530	225	130	4298
2014	1017	1374	1630	216	242	4479
2015	1336	1690	1609	301	310	5246
2016	1435	1770	1619	305	309	5438
2017	1398	1979	1690	196	310	5573

资料来源：根据智研数据中心整理。

表 3-3　2011~2017 年中国与全球橡胶产量及消费量　　　　　　（万吨）

年份	2011	2012	2013	2014	2015	2016	2017
我国天然橡胶产量	70.7	79.5	86.5	85.7	82	76.4	83.7
我国合成胶产量	348.66	378.62	408.97	532.39	516.6	545.8	578.7
我国天然橡胶消费量	360.2	389	421	451	468.2	489.6	540
全球天然胶产量	1026.2	1138	1180.9	1221.7	1231.4	1229.5	1327
全球合成胶产量	1510.4	1509.40	1547.10	1671.50	1446.0	1456.3	1505.1
全球合成胶消费量	1494.2	1494.50	1543.30	1248.30	1456.4	1462.8	1518.2

资料来源：橡胶统计公报。

3.2　高分子材料的环境问题

高分子材料以石油为原料，自 20 世纪 70 年代出现的石油危机以来，石油资源越来越少，据报道全世界的石油储量只能使用 41 年，其价格不断上涨，材料成本也逐渐提高；更重要的是这些高分子材料在使用后造成的"白色污染"和"黑色污染"已经严重破坏了生态环境和生态平衡，引起了较为严重的环境问题，威胁着人类的生存。高分子材料的环境问题可以分为两个方面：第一是在生产和使用过程中的问题，即高分子从出生到死亡的过程中出现的问题，主要是"三废"（废气、废液和废渣）等有害物质的产生及其对环境和人类的影响；第二是废弃物的循环利用问题，主要涉及高分子废弃物的回收、处理和再生利用的问题，这既是改善环境的需要，也是资源再次利用的需要。

3.2.1　高分子材料的"三废"污染问题

3.2.1.1　废气（主要产生于高聚物制备过程中的单体原料）

用于制备高聚物的某些单体对人体健康是有伤害作用的。苯乙烯是重要的工业生产原料和溶剂，是制造通用级聚苯乙烯、发泡聚苯乙烯、高抗冲聚苯乙烯、工程塑料（ABS等）、丁苯橡胶、丁苯胶乳、丁苯吡胶乳、羧基丁苯胶乳、SBS、SIS、离子交换树脂、医药等的重要化工原料。但苯乙烯的化学结构与致突变剂和致癌剂氯乙烯相似，经代谢活化也是一种潜在的致突变剂，其体内中间代谢产物苯乙烯氧化物则为强直接致突变剂。苯乙烯具有刺激性臭味，过去一直认为苯乙烯的毒性比苯小，虽然在浓度为 50×10^{-6} 时就会感到不快，却尚无毒害作用。随着苯乙烯浓度的升高，刺激性增强，大量吸入可引起头晕头痛、食欲减退、乏力、红血球和血小板减小，但还不致于造成慢性中毒。其原因是苯乙烯在生物体内被氧化成苯甲酸、苯乙酸、苯基甘醇等，进一步反应生成马尿酸或葡萄糖酸酯而被排出体外。空气中最高容许浓度为 $420g/m^3$，因此在工业和实验室中的短时接触，没有特别危害。然而，后续新研究表明，对于苯乙烯的毒性评价与以前截然不同。1996 年，世界卫生组织（WHO）的国际癌症研究小组对苯乙烯进行深入的研究后得出结论，苯乙烯的确有致癌作用。呼吸苯乙烯气体会使人产生淋巴瘤、造血系统瘤和非瘤疾病，尤其是中枢神经系统的疾病，后者具有潜伏性。随着呼吸苯乙烯气体时间的持续和剂量的积累，其危险性更大。

用于制造聚氯乙烯树脂的单体——氯乙烯，会引起急性或慢性中毒。急性中毒的症状为眩晕、头痛、恶心、胸闷、步履蹒跚和丧失定向能力。慢性中毒主要为肝脏、神经系统、肠胃和骨质的损害。试验表明，氯乙烯是诱变物质和致癌物质，会引起肝血管瘤、肺和腹腔血管瘤、乳腺癌和间皮髓质瘤。因此各国对生产环境允许氯乙烯浓度和树脂中残留的氯乙烯浓度均有严格的限制。早在 20 个世纪 60 年代，人们研究发现聚氯乙烯塑料中残存的氯乙烯单体能使人产生"肢端骨溶解症"，长期接触氯乙烯单体后，会出现皮肤硬化症，还有人出现脾肿大、胃及食道脂肪瘤、肝损伤、门静脉压亢进等病变。

甲苯二异氰酸酯（TDI）是一种重要的化工原料，也是一种低毒物质，是公认的工业致敏原。它在生产和使用过程中会游离挥发到空气中，通过呼吸道进入人体，TDI 急性吸入毒性主要为明显的刺激和致敏作用，较高浓度的 TDI 会损害人的黏膜组织，能导致咽喉肿痛、剧烈咳嗽、呼吸困难、眼结膜充血等病症的发生。即使在较低浓度下也可使某些敏感人群产生气道高反应和肺部炎症，最明显和最典型的为哮喘。甲苯二异氰酸酯在外界环境中的来源相比于室内要更加广泛。

以甲苯二异氰酸酯为原料的聚氨酯产品具有机械强度高、弹性好、耐油、耐低温、耐辐射等特点。因此，被广泛应用于交通、海洋、建筑、矿山、航空航天等各大领域。例如用于交通安全标志分道柱、海底石油管道的保护套、大型采矿机械的齿轮以及皮带轮等，在建筑行业中使用的防水材料、浇灌材料、密封材料等都是由聚氨酯材料加工而成的。通过对 TDI 生产现场劳动卫生学调查和作业人员的体检显示，在 TDI 环境中工作的工人会有气短、眼痛、哮喘和记忆力减退等明显症状，而且这些症状的严重程度与所在环境的 TDI 浓度呈正相关关系。TDI 可引起皮肤过敏反应，液态 TDI 直接与皮肤接触就会产生炎症。

丙烯腈对人的致癌性流行病学调查表明，接触本品者患肺癌和大肠癌的危险性略高。迄今丙烯腈对人的致癌性虽有一些流行病学证据，但作最后结论尚需继续积累资料。1，3-丁二烯是丁烯类塑料、纤维、橡胶的基础原料，主要来源于石油裂解的C4馏分。随着石化工业的迅速发展，1，3-丁二烯产量和作业人数增长很快。在接触本品作业者的健康调查中，除常见的神经衰弱综合征和呼吸道刺激症状外，我国还发现多例周围神经病变，这在国外文献中未见报道。

又如甲醛对皮肤、黏膜有强烈刺激作用，会引起皮肤、黏膜炎症，长期吸入低浓度甲醛，会引起头痛、乏力、心悸、失眠等。游离甲醛主要来自于PF、UF、MF树脂制成的硬质纤维板、胶合板及其制品中，如室内添置一套新的组合家具，在门窗紧闭的情况下，一周内可使室内甲醛浓度达到 $0.1mg/kg$，每 $100m^2$ 的胶合板每小时可释放 $8\sim18\mu g$ 甲醛，因此，对用于硬质纤维板、胶合板及其制品的PF等树脂中的残留甲醛浓度也有相应的要求。

3.2.1.2 废液

高分子材料在生产过程中产生的废液主要为除去、洗涤、回收、处理溶液聚合法生产各种聚合物使用的大量溶剂以及乳液聚合法生产中使用的大量的水。

溶液聚合是指将单体溶于适当溶剂中加入引发剂（或催化剂）在溶液状态下进行聚合反应。溶液聚合是高分子合成过程中一种重要的合成方法。溶液聚合法的主要工业应用有醋酸乙烯酯+甲醇、丙烯酰胺+水、丙烯+己烷、丙烯酸酯类+乙酸乙酯、顺丁橡胶+烷烃或芳烃、乙丙橡胶+己烷等溶液聚合体系。溶液聚合的优点是：（1）溶剂可作为传热介质使体系传热较容易，温度容易控制；（2）体系黏度较低，减少凝胶效应，可以避免局部过热；（3）易于调节产品的分子量和分子量分布。溶液聚合的缺点是：（1）单体浓度较低，聚合速率较慢，设备生产能力和利用率较低；（2）单体浓度低和向溶剂链转移的结果，使聚合物分子量较低；（3）使用有机溶剂时增加成本、污染环境；（4）溶剂分离回收费用较高，除尽聚合物中残留溶剂困难。在工业上溶液聚合适用于直接使用聚合物溶液的场合，如涂料、胶黏剂、合成纤维纺丝液等。

乳液聚合是指单体借助乳化剂和机械搅拌，使单体分散在水中形成乳液，再加入引发剂引发单体聚合。工业化品种有乳聚丁苯橡胶、聚丙烯酸酯乳液等。目前，丁苯橡胶（包括胶乳）的产量约占整个合成橡胶生产量的55%，是合成橡胶中产量和消耗量最大的胶种。其他主要品种还有丁苯胶乳、聚醋酸乙烯乳液、丁腈胶乳、氯丁胶乳、丁二烯-苯乙烯胶黏剂或涂料。乳液聚合的优点：（1）聚合速度快，产品分子量高；（2）用水作分散剂介质，有利于传热控温；（3）反应达高转化率后乳聚体系的黏度仍很低，分散体系稳定，较易控制和实现连续操作；（4）胶乳可以直接用作最终产品。乳液聚合也存在着缺点：（1）聚合物分离析出过程繁杂，需加入破乳剂或凝聚剂；（2）反应器壁及管道容易挂胶和堵塞；（3）助剂品种多，用量大，因而产品中残留杂质多，如洗涤脱除不净会影响产品的物性。

3.2.1.3 废渣（废弃物）

（1）树脂生产加工过程中产生的废弃高分子材料。连续聚合过程中，当需要更换产品牌号时会产生过渡料；一些聚合物不溶于其单体的聚合过程会产生黏附物；在聚合物输送、包装过程中会产生落地料、不合格料；生产产品过程中形成的某些低分子副产品，以及制品成形过程中产生的废品和边角料，如飞边、切边料、浇口、流道以及试验料、落地料等。这些废弃高分子材料较易回收、利用也不难。

（2）使用过程中产生的废弃高分子材料。这是废弃高分子材料中最主要部分，也是环境污染的最主要部分，循环利用指的就是这部分废弃高分子材料。在这一类废弃物中，一般废弃高分子材料（以包装材料为主）约占55%，产业形成的废弃高分子材料约占45%。这类废弃高分子材料主要以有机固体废弃物形式出现，占全部废弃物的2/5，它们量大品种杂，回收、分离、处理、利用难度大。

3.2.2 废弃高分子材料的特点

（1）称谓独特。随着废弃高分子材料的逐渐增多，许多新的称谓也随之出现。例如"白色污染"或"白色公害"或"白灾"主要是针对塑料、农膜、餐具等；而"黑色污染"或"黑色公害"或"黑灾"主要针对废橡胶和废轮胎；"彩色污染"或"视觉污染"主要是指电器、电缆、光盘。

"白色污染"是随着20世纪60年代以来塑料制品的广泛使用所带来的一种环境问题。所谓"白色污染"，是人们对塑料垃圾污染环境现象的一种形象称谓。它是指用聚苯乙烯、聚丙烯、聚氯乙烯等高分子化合物制成的各类生活塑料制品使用后被弃置成为固体废物，由于随意乱丢乱扔，难于降解处理，以致造成生活环境严重污染的现象。由于塑料垃圾大多呈白色，它们造成的环境污染被形象地称为"白色污染"。

废旧轮胎具有很强的抗热、抗生物、抗机械性，且很难降解，长期露天堆放，不仅占用大量土地，而且容易滋生蚊虫而传染疾病，甚至引发火灾。废旧轮胎燃烧会产生大量浓烟和有害气体，燃烧后的有毒物质渗入地表乃至地下，造成污染，所以人们称废旧轮胎为"黑色污染"。

（2）品种繁多。不仅指高分子材料所用聚合物的品种多，而且高分子材料制品的品种多，涉及飞机材料、汽车部件、橡胶轮胎、计算机、光盘、家用电器、农膜、包装材料、服装、鞋、门窗、地板、管道、生产部门的边角料。

（3）数目庞大。不仅指高分子材料的生产量巨大，同时产生的废旧高分子材料量也十分巨大。世界每年塑料废弃物约为其产量60%~70%，橡胶废弃物约为其产量的40%。表3-4为2010~2015年全球废轮胎产量及回收量，表3-5为通用塑料产品的平均比例及使用寿命一览表。

表3-4   2010~2015年全球废轮胎产量及回收量   （万吨）

年份	2010	2011	2012	2013	2014	2015
全球废轮胎产量	3141.4	3306.7	3497.4	3685.2	3875.6	4074.2
全球废轮胎回收量	1884.8	2149.4	2378.2	2579.6	2751.7	2933.4

表3-5   通用塑料产品平均比例及使用寿命

种类	包装材料容器等①	日用杂品②	汽车、电器制品等③	管材、建材等④
LDPE/%	87	5	2	6
HDPE/%	32	40	25	3
PP/%	41	17	32	10
PVC/%	18	10	13	59
PS/%	52	10	35	3

续表 3-5

种类	包装材料容器等①	日用杂品②	汽车、电器制品等③	管材、建材等④
酚醛树脂/%	10	15	47	28
脲醛树脂/%	2	22	47	26
平均比例/%	39	16	25	20

①使用 1~2 年废弃；②使用 3~5 年废弃；③使用 6~9 年废弃；④使用 10 年废弃。

由表可见，无论全球还是我国，每年都生产和消耗大量的高分子材料，同时每年也产生大量的废弃高分子材料。

(4) 降解困难。绝大部分废弃高分子材料几乎不能自然降解、水解和风化，即使是淀粉/聚合物共混物的降解制品要降解到对生态环境无害化的程度，至少也需要 50 年。特别是年复一年残留于耕地的农膜和地膜不仅造成土地板结、妨碍作物根系呼吸和吸收养分、使作物减产，而且残膜中的某些有毒添加剂和聚氯乙烯，会先通过土壤富集于蔬菜和粮食及动物体，人食用后直接影响人类健康。

(5) 处理棘手。废弃高分子材料燃烧产生大量有害物质，溶解产生大量废水与污泥。一般高分子材料废弃物在紫外线作用或液体溶解或燃烧时，排放出 CO、氯乙烯单体（VCM）、HCl、甲烷、NO_x、SO_2、烃类、芳烃、碱性及含油污泥、粉尘等，污染河流和空气，严重威胁人类的生存环境。增塑剂主要用于软质聚氯乙烯塑料以及某些涂料中，在加工过程中受热的增塑剂会以微粒的形式飞溅到空气中，在使用过程中也会通过挥发、渗出等析出，使环境受到不同程度的破坏，危及人类，影响作物的生长。据报道，已经在大气、土壤、木材、食品和人体中检出增塑剂，增塑剂可通过饮用水、进食、呼吸和皮肤接触等途径进入体内。据报道，日本人体血液中邻苯二甲酸二辛酯（DOP）含量为 0.02~0.06mg/kg，脂肪中含量达 5~6mg/kg，某些增塑剂虽属微毒或无毒，但难以生物降解，易于生物富集，动物实验有致癌作用，DOP 对人体、动物内分泌的干扰作用已经被证实。

阻燃剂也是高分子材料重要应用的添加剂，1986 年研究发现溴双酚 A、溴代苯基三甲基氢化茚、五溴二苯醚、十溴二苯醚等有机卤系阻燃剂在热裂解及燃烧时会生成大量的烟尘及腐蚀性气体，这些物质在进入生物机体后，多表现为急性毒性作用，但是急性毒性较低。阻燃剂的这种低急性毒性，只有在达到一定的毒性剂量的前提下，才能对生物机体内的细胞组织发生破坏作用。不同于增塑剂，其毒性与量不呈线性累积的关系，从长期和整体的毒性作用效果来看，其表现出来的慢性毒性的危害要大于急性毒性的作用。

塑料中常添加热稳定剂，热稳定剂大多为有机重金属类物质，其主要包括铅盐类、硬脂酸盐类、复合液（固）类、有机锡类、稀土类以及少量的有机助剂。由于这些稳定剂中都含有大量的铅、镉、锌、钡和锡等重金属，不可避免地会对环境特别是生物机体产生毒性作用。其中以铅盐类热稳定剂用途最广、毒性也最大。除去其中的重金属成分会对生物机体产生影响之外，有机成分也会与重金属一起对生物机体产生协同毒性作用，表现出更复杂的综合作用毒性机理，更易于被生物机体吸收而潜伏在生物机体内，累积成慢毒性，危害更大。

此外，高分子材料还包含很多类型的添加剂，如塑料中的抗氧化剂、润滑剂等，橡胶中的补强剂、硫化剂、硫化促进剂等。在高分子材料中，添加剂种类繁多，因此处理起来十分棘手。

3.2.3　废弃高分子材料的环境问题

从废旧高分子材料的来源来看，高分子材料废弃物品种繁多、数量巨大。大量废旧高分子材料对环境和人类带来严重的污染和危害，主要表现在以下几个方面：

（1）影响人、畜健康。世界上已经有很多"白色垃圾"导致野生动物死亡的案例。经过解剖，发现致死原因主要是因为动物误食了"白色垃圾"，无法消化，最终导致死亡。而对于牲畜，若吃了土地里遗留的塑料膜，也会引起牲畜的消化道疾病，甚至死亡。废旧轮胎是废旧橡胶的主要来源，废旧轮胎所需的降解时间不确定，因为它们不具有生物降解性，而且其成分包含一些危险元素，如铅、铬、镉和其他重金属，若处置和管理不当，会对人体健康和环境造成威胁。世界许多发达国家都曾发生过由废轮胎带来的环境问题，例如：美国佛罗里达州曾发生大面积传染性疾病流行，后查明是废轮胎集水孳生的蚊虫所为，附近地区则下起浓浓的黑雨。废轮胎自燃污染事件也是一个例子。1991 年 12 月日本大分县北部三光村某工业废弃物处理工厂内露天堆放的约 6 万条废轮胎发生自燃，持续了 100 天。燃烧后流出的液体物质污染了附近的河流，造成鱼类大量死亡。事件发生后，当地居民要求将另一家工厂露天堆放的 60 万吨废轮胎搬走，但由于数量远远超过了当时的处理能力，直到第二年的夏天还剩下 2/3 来不及处理。于是，这些废轮胎堆放场产生了大量的蚊子，当地保健所不得不使用杀虫剂灭蚊，结果又造成了农药对河流的污染事件。1990 年发生在加拿大安大略湖的黑格斯维尔火灾，持续长达 17 小时，有 1260 万条轮胎被烧，1700 人被疏散，大量油类物质渗入土壤，附近的河流也被多环芳烃污染，造成的损失难以估量。

（2）影响环境卫生，产生视觉污染。废旧高分子材料产生两种颜色的视觉污染，即"白色污染"和"黑色污染"。塑料制品轻巧、清洁、便宜、产品美观、色泽鲜艳，给人类生活起居带来极大方便，推动了人类文明和进步，其使用被称为科技界的"白色革命"。但使用后的塑料制品大量地被抛向人类赖以生存的自然环境，尤其是城镇、城郊和交通干线两侧，已形成了触目惊心的"白色垃圾场"。给环境造成了全球性的白色污染，极大地危害着人类及生物界。散落在环境中的各种塑料废弃物对市容、景观的破坏被称为"视觉污染"。例如，散落在城市、农村、旅游区、江河湖泊的一次性发泡塑料餐具、塑料包装物和漫天飞舞、到处飘扬或悬挂枝头的超薄塑料袋，给人们的视觉感应与情绪带来不良刺激，影响环境的美感。"黑色污染"相对"白色污染"而言，是指废橡胶（主要是废轮胎）对环境所造成的污染。废旧橡胶是六大固态再生资源之一，业内人士称，如此庞大数量的废旧橡胶若闲置不用，不但占用土地资源，污染土壤及地下水，成为危害人类和生态环境的黑色污染，而且橡胶废弃物中含有的橡胶弹性体、织物、聚酯、金属等有价资源无法循环利用，造成巨大的资源浪费。如何实现废橡胶资源再利用已成为世界各国一直需要研究攻克的难题。

（3）污染土壤和影响生物生长。废塑料进入土壤中长期不降解，会对土壤的通气性、透水性、养分的迁移转化、土壤微生物的类型和活性等理化性质产生深刻的影响，降低土壤肥力。土壤中残留的塑料阻碍植物根系的正常生长，影响植物对水、肥的吸收；也会影响植物发芽、出苗，降低产量及作物品质。对土壤动物的正常活动也会产生不利的影响。废轮胎是一种难溶解、难降解的有机高分子弹性体，埋在地下数百年不会分解，污染地下水。这些"黑色垃圾"无论采用堆放、填埋还是焚烧的方法处理都将带来环境污染，占用土地资源，而且容易滋生蚊虫传播疾病，是世界公认的固体废弃物。

（4）影响航运及水力设施的正常运转。废旧高分子材料（废塑料和废橡胶）进入水体，随水流漂移，一方面会影响水的流动，堵塞涵洞，降低防洪、泄洪能力；另一方面水中大量的废塑料会缠绕在水力设施如轮船、水力发电机等的转动部位并致其损坏，引发事故。

3.3 高分子材料与可持续性发展

可持续发展（Sustainable Development）是指既满足当代人的需求，又不损害后代人需要的发展。换句话说，就是指经济、社会、资源和环境保护协调发展，它们是一个密不可分的系统，既要达到发展经济的目的，又要保护好人类赖以生存的大气、淡水、海洋、土地和森林等自然资源和环境，使子孙后代能够永续发展和安居乐业。可持续发展与环境保护既有联系，又不等同，环境保护是可持续发展的重要方面，可持续发展的核心是发展。可持续发展的基本特征主要有：（1）可持续发展鼓励经济增长；（2）可持续发展的标志是资源的永续利用和良好的生态环境；（3）可持续发展的目标是谋求社会的全面发展。

材料是现代文明和科技进步的基石。自 20 世纪 30 年代以来，高分子科学与技术的发展极为迅速，高分子材料，特别是合成高分子材料由于其具有的优异性能，已经在信息科学、生命科学等新技术领域以及工业、农业、国防、交通等各个经济部门中发挥着重要的作用。高分子材料的发展有益于人类社会的可持续发展。高分子材料本身就是使自然得到综合利用的范例，它不仅可以为人类提供清洁和可再生能源，也可以用于废气和污水处理。高分子废弃物也可以回收、利用和处理，做到物尽其用，清洁环境。在未来，高分子材料在促进人类社会可持续发展方面将会发挥更加重要的作用。

图 3-1 所示为高分子材料及其制品在使用过程中生命指导图。由图中可以看到高分子材料的产生和循环过程。

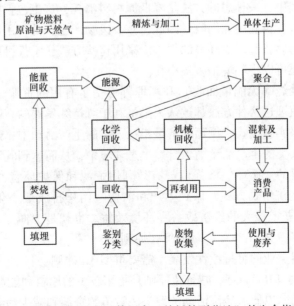

图 3-1　高分子材料和制品使用中"从摇篮到墓地"的生命指导图

可持续发展概念的出现，又重新使矿物燃料成为了一个课题。这是因为世界石油储备在世界可持续发展过程中总有一天会消耗完的，虽然不像我们在 20 世纪 70 年代预言的那么快。但是，资源的短缺不是唯一的问题，还有燃烧石油引起的气候变化。普遍认为，每年因为燃烧矿物燃料而产生的数以百万吨计的二氧化碳是目前全球气候变暖的主要原因。因此，有必要重新思考有关矿物燃料的使用方式，使之更适合于可持续发展。

大多数的合成高分子材料都起源于矿物燃料，这使得合成高分子材料立即成为一个环境"热点"。此外，高分子材料在使用后的处理（通常是填埋）中带来大量的能量损失。然而，原材料和能量的消耗是围绕高分子材料和产品的重大话题，却不是唯一的话题。事实上，由于高分子材料的广泛使用和目前人们近乎直线型的消费方式（高分子材料和产品只使用一次，然后就扔掉），高分子材料也成为了目前日益增加的固体废弃物的最重要来源之一。由于塑料在包装领域的使用寿命远远低于其他领域，包装材料从"从摇篮到墓地"的速度远比其他领域快，在当年就成为废品的材料有 70%来源于包装领域。

因此，人类继续目前的"制造→使用→废弃"的消费方式很显然是不利于可持续发展的，这种方式产生大量的废物，造成资源损失（原材料损失和经济损失）、环境污染，也引起社会担忧。因此，有必要找出适合可持续发展的高分子材料和制品的生产和消费方式，解决高分子材料造成的环境问题。

由于仅有 4%的石油储量用于高分子材料的生产，所以往往高分子材料的生产被认为不会对环境产生劣化。但是，4%仍然代表很大部分的有用资源。同时还需要考虑废弃高分子材料的产生以及高分子材料和制品的各种污染，因此解决高分子材料造成的环境问题仍然是可持续发展中的重要目标。

有利于可持续发展的资源和废物处理不是通过某个单一途径就可以解决的。热力学原理说明，不管如何高效率地使用资源，总会有一些废弃物产生。再加上日益增加的消费量以及人们很难改变的生活方式，都要求人类必须制定出综合的有关高分子材料的资源和废物处理方案。通常的废物管理等级包括降耗、再利用、回收、焚烧和填埋。

在这些处理方案中，最理想的方法是降低原材料消耗，这也包括废物的减少。要达到这个目的有两个方法：再利用和回收。因此，减少废物产生、再利用和回收这三个方法都可以增加自然资源的储备和减少环境的损害。采用这些方法，不仅可以使资源消耗和废弃物的产生最小化，还可以将环境损害最小化。

这些方法中，焚烧（无能量回收）和填埋都浪费了有用的资源，而且焚烧还会产生空气污染。焚烧和填埋这两种方法都被认为是不利于可持续发展的。循环经济被认为是最好的可持续发展战略实施模式。循环经济是指在人类的生产活动中，建立充分利用自然资源的循环机制，把人类的生产活动纳入自然生态环境中，从而达到既发展经济又维护自然的生态循环的双重目的。循环经济强调最有效利用资源和保护环境，表现为"资源→产品→再生资源"的经济增长方式，做到生产和消费"污染排放最小化、废物资源化和无害化"，以最小成本获得最大的经济效益和环境效益。也就是"减量化（Reduce）、再使用（Reuse）、再循环（Recycle）"，即"3R 原则"。

为了高分子材料工业的可持续性发展，需要贯彻 3R 原则：

（1）减量化原则（Reduce）。减量化原则是指用较少的原料和能源投入，达到既定的生产目的或消费目的，以便从经济活动的源头注意节约资源和减少污染。

在废物管理等级中的降耗也就是循环经济中的减量化，在高分子材料领域中减量化最主要的目标是必须对制品进行设计，使之在生产和使用过程中消耗最少的原料和最小的能量，并使其向环境排放的有害物质最小化。"为环境设计（DFE）"方法是以生命周期评估方法为工具来为产品设计提供方法，不仅使原材料的消耗最小化，而且使产品变得容易拆卸、再利用和回收。DFE原理应用到高分子材料中，特别是在塑料中，使得在最近十年中塑料包装的平均重量下降了大约28%，降低产品重量的附加效益还包括降低环境冲击以及降低产品的运输成本。仅仅通过更好的设计来减少原材料的消耗是远远不够的，还需要结合更加有利于可持续发展的消费和生活方式。尽管近年来在许多领域内都有明显的降耗成果，然而显现的效果却不明显，一个最主要的原因就是消费量的日益增长，一个典型例子就是移动电话的使用，虽然移动电话的重量和制造过程中的材料使用量下降了90%，但由于市场的迅速扩张，使得用于生产移动电话的资源消耗近年来一直持续增长。抛弃过分奢侈的消费方式，走向更加理想的消费方式必然会使我们的生活方式发生重大改变，但这需要一个长期过程。

同样，减量化原则也适用于包装领域。实际上，包装物一方面可以保护易腐烂、易损坏商品免受环境影响；另一方面又可以防止腐蚀性或有毒物质进入环境之中，包装物尤其是食品包装物的出现，使食品的（尤其是熟食品）的卫生质量得到了极大的提高。由于延长了食品的保质期，减少和避免食品腐烂，节约了资源和能源，同时也给消费者提供了方便。美国将使用包装以减少商品的腐烂、损坏，延长其保质期，作为减少垃圾产生量的措施之一。毫无疑问，包装工业拥有光明的未来。与传统材料比较，塑料生产和加工能耗低，塑料包装物在包装业中占有越来越重要的地位。

（2）再利用原则（Reuse）。再利用原则是指产品和包装能够以初始形式使用和反复使用，减少一次性用品，延长产品使用寿命。

在全球范围内，高分子材料得到如此广泛应用的原因在于它的适应性，特别是它的强度和耐久性。这些性质使其具有较好的再利用功能。高分子材料的再利用已经有很多例子，如将原来用过的部件经过重新加工，制成新的部件。一个典型例子就是施乐公司将旧的复印机中的塑料部件用于制造新的复印机。这种方法正在越来越广泛地被接受，尤其是在汽车制造、电子产品和电器产品等领域。但这种方法要被人们普遍接受，还存在至少三个障碍。第一个就是要求制造商从他们的顾客手中得到原来的产品；第二个是产品的有效寿命结束以后的部件的再利用也取决于产品的设计，也就是原来的产品是否易于拆卸为各种构件；第三个障碍就是顾客的能否接受这种再利用的产品的心理态度。

但是高分子材料的再利用的次数也是有限的。高分子材料的性能在使用过程中也会逐渐劣化，直到不经过重新加工就无法被再利用。

（3）再循环原则（Recycle）。再循环原则是指生产出来的制品在完成其使用功能后能重新变成可以利用的资源而不是不可恢复的垃圾。生产一件制品只是完成了一半工作，关键是应设计好在制品达到寿命期后如何处理。

高分子材料在第一个生命周期结束后，或者经过无数次的再利用后，可以经过再循环或回收利用，用于制造新的高分子材料或新的的产品。表3-6为2009~2012年世界各国的塑料产量。由表可见，塑料的再利用具有非常大的潜力。

表 3-6　2009~2012 年世界及各国塑料产量

年份	2009		2010		2011		2012	
	产量/亿吨	比例/%	产量/亿吨	比例/%	产量/亿吨	比例/%	产量/亿吨	比例/%
世界	2.30	100	2.65	100	2.80	100	2.88	100
亚洲	0.85	37	1.15	44	1.23	44	1.28	45
日本	0.11	5	0.12	5	0.11	4	0.11	4
中国	0.36	15	0.62	24	0.64	23	0.69	25
亚洲其他国家和地区	0.38	17	0.41	15	0.48	17	0.48	16
欧洲	0.62	27	0.65	25	0.67	24	0.67	23
EU25 国+挪威+瑞士	0.55	24	0.57	22	0.59	21	0.59	20
其他欧洲国家和地区	0.07	3	0.08	3	0.08	3	0.08	3
北美自由贸易区	0.53	23	0.54	21	0.56	20	0.57	20
拉丁美洲	0.09	4	0.13	5	0.14	5	0.14	5
非洲+中东	0.18	8	0.17	7	0.20	7	0.21	7

3.4　废旧高分子的处理处置方式

3.4.1　废旧高分子材料的范畴及其来源

高分子材料问世以来，因其重量轻、成型加工容易、产品美观实用等特点，备受人们青睐，广泛应用于各个行业，从我们的日常生活到高精尖技术领域，都可以见到高分子材料的应用。可以说，如果不使用高分子材料，我们的生活将无法想象。高分子材料在给我们的生活带来方便的同时，也给环境带来了巨大的压力。因此，废旧高分子的处理成为固体废物管理和处理的重要工作。处理的好，可以为人类造福；处理不好或者不处理，会给环境带来严重的污染。

使用过程中产生的废弃高分子材料，是废旧高分子材料中最主要部分，通常所指的环境污染及循环利用主要指这一类。这一类废旧高分子材料主要以有机固体废物形式出现，占全部废物的 2/5。其主要分布在以下领域：

（1）化学工业领域，主要是凉水塔、冷却塔、防腐材料、管道、阀门、储槽、管材等。

（2）建筑行业领域，如建材、管材、塑料门窗、下水道、地下水管、围墙等。

（3）家电行业领域，如电冰箱、电视机、洗衣机、电线电缆、绝缘材料、插座插头、计算机外壳等。

（4）农业领域，如地膜、大棚膜、包装袋、水管等。

（5）商业领域。高分子材料在商业领域应用最多和最广，如包装材料、薄膜、编织袋、整理箱等。

（6）食品领域，如周转箱、食品盒、饮料瓶、容器、餐盒等。

（7）交通运输领域，如汽车轮胎、路标、汽车外壳、汽车保险杠、蓄电池、车身等。

（8）文化体育领域，如汽船、游艇、运动鞋、运动衣、操场跑道等。

废旧高分子材料是一种多基的、组分和化学结构极为复杂的，甚至含有阻燃组分的固、液、气相的高分子（有机）废弃物。循环利用的基础是先将其分门别类。

废旧高分子材料按来源可分为生产过程中产生的废旧高分子材料、加工过程中产生的废旧高分子材料和使用过程中产生的废旧高分子材料。这些前已述及。目前，循环利用的废旧高分子材料通常是指使用过程中产生的废旧高分子材料。

按使用前高分子材料的种类废旧高分子材料可分为废塑料、废橡胶、废纤维等。这是目前最常用的一种分类方法。其中可循环利用的废旧高分子材料主要是指废塑料和废橡胶。

按照废旧高分子材料使用前的用途可以将废旧高分子材料分为报废汽车高分子材料、废电器高分子材料、废电路板高分子材料、废农用薄膜、废饮料瓶等。

3.4.2 废旧高分子材料的处理处置方式

废旧高分子材料的几种处理方法所占比例见表3-7。

表 3-7 不同国家城市废弃物的塑料含量与处理方式

国家	废弃物中塑料质量含量/%	处理方法所占比例/%		
		填埋	焚烧	堆肥等
美国	9	73	14	13
日本	6	29	68	3
加拿大	7~10	90	10	0
德国	5.5	60	35	5
英国	6	95	5	0
法国	5.5	55	35	10
奥地利	7	85	15	0
荷兰	6.5	60	35	5
希腊	7	100	0	0
意大利	6~10	75~80	10~15	10
西班牙	6	80	8	12
瑞典	6~10	35	50	15

（1）填埋。填埋是最容易和最古老的处理固体垃圾的方法。它占有空间和土地，所需的运输、堆积费用逐年提高，不可避免地会产生有毒有害的气体或液体，其渗滤液会污染环境；高分子材料在垃圾堆中不易腐烂（一般高分子材料的完全分解需要200年以上）。因此，填埋对废旧高分子材料来说不是一种科学的处理方法。

（2）焚烧。焚烧是把废旧高分子材料送入焚烧炉中进行燃烧，或供应热量或者发电。聚烯烃的热量值很高，为43.3MJ/kg，接近于燃料油的热量值44.0MJ/kg，比煤炭29.0MJ/kg高，比木材（16.0MJ/kg）或纸张（14.0MJ/kg）要高得多。因而能量回收是废旧高分子材料利用的又一个途径。但是焚烧高分子会产生许多有毒物质，如二噁英、呋喃等化合物，通常产生大量气体，会污染环境。要消除或减少焚烧产生的污染需要昂贵的焚烧和废气处理设备，成本高，因此焚烧处理在一定程度上受到限制。

数据显示：2015 年底全国共有生活垃圾无害化处理厂 890 座，日处理能力为 57.7 万吨，处理量为 1.80 亿吨。我国生活垃圾焚烧无害化处理厂数量从 2009 年的 93 座增长至 2015 年的 219 座，生活垃圾焚烧无害化处理厂数量占比从 2009 年的 16.4% 增长至 2015 年的 24.6%。

（3）循环利用。处理废旧高分子材料有效的、比较可行的方法是循环利用。高分子材料使用周期不长，其废弃物特别是一次性塑料制品成为城市垃圾的重要来源。循环利用作为废旧高分子材料利用的有效途径，不仅可使环境污染得到妥善解决，而且资源得到最有效的节省和利用，从社会和经济效益考虑，高分子材料的循环利用有着重要意义。

3.5　废旧高分子材料的再循环利用（Recycle）

高分子材料在制备、加工和使用过程中，受到热、氧、气候、微生物、机械力等的作用，不可避免地要发生老化（降解或交联），会部分甚至全部失去其原有的使用性能，退出生产领域或使用领域，这是废旧高分子材料产生的必然原因，而高分子材料的循环利用则是"变废为宝"，实现资源的再利用的有效途径。

再循环利用技术主要包括回收技术和再利用技术，"回收"主要是指废弃物的集中、运输、分类、洗涤、干燥等处理过程，只有先回收，才能再利用。再利用循环可以看做是：制品→废弃物→回收→再利用制品→回收→再再利用……反复多次"回收"和"再利用"的过程。

3.5.1　废旧高分子材料再循环利用的意义

废旧高分子材料的再循环利用主要包括以下几个方面：

（1）减少废料的体积。随着高分子材料的大量生产和大量消费，产生了数量巨大的高分子材料废弃物。例如，美国的塑料产量以每年 5% 的速度增加，废塑料量也随之增加，在 2000 年废旧塑料达到固体废物的质量的 11%，体积的 30%。废旧高分子材料的体积急剧膨胀，处理费用不断提高，成为推动高分子材料循环利用的重要动力。

（2）降低废料的危害。废旧高分子材料造成了以包装塑料、农膜、一次性餐具为主的白色污染，以各种废旧橡胶轮胎为主的黑色污染，和以家用电器、电缆、光盘为主的彩色污染，严重威胁着人类生存环境。废旧高分子材料的焚烧、填埋或丢弃会污染大气、水体和土壤等，甚至危害动植物。国家对环境立法和执法力度的加强，极大地促进了高分子材料的循环利用。

（3）节能。据统计，从石油制品生产各种树脂所需要的能量占塑料产品制造总能量的 83%~94%，占绝大部分。而如果循环塑料制造产品可以节省 80% 以上的能量，因此循环塑料产品最节省能量。

高分子合成材料的基本成分主要来自石油，随着石油储量下降，油价必然上涨，高分子材料价格也必然随之上升，而用循环料制造的产品的价格比用新料制成的聚合物产品要低得多，因此在能满足使用要求的情况下，再生制品具有潜在的价格优势。如表 3-8 所示，废旧高分子材料已经形成了一个新的产业，再生资源已经形成一个较大的市场规模，是一个新兴的朝阳产业，具有较大的发展空间。

表 3-8 2011~2017 年我国废塑料回收行业市场规模

年 份	2011	2012	2013	2014	2015	2016	2017
废塑料回收利用量/万吨	1350	1600	1366.2	2000	1800	1878	1693
废塑料进口量/万吨	838.4	887.8	788.2	825.4	735.4	735	583
回收总值/亿元	919.8	1056	888	1100	810	941	1081

资料来源：商务部流通业发展司《中国再生资源回收行业发展报告》。

3.5.2 废旧高分子材料再循环利用的方式

废旧高分子材料循环利用技术可分为三类：一是通过原形或改制利用，以及通过粉碎、热熔加工、溶剂化等方法，使废旧高分子材料作为原料应用，因此称为物理循环或材料循环。二是通过水解或裂解以及其他的化学反应，使高分子材料废弃物分解为初始单体或还原为类似石油的物质，以及其他的化工或化学品等，再加以利用，称为化学循环。三是对难以进行物理循环或化学循环的高分子材料废弃物通过焚烧，利用其热能，将此称为能量循环。废旧高分子材料的综合利用途径如图 3-2 所示。从资源利用的角度，对废旧高分子材料的循环再利用顺序应为物理循环→化学循环→能量循环。

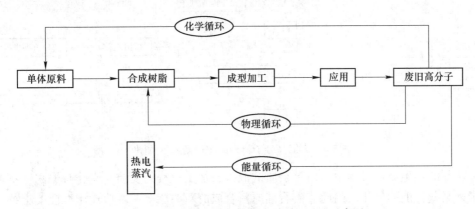

图 3-2 废旧高分子材料循环再利用过程示意图

也有学者把没有丧失使用功能的高分子材料废弃物的原形利用或改制利用称为一级再生利用（primary recycling）；把高分子材料废弃物制备成再生材料的利用称为二级再生利用（secondary recycling）；把高分子材料废弃物分解成低分子化合物的化学利用称为三级再生利用（tertiary recycling）；把高分子材料废弃物焚烧的热能利用叫四级再生利用（quaternary recycling）。一级和二级再生利用又称为材料再生（material recycling）或机械再生（mechanical recycling）。废旧高分子材料的循环再利用方式如图 3-3 所示。从资源利用的角度，对废旧高分子材料的利用首先应考虑物理循环，然后再考虑化学循环及能量循环。

3.5.3 废旧高分子材料的物理循环

物理循环一般指的是废旧高分子材料的再加工过程，可用图 3-4 来表示，其中一个重要的单元操作是分离，也是材料利用成功与否的一个关键过程，尤其对混有多种高分子材料的废料显得更重要。

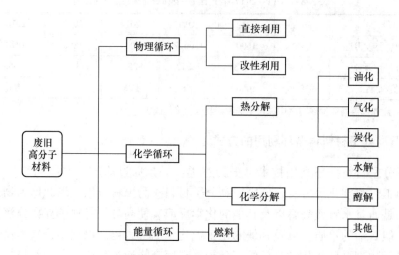

图 3-3　废旧高分子材料循环再利用方式

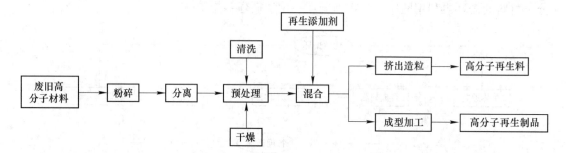

图 3-4　废旧高分子材料的物理循环示意图

在实际的再生循环过程中，由于杂质的混入、加工过程的变质、老化等原因，不可避免地带来某些性能的劣化。因此，由石油原料合成的新树脂等主要应用于性能要求特别严格的制品，而将回收材料作为原料时，一般用于特性要求较不严格的制品。例如，新合成的聚乙烯塑料第一次用于电线等电气制品或充气薄膜，第二次用于保护管或型材，第三次则用于模板或内装饰材料等。

（1）直接利用。直接利用是指不需经过各类改性，将废旧高分子材料经过清洗、破碎、塑化直接加工成型或通过造粒后加工成型制品。直接利用也包含加入适当高分子助剂组分（如稳定剂、防老剂、润滑剂、着色剂等）进行配合，加入助剂仅可起到改善加工性能、外观或抗老化作用，并不能提高再生制品的基本力学性能。这种直接利用的主要优点是工艺简单、再生制品的成本低廉；其缺点是再生料的制品力学性能下降较大，不宜制作高档次的制品。

（2）改性利用。为提高通过处理得到的再生料的力学性能，需对其进行各种改性，经过改性的再生料的某些力学性能可以达到或超过原制品的性能。改性利用的缺点是工艺复杂、制品成本高；优点是制品使用价值高。改性利用可以分为两种，一种是物理改性法，即采用混炼工艺制备多元组分的共混物和复合材料；另一种是采用化学交联或接枝共聚等化学改性法，可制得性能优异的新的高分子材料，使其附加值更高。

3.5.4 高分子材料的化学循环

废旧高分子材料的性能比原始高分子材料的性能要低，如果进行多次循环，高分子材料的性能会变差；有些混杂的高分子材料不可分离或分离代价很高；某些废旧高分子材料不易进行物理循环，如树脂基复合材料等。在这些情况下，化学循环是一种可行的解决办法。废旧高分子材料的化学循环是聚合物材料循环的重要方法之一，它指的是在有氧或无氧条件下经热或水、醇、胺等物质的作用使高分子发生降解反应，形成的低分子量产物有气体（氢气、甲烷等）、液体（油）和固体（蜡、焦炭等），可进一步利用，如单体可再聚合，油品可作燃料，也可进行深度加工。目前化学循环的主要方法是化学降解，化学降解又可分为解聚、热裂解、加氢裂解和气化。废旧高分子材料的化学循环过程简图如图3-5所示。

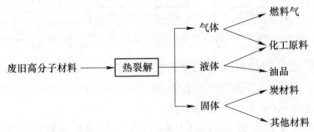

图 3-5 废旧高分子材料的化学循环过程简图

解聚是指将高分子材料降解成单体或低分子化合物，可再用于合成高分子等。解聚要求废旧高分子材料比较干净，因此添加剂的除去、单体的纯化成为该技术的关键。对逐步聚合型高分子材料来说，解聚又可分为水解、醇解等。热裂解是指在无氧或有氧气氛下大分子热裂解成小分子的过程，废旧高分子材料的热裂解也是利用热作用，把高分子断裂成低分子产物，产物的组成依赖于裂解条件，如温度高低、压力大小、时间、气氛等。聚乙烯裂解反应的产物主要是烃。广泛应用的包装材料如PE、PVC、PP等均易发生热裂解反应，反应产物可以是一系列烃的同系物，既有饱和烃也有不饱和烃化合物。裂解作为解决高分子废料问题的一种技术，有许多优点：（1）减少高分子废料；（2）可生产化工原料；（3）可作为能源；（4）操作过程污染（二次污染）少。缺点主要是生产成本和费用较高。所以，从聚合物生产化工原料，热分解方法显然有一定的经济效益问题。图3-6所示为废塑料的热分解处理工艺流程图。

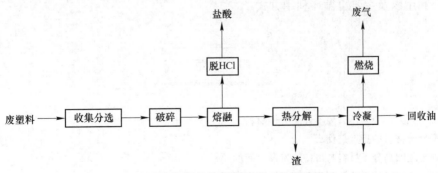

图 3-6 废塑料的热分解处理工艺流程图

3.5.5　高分子材料的能量循环

对于难以回收的高分子材料废弃物，通过燃烧利用其热能是最好的解决方法。所谓热能利用系指将废旧高分子材料作为燃料，通过控制燃烧温度，充分利用其焚烧时放出的热量。高分子材料的能量循环工艺流程图如图 3-7 所示。

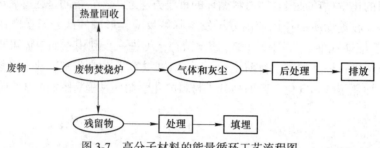

图 3-7　高分子材料的能量循环工艺流程图

废塑料是热量值很高的材料，用其制造燃料是很有价值的。高分子废料可直接制成固体燃料，用于燃烧；也可先液化成油类，再制成液体燃料。这些利用废弃物制成的燃料称为废物燃料（Refuse-Derived Fuel，RDF）。

当然从废弃物中恢复能量需要较大的投入，尤其初始投资建造焚烧炉的费用是非常高的，与传统发电厂相比，焚烧炉的运行、维护和控制费用也是非常高昂的。但考虑到焚烧将大大减少废弃物的最终填埋量，若一个填埋厂具有 1 万吨的容量，设计使用期为 10 年，如果配套建设有焚烧或能量回收的装置，那么经过垃圾焚烧可延长其寿命至 50 年。这样，节省下来的开发新填埋场的费用将可以弥补投资能量回收（Energy From Wastes，EFW）设备的高额费用。采用燃烧法回收热能时，值得注意的问题是：有些塑料燃烧时会产生有害物质，如 PVC 燃烧时产生氯化氢气体，聚丙烯腈燃烧时产生氰化氢（HCN），聚氨酯燃烧时产生氰化物等，所以如何做到保护环境、不致产生二次公害是热能利用的关键。

本 章 小 结

本章主要介绍了人类与高分子材料之间的关系；高分子材料的三废污染问题；废旧高分子材料的特点及其对环境的污染；废旧高分子材料的处理处置方式；废旧高分子材料及其再循环利用以及主要再循环利用方式。

3-1　举例说明人类社会为什么离不开高分子材料。

3-2　废旧高分子材料的特点是什么？

3-3　怎样处理废旧高分子材料与可持续发展之间的关系？

3-4　废旧高分子材料的再循环利用有哪些方式？其再循环利用原理是什么？

4 废旧高分子材料的鉴别与分离

本章提要：

(1) 了解中国国家标准 GB/T 16288—2008 中各个部分的组成及其内容。

(2) 掌握高分子材料的主要鉴别方法。

(3) 掌握废旧高分子材料的分离方法。

4.1 高分子材料的标志

高分子材料的品种很多，产品型号也是多种多样，名目繁多，来源于不同的行业。塑料按其结构、性能，可分为热塑性和热固性高分子材料两大类。热塑性高分子材料是可溶解和可熔融的；热固性高分子材料是不溶、不熔融的。在采用各种塑料再利用方法对废旧塑料进行再利用前，需要对塑料进行分拣。为便于分拣，制订了中国国家标准 GB/T 16288—2008《塑料制品的标志》。利用该标准，可以方便地进行分拣回收塑料制品。

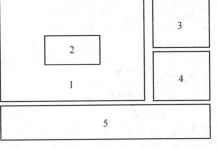

图 4-1　GB/T 16288—2008 组成分布图
1—图形代号；2—代号；3—功能性说明；
4—补充说明；5—标识

该标准规定了我国塑料制品的标志由 5 个部分组成。5 个部分分布如图 4-1 所示。

图形代号 1 具体见表 4-1。

表 4-1　GB/T 16288—2008 中图形代号 1 的标示

名称	可重复利用	可回收再生利用	不可回收再生利用塑料	再生塑料	回收再加工利用塑料
图形	⇄	♻	♻⃠	↻	↻

代号 2 具体见表 4-2。

功能性说明 3 是用简单的文字表述材料的特定功能，如"生物分解"、"抗菌"、"高阻隔"、"耐腐蚀"、"耐老化"等。

补充说明 4 主要是对各类塑料的改性方法或加工工艺或应用领域等进行必要的补充说明，如"食品用"、"医用"等。

标识 5 应使用符号 ">" 和 "<" 将缩写语或代号括在中间。如>ABS<表示材料为丙烯腈/丁二烯/苯乙烯共聚物等。

表 4-2　GB/T 16288—2008 中代号 2 的标示

代号	材料术语	缩略语	代号	材料术语	缩略语
01	聚对苯二甲酸乙二酯	PET	34	全氟（乙烯-丙烯）塑料	FEP
02	高密度聚乙烯	PE-HD	35	呋喃-甲醛树脂	FF
03	聚氯乙烯	PVC	36	液晶聚合物	LCP
04	低密度聚乙烯	PE-LD	37	甲基丙烯酸甲酯-丙烯腈-丁二烯-苯乙烯塑料	MABS
05	聚丙烯	PP			
06	聚苯乙烯	PS	38	甲基丙烯酸甲酯-丁二烯-苯乙烯塑料	MBS
07	丙烯腈-丁二烯塑料	AB			
08	丙烯腈-丁二烯-丙烯酸酯塑料	ABAK	39	甲基纤维素	MC
09	丙烯腈-丁二烯-苯乙烯塑料	ABS	40	三聚氰胺-甲醛树脂	MF
10	丙烯腈-氯化聚乙烯-苯乙烯塑料	ACS	41	三聚氰胺-酚醛树脂	MP
11	丙烯腈-（乙烯-丙烯-二烯）-苯乙烯塑料	AEPDS	42	α-甲基苯乙烯-丙烯腈塑料	MSAN
			43	聚酰胺	PA
12	丙烯腈-甲基丙烯酸甲酯塑料	AMMA	44	聚丙烯酸	PAA
13	丙烯腈-苯乙烯-丙烯酸酯塑料	ASA	45	聚芳醚酮	PAEK
14	乙酸纤维素	CA	46	聚酰胺（酰）亚胺	PAI
15	乙酸丁酸纤维素	CAB	47	聚丙烯酸酯	PAK
16	乙酸丙酸纤维素	CAP	48	聚丙烯腈	PAN
17	甲醛纤维素	CEP	49	聚芳酯	PAR
18	甲酚-甲醛树脂	CF	50	聚芳酰胺	PARA
19	羧甲基纤维素	CMC	51	聚丁烯	PB
20	硝酸纤维素	CN	52	聚丙烯酸丁酯	PBAK
21	环烯烃共聚物	COC	53	聚对苯二甲酸/己二酸/丁二酯	PBAT
22	丙酸纤维素	CP	54	1，3-聚丁二烯	PBD
23	三乙酸纤维素	CTA	55	聚萘二甲酸丁二酯	PBN
24	乙烯-丙烯塑料	E/P	56	聚丁二酸丁二酯	PBS
25	乙烯-丙烯酸塑料	EAA	57	聚对苯二甲酸丁二酯	PBT
26	乙烯-丙烯酸丁酯塑料	EBAK	58	聚碳酸酯	PC
27	乙基纤维素	EC	59	亚环己基-二亚甲基-环己基二羧酸酯	PCCE
28	乙烯-丙烯酸乙酯塑料	EEAK			
29	乙烯-甲基丙烯酸塑料	EMA	60	聚己内酯	PCL
30	环氧树脂或塑料	EP	61	聚（对苯二甲酸亚环己基-二亚甲酯）	PCT
31	乙烯-四氟乙烯塑料	ETFE			
32	乙烯-乙酸乙烯酯塑料	EVAC	62	聚三氟氯乙烯	PCTFE
33	乙烯-乙烯醇塑料	EVOH	63	聚邻苯二甲酸二烯丙酯	PDAP

代号	材料术语	缩略语	代号	材料术语	缩略语
64	聚二环戊二烯	PDCPD	100	聚对二氧环己酮	PPDO
65	聚碳酸/丁二酸丁二酯	PEC	101	聚苯醚	PPE
66	聚酯碳酸酯	PEC	102	可发性聚丙烯	PP-E
67	氯化聚乙烯	PE-C	103	高抗冲聚丙烯	PP-HI
68	聚醚醚酮	PEEK	104	聚氧化丙烯	PPOX
69	聚醚酯	PEEST	105	聚苯硫醚	PPS
70	聚醚酰亚胺	PEI	106	聚苯砜	PPSU
71	聚醚酮	PEK	107	可发聚苯乙烯	PS-E
72	线性低密度聚乙烯	PE-LLD	108	高抗冲聚苯乙烯	PS-HI
73	中密度聚乙烯	PE-MD	109	聚砜	PSU
74	聚萘二甲酸乙二酯	PEN	110	聚四氟乙烯	PTFE
75	聚氧化乙烯	PEOX	111	聚亚丁基己二酸	PTMAT
76	聚丁二酸乙二酯	PES	112	聚对苯二甲酸丙二酯	PTT
77	聚酯型聚氨酯	PESTUR	113	聚氨酯	PUR
78	聚醚砜	PEDU	114	聚乙酸乙烯酯	PVAC
79	超高分子量聚乙烯	PE-UHMW	115	聚乙烯醇	PVAL
80	聚醚型聚氨酯	PEUR	116	聚乙烯醇缩丁醛	PVB
81	极低密度聚乙烯	PE-VLD	117	氯化聚氯乙烯	PVC-C
82	酚醛树脂	PF	118	未增塑聚氯乙烯	PVC-U
83	全氟烷氧基烷树脂	PFA	119	聚偏二氯乙烯	PVDC
84	聚乙交酯	PGA	120	聚偏二氟乙烯	PVFC
85	聚羟基烷酸酯	PHA	121	聚氟乙烯	PVF
86	聚-3-羟基丁酸	PHB	122	聚乙烯醇缩甲醛	PVFM
87	聚羟基丁酸戊酸酯	PHBV	123	聚-N-乙烯基咔唑	PVK
88	聚酰亚胺	PI	124	聚-N-乙烯基吡咯烷酮	PVP
89	聚异丁烯	PIB	125	苯乙烯-丙烯腈塑料	SAN
90	聚异氰脲酸酯	PIR	126	苯乙烯-丁二烯塑料	SB
91	聚酮	PK	127	有机硅塑料	SI
92	聚乳酸	PLA	128	苯乙烯-顺丁烯二酸酐塑料	SMAH
93	聚甲基丙烯酰亚胺	PMI	129	苯乙烯-α-甲基苯乙烯塑料	SMS
94	聚甲基丙烯酸甲酯	PMMA	130	脲-甲醛树脂	UF
95	聚 N-甲基甲基丙烯酰亚胺	PMMI	131	不饱和聚酯树脂	UP
96	聚-4-甲基戊烯-1	PMP	132	氯乙烯-乙烯塑料	VCE
97	聚-α-甲基苯乙烯	PMS	133	氯乙烯-乙烯-丙烯酸甲酯塑料	VCEMAK
98	聚甲醛	POM	134	氯乙烯-乙烯-丙烯酸乙酯塑料	VCEVAC
99	二氧化碳-环氧丙烷共聚物	PPC	135	氯乙烯-丙烯酸甲酯塑料	VCMAK

代号	材料术语	缩略语	代号	材料术语	缩略语
136	氯乙烯-甲基丙烯酸甲酯塑料	VCMMA	139	氯乙烯-偏二氯乙烯塑料	VCVDC
137	氯乙烯-丙烯酸辛酯塑料	VCOAK	140	乙烯基酯树脂	VE
138	氯乙烯-乙酸乙烯酯塑料	VCVAC			

4.2 废旧高分子材料的鉴别

鉴别废旧高分子材料的方法主要有物理方法和化学方法。最常用的简单方法有外观鉴别法、溶解鉴别法、燃烧鉴别法、密度鉴别法等。

4.2.1 外观鉴别法

用手感、眼睛、鼻子来观察高分子材料制品的外观特征，如形状、透明度、颜色、光泽、硬度、弹性等鉴别材料的所属类别。判定高分子材料是热塑性塑料还是热固性塑料，或是弹性体等。

表4-3列出了几种常见塑料的外观性状。但需指出的是表中所指的只是不含大量助剂或添加剂的塑料制品本身的外观性状。

表4-3 几种常见塑料的外观性状

塑料种类	外 观 性 状
聚乙烯（PE）	未着色时呈乳白色半透明，蜡状；用手摸制品有滑腻的感觉，柔而韧，有延展性，可弯曲，但易折断。一般 LDPE 较软，透明度较好，HDPE 较硬
聚丙烯（PP）	未着色时呈白色半透明，蜡状，光滑，划后无痕迹，可弯曲，不易折断；比 PE 轻，透明度也较 PE 好，比 PE 硬
聚氯乙烯（PVC）	本色为微黄色半透明状，有光泽。随助剂用量不同，可分为软、硬聚氯乙烯，软制品柔而韧，手感黏，硬制品的硬度高于 LDPE，在曲折处会出现白化现象
聚苯乙烯（PS）	在未着色时透明。制品落地或敲打有金属似的清脆声，光泽和透明度很好，类似玻璃，光滑，划后有划痕，性脆易断。改性聚苯乙烯为不透明
ABS 树脂	外观为不透明呈牙色粒料，其制品可着色成五颜六色，并具有高光泽度。冲击强度和尺寸稳定性好、耐磨性优良，弯曲强度和压缩强度较差
聚对苯二甲酸乙二酯（PET）	乳白色或浅黄色，高度结晶的聚合物，表面平滑有光泽，透明性好，强度和韧性好，不易破碎
聚甲基丙烯酸甲酯（PMMA）	透明性极好，坚硬不易碎
聚碳酸酯（PC）	有金属感，较硬，冲击性能、韧性较好，浅黄色至琥珀色，透明性极好，敲打有金属的清脆声

4.2.2 燃烧鉴别法

表4-4所列为几种热塑性塑料燃烧时的各种特点，火焰的颜色、燃烧难易程度、燃烧时产生的气味及燃烧后的外观状态可以作为鉴别的根据。具体实验时，可点燃一支蜡烛作

为火源，用镊子夹住一小块样品放在燃烧着的蜡烛的火焰上，然后离开火焰仔细观察上述现象。

表4-4　几种常见高分子材料的燃烧特性

名称	可燃性	试样变化	火焰特征	气味
聚乙烯	在火焰中燃烧，离火后继续燃烧	熔融滴落，滴落物继续燃烧	黄色，边缘蓝色	熄灭的蜡烛味
聚丙烯	在火焰中燃烧，离火后继续燃烧	熔融滴落，滴落物继续燃烧	上端黄，下端蓝	热润滑油味
聚氯乙烯	在火焰上燃烧，离火熄灭，难以点着	软化能拉丝	黄橙色带绿底，黑烟	强辛辣味（HCl）
聚苯乙烯	在火焰中燃烧，离火后继续燃烧，易于点燃	软化，起泡	黄色，明亮，浓烟	微甜的花香味
酚醛树脂	难燃	外形不变，膨胀龟裂，慢慢炭化	亮黄色，有烟	苯酚、甲醛味道
聚甲基丙烯酸甲酯	在火焰中燃烧，离火后继续燃烧，易于点燃	软化，略炭化	浅蓝色顶端白色，发出爆响声	略甜的水果味
聚对苯二甲酸乙二酯	在火焰中燃烧，离火后继续燃烧	熔融成清液，滴落	暗黄橙色	花香般甜气味
天然橡胶	在火焰中燃烧，离火后继续燃烧，易于点燃	软化，燃烧区发黏	暗黄色，有烟	烧橡皮的臭味
丁基橡胶	在火焰中燃烧，离火后继续燃烧，易于点燃	软化	深黄色，有烟	烧橡皮的臭味
氯化橡胶	在火焰上燃烧，离火熄灭，难以点着	分解	黄色带绿底，有烟	辛辣味伴随橡胶焦煳味

4.2.3　密度鉴别法

密度鉴别法又称为重选法，也是一种简易鉴别塑料的方法。塑料的品种不同，其密度也不同，可利用密度的差异来鉴别塑料的品种，或者利用塑料的沉浮来鉴别出塑料的类别，但密度法很少单独用于塑料的鉴别，总是和其他方法配合起来使用。密度法鉴别见表4-5。

表4-5　不同密度的溶液鉴别塑料的方法

溶液种类	溶液密度/g·cm⁻³	溶液的配制	上浮的塑料	下沉的塑料
水	1.0		PE、PP	PVC、PS
$CaCl_2$溶液	1.27	150g 水+100g$CaCl_2$	PE、PP、PS	PVC
NaCl 溶液	1.19	74g 水+26gNaCl	PS	PVC
乙醇溶液	0.91	100g 水+160g95%乙醇	PP	PE

4.2.4　塑化温度鉴别法

热塑性塑料在一定的温度下可以被塑化，结晶聚合物的塑化温度在其熔点之上，非晶态聚合物的塑化温度在其软化点之上。同一种聚合物的熔点与结晶度、树脂分子量、分子量分布等参数有关，即同种聚合物也有不同的塑化温度。几种通用塑料的塑化温度见表4-6。测定塑化温度的方法较多，用转矩流变仪最为方便。

表 4-6   几种通用塑料的塑化温度

名称	LDPE	HDPE	LLDPE	PP	PS	PVC
塑化温度/℃	110~115	140~145	125~130	165~170	145~150	150~170

PVC 塑料的软质制品塑化温度较低，一般在 150℃ 即可塑化，而硬质 PVC 制品的塑化温度较高，可达到 170℃。

4.3   废旧高分子的分离

高分子材料的识别是分离的前提条件和手段，分离是目的，废旧高分子材料的分离是其循环利用的关键问题之一。分离基本上有两个目的：第一，废旧高分子材料的来源复杂，其中经常混有金属、沙土、织物等各类杂物，这些杂物若不分离出去，不仅影响循环再生制品的外观和力学性能，而且会严重地损伤设备，特别是金属和石粒。第二，混杂在一起的各类制品大多是不相容的，混合后的再生制品容易出现分层，制品性能低劣。如 PVC 树脂和 PE 制品，前者是极性大分子，后者是非极性大分子，两者在热力学上不相容的，一般不同树脂的塑料制品熔点或软化点相差较大，难以在同一加工温度下成型加工。所以在用废旧高分子材料生产制品时，不仅要把杂质清除掉，同时也要把不同品种的高分子材料分开，这样才能得到优质的再生制品。

4.3.1   手工分离

手工分离是最简单、历史最悠久的方法。对高分子材料正确分离的前提是操作者能识别高分子材料的种类，可以根据制品上的标识和经验，按制品的类别进行分离。

手工分离虽然比机械分离效率低，但有些分离效果却是机械法难以替代的，如深色制品与浅色制品的分离等。手工分离的优点是：（1）较容易将热塑性废旧制品与热固性制品分开；（2）较容易将非塑料制品（如纸张、金属件、绳索、石块等杂物）挑出；（3）可分开较易识别而树脂品种不同的同类制品，如 PS 泡沫塑料制品与 PU 泡沫塑料制品、PVC 膜与 PE 膜，硬质 PVC 制品与 PP 制品等。但手工分离也存在一定局限性，对于无标识的高分子材料，一般很难识别，且依据经验分类难以保证准确度。

4.3.2   静电分离

静电分离的基本原理是根据不同高分子材料静电发生状态与带电差异来进行分类。具体地说，将粉碎的废旧高分子材料通上高压电，使之带电，再利用电极对高分子材料的静电感应产生吸附力进行筛选。一般来说，不同废料经摩擦产生的电荷差异越大，其分离效果也越好；反之分离难度越大。静电分离法可用于区分 PVC 和金属，也可使 PVC 从 PE、PS、纸张和橡胶中分离出来，得到单一化的 PVC 回收物。因为湿度和被分离物的重量对分离效率有影响，所以，被分离物应事前干燥，破碎成小块，然后通过高压电极进行分选。

4.3.3 磁选分离

手工分选清除细碎的金属杂物（主要是钢铁碎屑）很困难，使用磁铁可清除金属碎屑。为了确保清除金属杂物的彻底性，除了在破碎前用磁铁检查废旧制品外，破碎后仍需用磁铁复检一遍，以便把包藏在内部的金属碎屑分拣出来。

4.3.4 风力分选法

该分选方法的依据是塑料的相对密度不同，随风飘逸的距离也不同。此方法不仅能分开相对密度差异较大的塑料，而且也可以将相对密度较大的碎石块、沙土等分离出去。此法的不足是由于制品的规格不同，破碎后的碎块体积或粒度粗细不同，或者因塑料制品中填料不同而引起碎块的密度改变等因素，可能产生较大误差。此法对于分离石块、沙粒等效果良好。

4.3.5 冷热分离法

冷分离法：利用高分子材料不同的脆化温度，通过液化气体（如液氮等）气化时吸热将废旧高分子材料混合物逐级冷却，冷到一个阶段将混合物料送入破碎机进行一次粉碎，然后进行分离；再进行第二次阶段冷却、粉碎、粉碎后分选，依次逐步进行，可将混合物料粉碎分离。

热熔分离法：利用废旧高分子材料对热敏感程度如热收缩、软化或熔化温度的差异来分离，如 PE 和 PET 热熔温度相差较大，加热时 PE 先软化，控制温度并通过过滤网可将聚合物分离开来，但对熔点或软化点相近的聚合物分离就较困难，对热固性高分子材料，此法不适用。

4.3.6 超临界流体分选

对混合塑料进行超临界流体分选实际上是利用了超临界流体的特殊性质，即微调超临界流体的压力会引起其密度的巨大变化。因此超临界流体是一种密度可以精密调节的分选体系，采用超临界流体，可以实现密度非常接近的塑料之间的分选，甚至可以分选不同颜色的或不同厚度的同种塑料。

对于塑料分选，超临界流体的选择十分重要，第一，临界点时液体的密度、黏度必须符合分选要求，而且此流体即使在超临界状态下也不会造成塑料的溶解或降解；第二，宜选择临界温度在常温附近的流体，同时环境温度下，流体应有很高的蒸气压以便从回收塑料表面完全挥发；第三，流体应该是环境友好的，具有无毒、不易燃等特点。

———— **本 章 小 结** ————

本章主要介绍了国家标准 GB/T 16288—2008 规定的塑料制品标志的组成及其内容；根据高分子材料的外观、燃烧、密度和塑化温度等性质对高分子材料的鉴别方法；采用手工分离、静电分离、磁选分离、风力分选、冷热分离和超临界流体分离等废旧高分子材料的分离方法。

习　题

4-1 中国国家标准 GB/T 16288—2008 由哪几个部分组成？各个部分的具体含义是什么？

4-2 高分子材料有哪几种鉴别方法？其依据是什么？

4-3 高分子材料有哪些分离方法？其原理及其应用特点是什么？

5 废旧热塑性塑料的循环利用原理与技术

本章提要：

（1）掌握废旧热塑性（聚乙烯、聚丙烯、聚氯乙烯、聚苯乙烯、聚甲基丙烯酸甲酯、聚对苯二甲酸乙二醇酯和聚碳酸酯）的物理循环利用原理及主要技术特点。

（2）掌握废旧热塑性（聚氯乙烯、聚苯乙烯、PET）的化学循环利用原理及主要技术特点。

（3）掌握废旧热塑性的能量循环利用原理及主要技术和设备特点。

5.1 废旧热塑性塑料概述

热塑性塑料是一类应用最广的塑料，以热塑性树脂为主要成分，并添加各种助剂而配制成塑料。在一定的温度条件下，塑料能软化或熔融成任意形状，冷却后形状不变；这种状态可多次反复而始终具有可塑性，且这种反复只是一种物理变化，称这种塑料为热塑性塑料。

根据热塑性塑料的结构性能特点、用途广泛性和成型技术通用性等，热塑性塑料可分为通用塑料、工程塑料、特种塑料等。热塑性塑料种类很多。如聚乙烯（PE）、聚丙烯（PP）、聚氯乙烯（PVC）、聚苯乙烯（PS）、聚甲醛（POE）、聚碳酸酯（PC）、聚酰胺（PAN）、丙烯酸类塑料、聚烯烃及其共聚物、聚砜（PSF）、聚苯醚（PPE）等。表5-1为2009~2012年世界及各国的塑料产量。

表 5-1　2009~2012 年世界及各国塑料产量

年　份	2009		2010		2011		2012	
	产量/亿吨	比例/%	产量/亿吨	比例/%	产量/亿吨	比例/%	产量/亿吨	比例/%
世界	2.30	100	2.65	100	2.80	100	2.88	100
亚洲	0.85	37	1.15	44	1.23	44	1.28	45
日本	0.11	5	0.12	5	0.11	4	0.11	4
中国	0.36	15	0.62	24	0.64	23	0.69	25
亚洲其他国家和地区	0.38	17	0.41	15	0.48	17	0.48	16
欧洲	0.62	27	0.65	25	0.67	24	0.67	23
EU25 国+挪威+瑞士	0.55	24	0.57	22	0.59	21	0.59	20
其他欧洲国家和地区	0.07	3	0.08	3	0.08	3	0.08	3
北美自由贸易区	0.53	23	0.54	21	0.56	20	0.57	20
拉丁美洲	0.09	4	0.13	5	0.14	5	0.14	5
非洲+中东	0.18	8	0.17	7	0.20	7	0.21	7

由表 5-1 可见，世界塑料产量逐年增加，使用面也逐步扩大。

虽然热塑性塑料的种类繁多，但日常生活中使用的大部分塑料都属于少数几种热塑性塑料的范畴，主要以下列几种为主：

聚乙烯（LDPE 和 HDPE）常见制品：塑料桶、薄膜、水管、油桶、日常用品、水管和电缆外皮等。

聚丙烯（PP）制品：盆、桶、家具、衣架、薄膜、编织袋、瓶盖、汽车保险杠、无纺布、绳索、渔网等。

聚氯乙烯（PVC）制品：板材、管材、鞋底、玩具、门窗、电线外皮、文具、医疗用品等。PVC 现在多用于制造一些廉价的人造革、脚垫、下水管道等。此外，PVC 在工业领域应用广泛，特别是在对耐酸碱腐蚀要求高的地方。

聚苯乙烯（PS）主要制品：廉价透明制品、泡沫塑料、CD 盒、水杯、快餐盒、保温衬层等。

聚对苯二甲酸乙二醇酯（PET）常见制品：瓶类制品如可乐、矿泉水瓶等，主要用于化纤、注塑等。

ABS 常见制品：文具、杯子、玩具、食品容器、家电外壳、电气配件等。

聚酰胺（PA）常见制品：电器外壳、工业叶轮、传送带、绳索、渔网等。

此外，日常或者工业应用中，主要还有一些聚甲基丙烯酸甲酯（有机玻璃）、聚碳酸酯（光盘材料、纯净水桶等）等制品。

由上述分析可知，虽然热塑性塑料品种很多，但在日常生活或工业应用的品种主要集中于为数不多的几种，这对于废旧高分子材料的处理也带来十分有利的条件。本章内容就以聚乙烯（PE）、聚丙烯（PP）、聚苯乙烯（PS）、聚氯乙烯（PVC）、聚甲基丙烯酸甲酯（PMMA）、聚对苯二甲酸乙二醇酯（PET）、聚碳酸酯（PC）七个热塑性塑料为主，讲述这些塑料的循环利用。

5.2 废旧热塑性塑料的物理循环利用

物理循环利用是指将废旧高分子经过分离筛选后，通过机械、热或溶剂的作用，使废旧高分子材料在熔融状态或者溶液状态下，粉碎、造粒并直接使用或与其他聚合物混制成聚合物合金或其他形式的产品。这些产品可用于制造再生塑料制品、塑料填充剂、过滤材料、阻燃材料、涂料、建筑材料和胶黏剂等。这是一种简单可行的循环利用方法，可分为直接熔融再生利用和改性再生利用，而改性再生利用又可以分为物理改性再生和化学改性再生。废旧高分子材料的物理循环利用最重要也是最常用的方法是物理改性再生。该方法可使高分子物料混合效果均匀，易于连续化生产，不使用有机溶剂，避免了二次污染的产生。而采用有机溶剂的溶剂化化学改性方法，可以使废旧高分子材料在溶液状态下达到分子级别的混合，真正做到热力学均相混合。但由于化学改性再生中应用了有机溶剂，增加了有机溶剂的分离，溶剂易于挥发而容易产生二次污染，所以该方法多数是将高分子溶液一起使用，例如纺丝溶液、涂料、胶黏剂等。

5.2.1 废旧热塑性塑料的直接熔融利用

直接熔融利用是指不需要经过各类改性，将废旧热塑性塑料经过清洗、破碎、塑化直接加工成型或通过造粒后加工成型制品。根据原料性质，又可以分为简单再生和复合再生。

简单再生已被广泛采用，主要用于回收树脂生产厂和塑料制品生产过程中产生的边角废料，也可以包括那些易于清洗、挑选的一次性使用废弃品。这部分废旧料的特点是比较干净，成分比较单一，采用简单的工艺和装备即可得到性质良好的再生塑料，其性能与新的原生料相差不多，现阶段大多数塑料回收厂都采用这种回收利用方法。

复合再生所用的废旧塑料是从不同渠道收集到的，杂质较多，具有多样化、混杂性等特点。由于各种塑料的物化特性差异及不相容性，它们的混合物不适合直接加工，在循环再生利用之前必须进行不同种类的分离，因此回收再生工艺比较繁杂，分离技术和筛选工作量大。采用复合再生时，加入适当助剂组分（如稳定剂、防老剂、润滑剂、着色剂等）进行配合，加入助剂仅仅可以起到改善加工性能、外观或抗老化作用，并不能提高再生制品的基本力学性能。因此，复合再生的塑料性质不稳定、易变脆，常常被用来制备较低档次的产品，如建筑填料、垃圾袋、雨衣、包装材料等。

直接熔融利用主要是根据各种树脂的物化特点，使废旧热塑性塑料在熔融状态，即物料温度高于熔点（或软化温度）、低于分解温度，依靠塑料加工设备（开炼机、挤出机、密炼机和捏合机等）机械剪切熔融混合的作用，达到塑化的目的。因此各种树脂的熔点或软化温度是其最重要的物化参数。表 5-2 为常见热塑性树脂的熔点、软化点和分解温度。

表 5-2 高分子材料的熔点、软化点和分解温度

聚合物	熔点/℃	软化温度/℃	分解温度/℃
聚乙烯（PE）	120~140		270
聚丙烯（PP）	160~170		290
聚氯乙烯（PVC）	—	75~90	190
聚苯乙烯（PS）	70~115		270
聚对苯二甲酸乙二醇酯（PET）	250~260		300
聚碳酸酯（PC）	220~230		340
聚甲基丙烯酸甲酯（PMMA）		120	270
ABS 树脂		87~104	270
尼龙（PAN）	200~240	—	>299

例 5-1 聚乙烯的开炼机塑化与模压成型，加工参数参见表 5-2，工艺流程如图 5-1 所示。

例 5-2 废旧聚苯乙烯 PS 泡沫塑料直接制备再生造粒，加工参数参见表 5-2，工艺流程如图 5-2 所示。

例 5-3 废 PET 瓶的直接利用（加工参数参见表 5-2）。

回收的 PET 瓶经清洗、分离、干燥后再造粒。再造粒料不适合用作生产食品的包装容器，但可供制备非食品用的容器、配件、纤维、建筑材料和绝缘材料等。

制备 PET 再生料的工艺过程：经清洗、分离、干燥等过程后，将废 PET 制品破碎成 4~6mm 碎块，通过静电分离器除去铝片，通过水浮法分离出相对密度较低的高密度聚乙

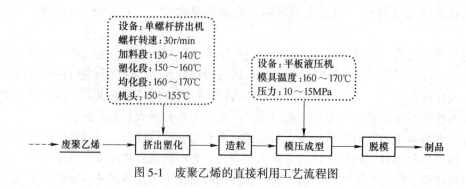

图 5-1　废聚乙烯的直接利用工艺流程图

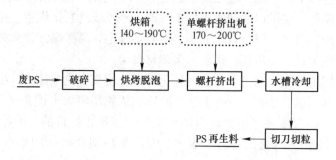

图 5-2　废聚苯乙烯直接利用工艺流程图

烯。将在下层的 PET 分离后再进行干燥并用单螺杆挤出机挤出造粒。所得的再生粒料用注塑机成型或用吹塑工艺成型中空制品。

例 5-4　废聚乙烯农膜回收工艺（加工参数参见表 5-2）。

日本钢制所废聚乙烯农膜回收工艺流程如图 5-3 所示。该工艺的主要特点是整个系统无加热装置。破碎后农膜碎片经过多次脱水，然后在粉碎机中粉碎和干燥，粉碎机内装有刀片，利用粉碎时产生的摩擦热使水分蒸发。

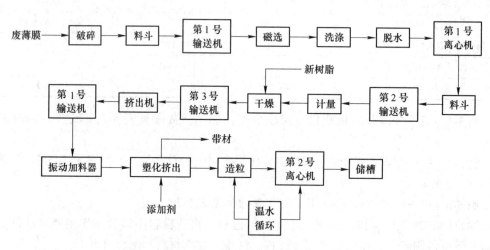

图 5-3　日本钢制所废聚乙烯农膜回收装置流程图

废热塑性塑料直接利用的主要优点是工艺简单、再生制品的成本低廉；其缺点是再生料制品的力学性能下降较大，不宜制作高档次的制品。

5.2.2 废旧热塑性塑料的物理改性循环利用

为提高热塑性塑料再生料的力学性能，常常需要对其进行各种改性，经过改性的再生料的某些力学性能可以达到或超过原制品的性能。改性循环利用的优点是制品使用价值高；缺点是工艺复杂、制品成本高。

改性循环利用可以分为两种，即物理改性循环利用和化学改性循环利用。

物理改性循环利用是采用混炼工艺制备多元组分的共混物和复合材料。该方法主要又有填充改性、增韧改性、共混改性和增强改性四种方法。

5.2.2.1 填充改性

填充改性是指通过添加填充剂，使废旧热塑性塑料实现循环再生利用。此改性方法可以改善废旧塑料的性能，提高制品的强度。填充改性的实质是使废旧塑料与填充剂熔融共混，从而使混合体系具有所加填充剂的性能。填充剂（或填料）的作用在于改进塑料制品的性能和降低成本。

填料的品种很多，但目前主要以无机填料为主，有碳酸钙、硅灰石、滑石粉、云母、高岭土、白炭黑、钛白粉、炭黑、氢氧化铝等。此外，还有其他新的填料，如空心微珠、玻璃纤维和有机填料等。

例 5-5 废旧塑料/粉煤灰填充改性制备复合板。

配方：废旧聚丙烯塑料 500kg，废旧聚乙烯 250kg，废旧聚苯乙烯 200kg，粉煤灰 40kg。工艺流程如图 5-4 所示。

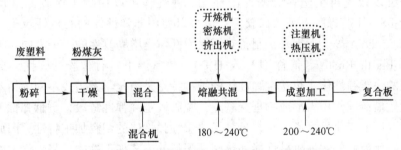

图 5-4 聚丙烯填充粉煤灰制备复合板工艺流程图

例 5-6 废聚氯乙烯软制品制备钙塑地板。

配方：软质废 PVC：100 份，软质 $CaCO_3$ 粉 200~260 份，三盐基硫酸铅 2 份，二盐基亚磷酸铅 1 份，硬脂酸 2 份，氧化铁红 0.3 份。

工艺流程图 5-5 所示。

在该工艺中，$CaCO_3$ 为填料，起到增加强度和降低成本作用；三盐基硫酸铅和二盐基亚磷酸铅为稳定剂，起防止聚氯乙烯降解和老化的作用；硬脂酸为润滑剂，提高各种添加剂和 PVC 相容性的作用；氧化铁为红颜料，赋予制品颜色。

例 5-7 废 PET/PE 共混改性。

配方：废聚对苯二甲酸乙二醇酯 100 份，聚乙烯 5~10 份，乙烯-乙酸乙烯酯共聚物（EVA）10 份。具体工艺流程如图 5-6 所示。

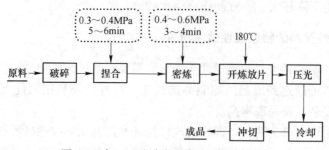

图 5-5　废 PVC 制备钙塑地板工艺流程图

图 5-6　废 PET/PE 共混工艺流程图

在该制品中，由于添加了 PE，可得到冲击性能改善的 PET 共混料，由于 PET 和 PE 两种聚合物的极性相差较大，因此在该共混体系中添加了 10 份 EVA，起到 PET 和 PE 之间相容剂的作用，增大二者的相容性，最后该共混制品的屈服强度为 31.88MPa，断裂伸长率为 20.44%。

5.2.2.2　增韧改性

通常使用弹性体、有机硬粒子和热塑性弹性体三种方式对废旧热塑性塑料进行增韧改性，该方法可以改善再生塑料的耐冲击性能。弹性体可以用顺丁橡胶、三元乙丙橡胶（EPDM）、SBS、丁苯橡胶、天然橡胶等；也可以使用非弹性体的有机硬粒子，如高密度聚乙烯、ABS、EVA 等。近年来，制备热塑性弹性体是增韧改性的一个方向。热塑性弹性体（Thermo-Plastic Rubber，简称 TPE 或 TPR），是常温下具有橡胶的弹性，高温下具有可塑化成型的一类弹性体。热塑性弹性体的结构特点是由化学键组成不同的树脂段和橡胶段，树脂段凭借链间作用力形成物理交联点，橡胶段是高弹性链段，贡献弹性。塑料段的物理交联随温度的变化呈可逆变化，显示了热塑性弹性体的塑料加工特性。因此，热塑性弹性体具有硫化橡胶的物理机械性能和热塑性塑料的工艺加工性能，是介于橡胶与树脂之间的一种新型高分子材料，常被人们称为第三代橡胶。

例 5-8　三元乙丙橡胶增韧改性废聚丙烯，工艺如图 5-7 所示。

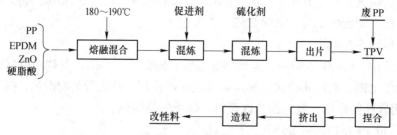

图 5-7　EPDM 增韧改性废 PP 工艺流程图

TPV/废 PP 的推荐比例为 10/90，可使被改性的 PP 的室温冲击强度提高近 3 倍，低温（−20℃）冲击强度提高 2 倍多。

例 5-9　PET 与热塑性弹性体（HEPE/SEBS）共混增韧改性。

配方：废 PET 100 份，HEPE 30 份，SEBS 19.5 份。工艺流程如图 5-8 所示。

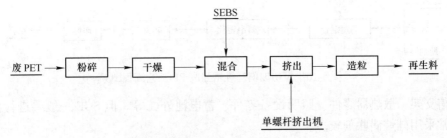

图 5-8　热塑性弹性体 SEBS 增韧改性废 PET 工艺流程图

SEBS 的加入，可以明显提高废 PET 的冲击强度。

例 5-10　有机 PC 和 HDPE 粒子增韧改性废 PET，工艺流程如图 5-9 所示。

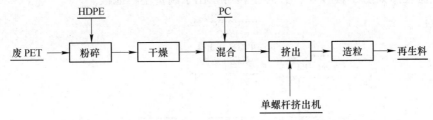

图 5-9　HDPE 和 PC 增韧改性废 PET 工艺流程图

PET/HDPE/PC 共混物有良好的耐热性、耐化学性和韧性，其中拉伸强度可达 40MPa，可广泛应用于电气仪表外壳和汽车零件。

5.2.2.3　增强改性

回收的通用塑料的拉伸强度通常较低，通常采用加入短切玻璃纤维、碳纤维、合成纤维的方法，对其进行增强改性，提高其强度，扩大回收塑料的应用范围。合成纤维很多，常见的有涤纶、腈纶、锦纶、氨纶等。其中涤纶和腈纶产量最大，占整个合成纤维产量的 90%。

回收的热塑性塑料经过纤维增强改性后，其强度、模量大大提高，并明显改善了热塑性塑料的耐热性、耐蠕变性和耐疲劳性，其制品收缩率小，经玻璃纤维增强的废弃热塑性塑料可以反复多次加工成型。影响复合材料性能的有纤维在废塑料基质中的分散程度和取向。分散越均匀，取向程度越好，复合材料性能越好。分散均匀性主要取决于混炼设备和混炼工艺，并且需使用适当的表面处理剂（或偶联剂）进行处理，以增加与树脂的黏合性，使纤维在热塑性塑料中的分散取向得到一定的提高。

例 5-11　玻璃纤维增强废 PP。

短切玻璃纤维增强废 PP 的直接混合工艺如图 5-10 所示。

回收的 PP 的强度较低，一般制品在 18~25MPa，用短切玻璃纤维（SGF）增强聚丙烯回收料，当 SGF 的填充量为 10%~40% 时，拉伸强度可达到 30~50MPa，可见纤维增强后，显著提高了回收 PP 料的力学性能和应用价值。制得的复合材料可以用于汽车配件，

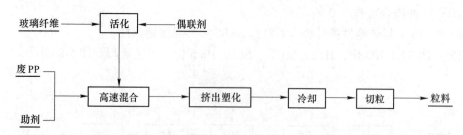

图 5-10　短切玻璃纤维增强废 PP 工艺流程图

如电通信支架、散热器零件、照明设备零件、蓄电池外壳等。但 SGF 一般要进行活化处理。通常采用硅烷偶联剂较多。

例 5-12　木纤维增强废 PE 制备塑料木板。

配方：废聚乙烯 100 份，木纤维 20~50 份，抗氧剂 0.1 份，辅助抗氧剂 0.06 份，润滑剂 1~5 份，交联剂 0.5~2.5 份。

工艺流程图如图 5-11 所示。该再生料可以用于制备塑料地板。

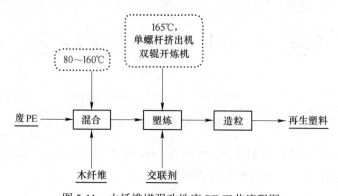

图 5-11　木纤维增强改性废 PE 工艺流程图

5.2.2.4　废塑料与其他树脂并用合金化共混改性

合金化共混改性是指与另外一种树脂并用的合金化改性，采用合金化技术制得的改性共混物比用低分子助剂进行改性更持久，可以保持塑料制品的长期使用效能。制备再生塑料合金还具有特殊的实际意义，如回收的塑料制品分拣困难，可以直接实施熔融共混并有选择性地加入某种再生塑料，以调节再生塑料合金的性能。这不仅能降低再生塑料制品的成本，而且可提高其力学性能并充分发挥回收利用的再生塑料的使用价值。用一种聚合物来改性另一种聚合物性能的共混改性，只要两种聚合物有良好的相容性，共混的两种聚合物，在强力剪切混合下，两种或两种以上聚合物可以达到分子状态的互相均匀混合，生成所谓的共混高聚物，即塑料合金。塑料合金无严格的定义，泛指以聚合物共混物为基本成分组成的塑料。

目前，物理法制备塑料合金主要有干粉共混、熔体共混、溶液共混和乳液共混。其中干法共混简单易行，但由于对原料要求较细，且分散效果达不到塑料合金的要求，一般多用于熔体共混的预备工序。溶液共混需要消耗大量的有机溶剂，分离困难，容易产生二次污染，不易于工业化应用。乳液共混由于后序固液分离困难，多用于共混物以乳液形式应用。熔体共混工艺简单，操作方便，混合效果好，设备投资低，工业化应用最为广泛。

由于各种聚合物的极性不同，许多聚合物是不相容的，在共混过程中较难形成热力学均相体系。改善相容性可添加增塑剂、偶联剂，也可以通过添加相容剂使其混容性增加。如果共混体系中的聚合物极性相差较大时，多采用相容剂在聚合物之间起到"桥联"的作用，降低两相之间或多相之间的界面张力，或产生化学键及物理键，达到多元体系相容的目的。理想的相容剂是含有两种聚合物链段的共聚物，或含极性、非极性基团的共聚物，如回收料含有 PE 和 PP 时，可采用乙丙橡胶 EPR 和 EPDM 作为相容剂。

相容剂一般分为非反应型相容剂和反应型相容剂。非反应型相容剂无特征官能团，例如 SEBS 对许多体系具有相容剂效果，非反应型相容剂具有混炼、成型条件容易等优点，但添加量较多。反应型相容剂是在分子中有特点官能团，把官能团接在聚合物上，如环氧基可与聚氨酯、尼龙、聚酯等高分子链上的基团—O、—NH$_2$、—COOH 等发生反应，与塑料合金中的一个组分或两个组分发生反应，增加二元或多元组分的相容性。典型的例子是马来酸酐接枝聚丙烯等。反应型相容剂具有用量少、效果好的特点，但价格较高。典型的相容剂如 PP-g-MA、SEBS-g-MA 等。

例 5-13 废 PP、PE 或 PVC 反应型挤出制备塑料合金，工艺流程图如图 5-12 所示。

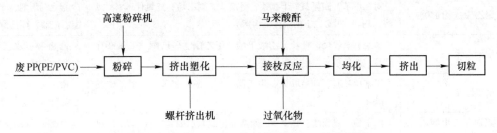

图 5-12 废 PP/PVC 塑料合金制备工艺流程图

例 5-14 废饮料瓶 PET 与 HDPE 塑料合金的制备，工艺流程图如图 5-13 所示。

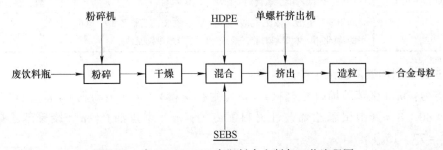

图 5-13 废 PET/HDPE 废塑料合金制备工艺流程图

例 5-15 无卤 PC/ABS 合金阻燃材料的制备，工艺流程图如图 5-14 所示。

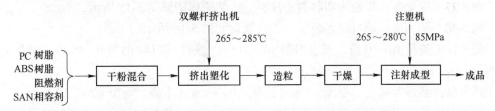

图 5-14 无卤 PC/ABS 合金阻燃材料的制备工艺流程图

配方：PC/ABS 废料 85 份，SMA 树脂 3 份，MBS 树脂 3 份，溴化聚碳酸酯 6 份，三氧化二锑 2 份，丙烯酸酯抗冲击改性剂 5.5 份，其他助剂适量。

5.2.2.5　溶剂化分散改性利用

溶剂化分散改性利用主要是利用聚合物溶解在溶剂中，使其分散成高分子溶液，然后加入其他助剂，制备成高分子溶液混合物。该方法多用于制备改性胶黏剂和涂料。该法的关键是根据不同高分子材料选择最佳溶剂和非溶剂，如：PP 的最佳溶剂是四氯乙烯、二甲苯，非溶剂是丙酮；PS 泡沫塑料的最佳溶剂是二甲苯，非溶剂是甲醇；PVC 的最佳溶剂是四氢呋喃或环己酮，非溶剂是乙醇；尼龙 6 废纤维可先溶解于 135~143℃ 的甲醇和水的混合物中，再冷却至 80~85℃，即可得到尼龙 6 的细粉末。用过的溶剂/非溶剂可通过分馏处理加以分离，以便循环再用。由于溶剂法能获得最佳性能的高分子再生原料，所以被广泛用于 PS、PP、PVC 及尼龙 6 等废塑料的再生。不同高分子材料的溶解性见表 5-3。

表 5-3　不同高分子材料的溶解性能

聚合物名称	溶剂	非溶剂
聚乙烯、聚丙烯	对二甲苯、四氢萘、十氢萘、癸烷、二氯乙烷、三氯代苯、1-氯萘（均在 130℃ 以上的温度下溶解）	极性溶剂、醇、酯、汽油、环己酮
聚苯乙烯	芳烃、氯代烃、吡啶、乙酸丁酯、甲乙酮、环己酮、二氧杂环己烷、四氢萘、二甲基甲酰胺、二硫化碳	低级醇、水、脂肪烃、乙醚
聚氯乙烯	甲基甲酰胺、四氢呋喃、甲乙酮、环己酮、氯苯、六甲基磷酸三酰胺	醇、乙酸丁酯、二氧杂环己烷、烃
聚对苯二甲酸乙二醇酯	间甲酚、浓硫酸、邻氯苯、硝基苯、三氯乙酸、1∶1 苯酚-二氯苯、3∶2 苯酚-四氯乙烷	甲醇、丙酮、脂肪烃
聚碳酸酯	氯代烃、二氧杂环己烷、环己酮、二甲基甲酰胺、甲酚	醇、脂肪烃、水
聚甲基丙烯酸甲酯	芳烃、乙酸乙酯、氯代烃、丙酮、四氢呋喃	醇、醚、脂肪烃
尼龙	间甲酚、甲酸、浓无机酸、二甲基甲酰胺、三氟乙醇、氰醇、甲醇-氯化钙、六甲基磷酸三酰胺、1∶1 苯酚-四氯乙烷	醇、酯、醚、烃

例 5-16　利用聚苯乙烯生产嵌缝膏。

配方为：m（聚苯乙烯改性材料）∶m（生石灰粉）∶m（滑石粉）∶m（石棉绒）= 40∶12∶40∶8，其中聚苯乙烯改性材料配方为：m（煤焦油）∶m（废聚苯乙烯）∶m（重苯）= 77∶15.4∶7.6。

生产工艺：将以上原料搅拌混合均匀后，再根据施工时对黏度的要求，加入溶剂（m（重苯）∶m（三氯乙烯）= 1∶1 混合液），搅拌均匀即可。

例 5-17　废聚苯乙烯泡沫塑料制备涂料，工艺流程图如图 5-15 所示。

例 5-18　利用废旧塑料制备色漆，工艺流程如图 5-16 所示。

配方：废塑料 10~30 份，混合溶剂 50~60 份，颜料+填料+助剂 0~45 份，增塑剂等 0~5 份。

其中混合溶剂为 m（二甲苯）∶m（乙酸乙酯）∶m（丁醇）= 70∶20∶10。

该类方法是利用聚合物在其良溶剂中进行有效溶解，使其达到分子级别的分散，然后加入助剂对其进行改性，提高了该废塑料的附加值。

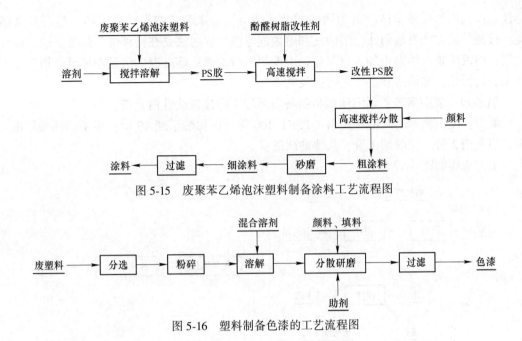

图 5-15 废聚苯乙烯泡沫塑料制备涂料工艺流程图

图 5-16 塑料制备色漆的工艺流程图

5.2.3 化学改性再生

回收的废旧热塑性塑料，不仅可以通过物理改性扩大其用途，还可以通过化学改性的方法，拓宽回收塑料的应用渠道，提高其应用价值。

废旧聚合物的化学改性再生利用有三种方式：交联改性、接枝共聚改性和功能化改性。

5.2.3.1 交联改性

交联改性是聚烯烃大分子链在某种外界因素影响下产生可发生反应的自由基或官能团，在大分子链之间形成新的化学键，使得线型聚合物形成不同程度网状结构聚合物的过程。聚烯烃经过交联后，可以大大扩展其使用范围，通过交联，其拉伸强度、冲击强度、耐热性能和耐化学性能都得到明显提高。同时，其耐蠕变性能、耐磨损性能、耐环境应力、开裂性能和黏结性能也可以提高。此外，交联产物中还可以添加较多量的填料而使材料的性能不会有明显的降低，却能降低一定的成本。

交联改性可通过化学交联和辐射交联法制得，化学交联工艺比辐射交联工艺简单易行，且辐射交联工艺需要特种辐照装备，因此，化学交联更具有适用性。化学交联所用交联剂通常为有机过氧化物，如过氧化二异丙苯、过氧化二叔丁基和 2，5-二叔丁基 2，5-二甲基乙烷（俗称双二五）等。聚合物的交联度可通过加交联剂的多少或辐照时间的长短来控制。交联度不同，其力学性能也不同。轻度交联的聚烯烃具有热塑性，易于加工；交联度高的聚合物，由于形成三维网络结构的聚合物，所以成为热固性材料。目前比较先进的技术是利用反应挤出技术，使聚合物和交联剂在双螺杆挤出机中混合和发生交联反应，直接制成产品。

5.2.3.2 接枝共聚改性

接枝改性聚合物的目的是为了提高聚合物与金属、极性塑料、无机填料的粘接性或增容性。所选用的接枝单体一般为丙烯酸及其酯类、马来酰亚胺类、顺丁烯二酸酐及其酯类。接枝共聚方法有辐射法、溶液法和熔融混炼法。辐射法是在特种辐照装备下进行接枝共聚；溶液法是在溶剂中加入过氧化物引发剂进行共聚；熔融混炼法是在过氧化物存在下使聚合物活化，在熔融状态下进行接枝共聚。

例 5-19 废旧聚苯乙烯泡沫塑料制备丙烯酸丁酯接枝改性白乳胶。

配方：废旧聚苯乙烯泡沫塑料（PSF）100 份，丙烯酸丁酯 40 份，甲基丙烯酸甲酯 6 份，引发剂 2 份，交联剂 1 份。其他助剂适量。

工艺流程如图 5-17 所示。

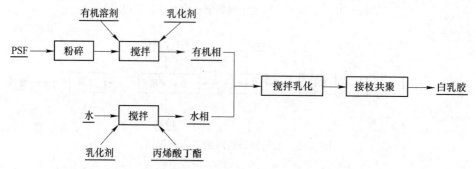

图 5-17 废旧聚苯乙烯泡沫塑料制备丙烯酸丁酯接枝改性白乳胶工艺流程图

性能：此种胶黏剂以丙烯酸丁酯和丙烯酸酯接枝改性废旧聚苯乙烯泡沫塑料，使其脆性降低，粘接强度提高，剪切强度约为 2.5~3.6MPa，可用于木材、纸张、日用品及陶瓷材料的粘接。

例 5-20 废聚苯乙烯泡沫塑料交联接枝酚醛树脂和异氰酸酯制备胶黏剂。

配方：废 PSF10 份，有机溶剂 36 份，酚醛树脂 2 份，松香树脂 5.5 份，异氰酸酯 0.1 份，碳酸钙 5 份，高沸点溶剂 6 份。

工艺流程如图 5-18 所示。

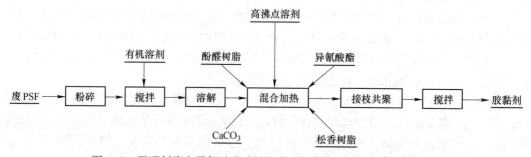

图 5-18 酚醛树脂和异氰酸酯改性聚苯乙烯制备胶黏剂的工艺流程图

性能：乳白色易流动黏稠液体，pH=7.0~7.5，灰分 52.4%，表干时间大于 1 天。可用于各种纸箱包装材料、瓷砖、马赛克等建筑材料的粘接。

5.2.3.3 功能化改性

功能化改性主要是以废旧聚合物主链结构为母体，在其主链上引入侧基，改变高聚物的性能，扩展高聚物在某一方面具有特殊的功能。聚合物的功能化改性主要有苯环结构的功能化和聚烯烃的功能化。

　　废聚苯乙烯的苯环结构可以通过功能化（磺化反应、卤化、氯甲基化等）扩大聚苯乙烯的循环利用，实现废物增值利用。如废旧苯乙烯泡沫塑料经溴化反应，可以制备出阻燃剂——溴代聚苯乙烯。

例5-21　废聚苯乙烯制备溴化聚苯乙烯阻燃剂，方程式为：

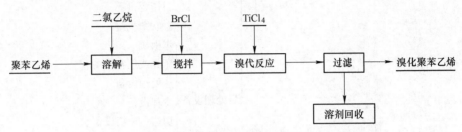

工艺流程图如图5-19所示。

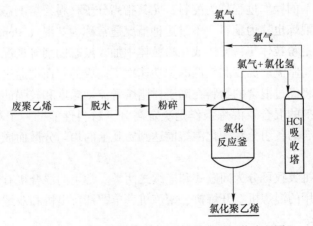

图5-19　废聚苯乙烯制备溴化聚苯乙烯阻燃剂工艺流程图

　　聚烯烃的氯化是另一类废高分子材料化学改性利用的重要方法之一，制备氯化聚烯烃。对聚乙烯（粉状）树脂进行氯化，可制得氯化聚乙烯（CPE），采用类似方法可对废旧聚乙烯进行氯化改性。CPE生产方法有溶液法、悬浮法和固相法。溶液法是最早使用的方法，因消耗有机溶剂、污染环境、生产成本高，现较少使用；悬浮法是目前国内外普遍采用的方法，存在设备腐蚀和三废处理的困难；固相法对设备腐蚀小、生产成本较低、基本无污染，是生产氯化聚乙烯的主要方向。其典型工艺如图5-20所示。

图5-20　废PE制备氯化聚乙烯的典型工艺流程图

5.2.4　物理循环的工艺和设备

　　废旧塑料的成型加工及其辅助设备如图5-21所示。

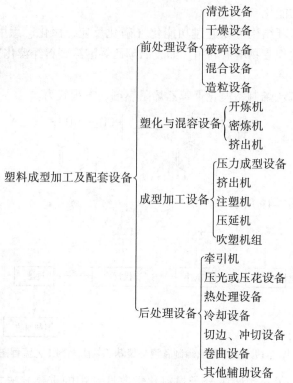

图 5-21　废旧塑料循环利用的成型加工及辅助设备

5.2.4.1　配料

组成单一的高分子材料在实际中的应用是非常少的，大多数情况下都需要加入各种添加剂，以满足材料的使用性能要求。添加剂（又称为助剂）有填料、增塑剂、阻燃剂、交联剂、着色剂、稳定剂（如光稳定剂、热稳定剂）等。利用挤出机或各种混炼机，在原料树脂中混入助剂的操作过程称为配料，尤其指高分子材料经熔融态的混炼。有时把异种或同种高分子的混炼也称为配料，不过这种情况通常称为共混（Blend）。在高分子材料加工领域中，通常把粉粒体与粉粒体或在粉粒体中加入液态助剂等情况的混合操作称为混合，一般是在低于树脂流动温度和较低的剪切速率下完成的；而把通过熔融态进行混合的操作称为混炼，是将经过混合的物料在高于树脂熔融流动温度和较强的剪切作用下进行的混合。添加各种助剂的混合及混炼操作是决定高分子材料性能的一个非常重要的工艺过程，它能使需要配合的各组分在塑化混熔前达到宏观上的均匀分散而成为一个均态多组分的混合物。

混合机和混炼机大致可分为间歇式和连续式两类。常用的混合机有螺带式、辊筒式和旋桨式混合机；常用的混炼机有开炼机、密炼机、单螺杆挤出机和双螺杆挤出机等。

5.2.4.2　造粒

经过混炼得到的炼成物，为了减小固体尺寸，一般需经造粒或粉碎，以备下一步成型使用。粉碎后的颗粒大小不均，而造粒可得到比较整齐且具有固定形状的粒子。

造粒工艺主要分为冷切造粒和热切造粒两大类，一般不同的塑料品种造粒工艺也不相同，但同种塑料也会因成型设备及工艺的不同而采用不同的造粒工艺。其中挤出造粒是最常见的造粒技术，废旧塑料由挤出机熔融或混合，经挤出头挤出条状料，按所需规格直接热切粒或冷却后切粒备用，即将物料制成一定尺寸形状的粒料（常见为圆柱形）。挤出机前端的一个功能部件是粗滤板和滤网，它在废旧塑料的挤出造粒和成型加工中起着重要的作用。粗滤板由合金钢制成，外观呈蝶形，厚度约为料筒直径的 1/5，上面有规则排列的小孔，孔径为 3~6mm，孔两边倒角，以防止物料滞留而降解。使用滤网可进一步清除废料中残存的杂质，如砂子、纤维以及其他熔点较高的塑料等，以保证产品质量和挤出过程的顺利进行。

5.2.4.3 成型

再生塑料制品的生产过程中最关键的是成型加工。成型是将再生料（含配合剂、改性剂、改性料）制成所需形状的制品或坯件的过程。回收料的成型加工需经过鉴别、分选、洗净、干燥、粉碎或造粒（或直接成型）等前处理。成型有两种方式：一种是混炼与塑化一步完成，也就是将破碎的废旧塑料与各类助剂（加稳定剂、润滑剂、增塑剂、改性剂等配合体系）经捏合、均化后直接成型加工成制品；另一种为均化后造粒，得半成品再生粒料后再加工成型。直接成型因省去造粒工序，生产成本低。造粒工艺的优点是各物料混合十分均匀，因为造粒后仍需要再塑化成型，意味着增加了一次均匀过程；缺点是增加了能耗，且因为多了一次塑化会促使大分子热老化。使用双螺杆挤出机可直接进行成型，省去造粒工序。

5.3 废旧热塑性塑料的化学循环

废旧热塑性塑料的化学循环是指利用化学手段，在有氧或无氧条件下，经化学手段使废旧高分子材料发生降解反应，形成低分子量的气体、液体或固体，转化为单体、燃油或化工原料。化学循环可分为热分解和化学分解。

5.3.1 废旧热塑性塑料的热分解

所谓热分解是指有机高分子物质在还原性气氛中以及高温下分解为低分子化合物的工业气体、燃料油和焦炭的过程。从化学角度看，热解不同品种的高分子材料分解机理和热分解产物是不同的。热分解同时伴有解聚和无规断链反应，热分解产物中几乎无相应的单体，还有聚合度较低的齐聚物、相对分子量不等的烃类及其衍生物等低分子有机化合物，它们都是高价值的有机化工原料或产品。热分解产物随所用设备及工艺条件不同而有所不同，它们可能是以液状油为主，或以气体为主，或油、气、固体等产物兼而有之。热分解法适用于聚乙烯、聚丙烯、聚苯乙烯等非极性的聚烯烃塑料和一般废弃物中混杂废塑料的分离，特别是塑料包装材料。例如薄膜包装袋等使用后污染严重，难以用直接利用法回收材料，可以通过热分解来进行化学回收。热分解主要分为热裂解和催化裂解和加氢裂解三种主要方法。

废旧塑料热分解工艺的分类方法很多。例如，根据分解产物的不同，可以分为气化法、油化法和炭化法。根据使用设备的不同，可以分为槽式法、管式炉法、流化床法、反应釜法等。

废旧塑料热分解处理的一般工艺流程如图 5-22 所示。

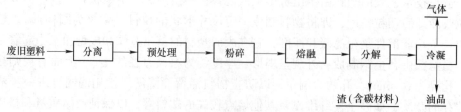

图 5-22　废旧塑料热分解工艺流程图

油化法全部以废旧高分子材料为原料，热分解温度较低（450～500℃），主要回收油品。

气化法的特点是无需进行预处理，可以是不同废旧高分子材料混杂，也可以是与城市生活垃圾混杂的废旧塑料制品，用气化工艺处理混杂垃圾，可以制得燃料气体。

炭化法以废旧轮胎或聚氯乙烯、聚乙烯醇、聚丙烯腈等为原料，主要回收炭化产物。

目前废旧高分子材料主要以油化法为主，以回收液态燃料油工艺为主，但也辅助炭化法。目前，废旧高分子材料的热分解的油化工艺主要有槽式法、管式炉法、流化床法和催化法。

其中槽式热分解工艺与蒸馏工艺相似，加入槽内的废旧塑料在开始阶段受到急剧升温开始分解，当分解产物达到蒸气压后，挥发物开始流出，经过冷凝、分离工序，液体可以回收不同品种的燃料油，气体则供做燃料用。槽式法的油回收率为57%～78%，槽式法应用过程中应注意可燃馏分不得混入空气，严防爆炸；另外，因为采用外部加热，加热管表面有炭析出，需定时清除，以防导热变差。

管式炉热分解法所用的反应器有管式蒸馏器、螺旋式炉、空管式炉、填料管式炉等，皆为外部加热，需要大量的加热用燃料。该法容易回收得到废旧 PS 的苯乙烯单体油、PMMA 单体油，操作工艺简单、工艺范围宽、收率高。

流化床法是以空气为流化载体，可以在高温下较快进行热分解。不需要外部加热，加热均匀，分解条件易于调整，所以该方法应用较广，且对废旧塑料混合物料进行热分解时亦可得到高黏度油品或蜡状物，再经蒸馏即可分出中重质油和轻质油。

催化法采用外部加热，但使用固体催化剂，致使热解温度降低，优质油品回收率提高，而气化率降低。

例 5-22　废 PP 催化裂解制备汽油，实验装置如图 5-23 所示。

裂解工艺：将一定量的废旧 PP 塑料切碎后装入气化分解罐，用电炉加热至 400～450℃，塑料熔融分解气化，经过连接管装入有 $ZnCl_2$ 催化剂的裂解塔中。催化剂与原料的投料比为 1∶5，催化剂的裂解温度控制在 450～500℃。在催化剂作用下，物料进一步裂解成小分子的烃类物质，由 50cm 长的冷凝管导入液体接收瓶，不凝气进入水封接收器。

5.3.2　废旧热塑性塑料的化学分解

化学分解又叫解聚单体还原技术，是使用催化剂或溶剂使聚合物还原为单体的过程。化学分解主要有水解和醇解等。化学分解法比热分解法有诸多优越性，如分解产物均匀且易于控制；在一般情况下，产物不需要进行分离与提纯；生产设备投资小等。但化学分解

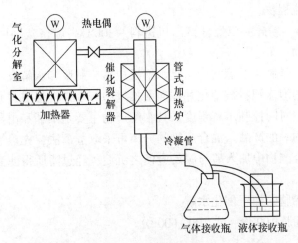

图 5-23　废聚丙烯催化裂解制备汽油装置图

法不适用于混杂型废旧高分子材料,一是因为所用试剂均有严格的选择性;二是因为它对废旧高分子材料预处理和清洁度、品种均匀性都有较高的要求,因此化学分解法更适用于较单一品种的无污染的废旧高分子材料。对于废旧塑料的处理来说,主要有聚氨酯类和热塑性聚酯类,此外还有聚酰胺类、聚甲基丙烯酸甲酯、聚 α-甲基苯乙烯、聚甲醛等。

5.3.2.1　水解法

水解法适用于含有水解敏感的聚合物,这类聚合物多由缩聚反应制得,水解反应实质是缩合反应的逆反应。这类聚合物有聚氨酯、聚酯、聚碳酸酯和聚酰胺。它们在通常的使用条件下是稳定的,因此,这类塑料的废弃物必须在特殊的条件下才能进行水解得到单体。

例 5-23　聚氨酯的连续水解,工艺流程如图 5-24 所示,主要的水解反应装置是双螺杆挤出机。

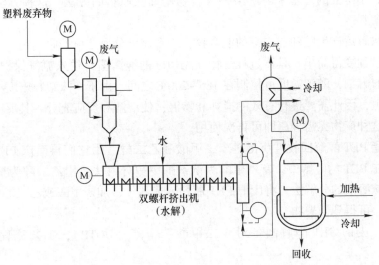

图 5-24　PU 泡沫塑料水解工艺流程图

Ⓜ—电机

水解工艺工艺流程：

废 PU 泡沫塑料→粉碎→双螺杆挤出机进料→300℃高温挤塑→中间加料口送水→混合→水解→分离产物。

双螺杆挤出机既是制浆混炼室，又是水解反应器，制浆和水解反应需 5~30min。螺杆低速旋转时，加入的泡沫塑料被塑化并在向前推进中与水掺混形成料浆，边混料边进行水解，通过温度和反应时间控制水解程度。其水解产物主要是聚酯和由异氰酸酯产生的二元胺，经分离可得到均一的产品。混合产物的分离可采取蒸馏法，先蒸馏出二元胺，后纯化聚酯；也可以向混合产物中加入酸与胺反应使之沉淀，经过滤所得滤液为聚酯，沉淀物则含有二元胺。

例 5-24 聚丙烯腈的加压催化水解。

配方：废聚丙烯腈 100 份，水 100~600 份。

方程式：

$$\begin{array}{l} -\!\!\left[CH_2\!-\!\underset{CN}{CH}\right]\!- \xrightarrow[1\sim1.5MPa]{H_2O} -\!\!\left[CH_2\!-\!\underset{COOH}{CH}\right]_m\!\!\left[CH_2\!-\!\underset{COONH_4}{CH}\right]_r\!\!\left[CH_2\!-\!\underset{OC\diagdown N \diagup CO}{CH}\right]_x\!\!\left[CH_2\!-\!CH\!-\!CH_2\!-\!\underset{CONH_2}{CH}\right]_y \end{array}$$

其中，$m:r:x:y=13:36:19:32$。

工艺步骤：在高压反应釜中按一定比例加入废聚丙烯腈、水等，在压力为 1.0~1.5MPa 下进行水解反应 6.0h，所得的聚合物含有聚丙烯酰胺盐和聚丙烯酰胺。加压水解不利于工业推广，反应温度高和压力高，对设备要求高，得到的产品固含量高，水解效果不好。已逐渐开展催化加压水解，如用过渡金属氧化物和碱土氧化物作为催化剂，压力为 0.77MPa，温度为 170℃水解 5h，即可得到固含量为 22.6%的水解物。

5.3.2.2 醇解法

醇解是利用醇类的羟基来醇解某些聚合物基回收原料的方法。这种方法可用于聚氨酯、聚酯等塑料。

聚氨酯水解后产生胺和乙二醇的混合物，二者需要分离才可回收利用。而醇解法无需这道工序，过程变得简单。具体过程是将预先切碎的泡沫塑料送入氮气保护的反应器内，以乙二醇为醇解剂，醇解温度可控制在 185~200℃之间。由于泡沫塑料密度小，易浮在醇解剂的液面上，因此需要进行有效的搅拌和掺混，使溶解和反应充分。其反应物主要是混合多元醇，这种产物无需分离即可再次使用。

废旧聚酯 PET 醇解回收可获得对苯二甲酸和乙二醇，用它们再生产 PET，其质量和新料相同。在 PET 的醇解中，有用甲醇为溶剂的甲醇分解法，用乙二醇为溶剂的糖原醇解法和酸或碱溶液的分解法。将废旧 PET 瓶粉碎成薄片，加入甲醇或乙二醇中，于 200℃下加压水解，可得到低聚物。

例 5-25 废旧 PET 醇解制备对苯二甲酸二辛酯（DOTP），工艺流程图如图 5-25 所示。

对苯二甲酸二辛酯是聚氯乙烯的增塑剂，具有高绝缘性、低挥发性、耐热性好、耐寒性和抗抽出性、柔软性好等优点。与 PVC 具有良好的相容性，主要应用在橡塑行业中。

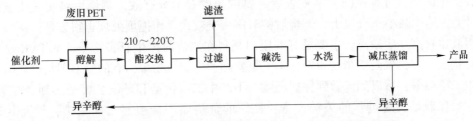

图 5-25　废旧 PET 醇解制备对苯二甲酸二辛酯的工艺流程图

采用醇解法制备对苯二甲酸二辛酯因采用的催化剂不同，具体工艺差别比较大。具体采用的催化剂和实验结果见表 5-4。

表 5-4　废旧 PET 催化醇解制备 DOTP 的实验结果

催化剂名称	投料比（异辛醇∶PET）	反应温度/℃	反应时间/h	DOTP 收率/%
硫酸	2.5	210	8.5	80.1
NaOH	3.0	200	3.0	84.2
草酸亚锡	2.5	210	10	75.9
氧化亚锡	3.0	—	7	—
氯化亚锡	3.0		2.5	85.4
醋酸铅	3	184~190	2.5	91.7
醋酸锰	6g	184~190	5	83.83
醋酸镁	6g	184~190	5	77.25
钛酸四丁酯	2.5（mol）	200	8	84.64
钛酸四异丙酯	3	160	3	90.2

5.4　废旧热塑性塑料的能量循环

废旧塑料的能量循环是指将其作为燃料通过控制燃烧温度，充分利用废旧塑料焚烧时产生的热量。

5.4.1　废旧塑料的能量循环利用原理

众所周知，废弃塑料是高热量值的废料，因此回收能量是废旧高分子材料的又一利用途径（见表 5-5）。

表 5-5　塑料及相关物质的燃烧热

物质名称	木炭	纸类	燃料油	煤炭	PE	PP	PS	PVC	ABS
燃烧热/MJ·kg^{-1}	35.2	17	44	21-29.4	46	44.13	40.34	19	35.38

焚烧是垃圾处理的方法之一。一般情况下在 1000℃ 以上进行燃烧，可以用于取热、制蒸汽或发电；温度在 500~1000℃，一般用来裂解高分子材料生产油品。

废旧塑料能量循环利用的优点：（1）不需繁杂的预处理，也不需与生活垃圾分离，特别适用于难以分拣的混杂型废料；（2）废旧高分子材料的生热值与相同种类的燃料油相当，产生的热量可观；（3）从处理废弃物的角度看十分有效，焚烧后可使其质量减少80%以上，体积减小90%以上，燃烧后的渣滓密度较大，作掩埋处理也很方便。

但其也存在一定缺点，主要是有些废旧塑料在燃烧时产生有害物质，如 PVC 燃烧时产生氯化氢气体，聚丙烯腈产生氰化氢，聚氨酯产生氰化物等，有的废旧塑料燃烧时还容易产生二噁英等，所以如何做到保护环境、不产生二次污染和环境公害是必须要注意的。因此，焚烧器是焚烧过程的关键设备，良好的焚烧器不会引起二次污染，然而其造价很高。

5.4.2 废旧塑料的能量循环利用技术

现行的燃烧废旧塑料的方式有三种：

（1）使用专用焚烧炉焚烧废旧塑料回收利用能量法。其所用的专用焚烧炉有流化床式燃烧炉、浮游燃烧炉、转炉式燃烧炉等。这类专用设备都要求尽量无公害、长期使用和稳定连续操作。

（2）作为补充燃料与生产蒸汽的其他燃料掺用法。这是一项可行而又比较先进的能量回收技术，热电厂、高炉就可使用塑料废弃物作为补充燃料。

（3）通过氢化作用或无氧分解，转化成可燃气体或可燃物再生热法。这与其说是一种能量回收，还不如说是特殊条件下的分解。

废旧塑料的能量循环的主要工艺流程如图 5-26 所示。

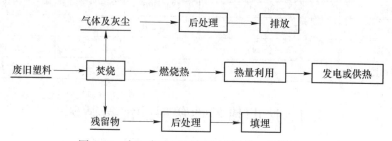

图 5-26   废旧高分子材料能量循环工艺流程图

专用焚烧炉回收利用能量的方法可以燃烧各种塑料废弃物及其与部分城市垃圾的混杂物，但需根据废弃塑料分布状况，合理地选择焚烧设备及其场地，以最大限度地减少运输费用和确保连续经常地焚烧处理。专用焚烧炉法的不足之处是需要较大场地、较庞大的辅助设施和有效地防止气体排放物中的有害成分污染环境，所需投资较大。

专用焚烧厂的主要设施有：

（1）主体设备——焚烧炉。炉体以钢架结构支撑，以混凝土为基础，炉壁设计的关键是要能够承受高温。热能吸收采用通水的围在炉壁四周的钢管导热，从燃烧区吸热的水或蒸汽通过钢管循环输热；排气口上的锅炉用于回收能量。即燃烧的废旧塑料放出大量热能，同时，在高温条件下，分解出的一氧化碳、甲烷、氢气等可燃气体也由排气口导出以利用它们再回收热能。

作为主体设备的焚烧炉，其构造和类型很多。从炉体构型上分，有立式圆柱型、卧式圆柱型、流化床型、转炉型等；从加热方式上又有直接加热式与间接加热式之分；在间接加热式中还有炉壁传递型和循环介质传递型两种。不论何种结构，衡量燃烧炉的基准是工艺操作的简单性、加热速度和热效率的优劣等。

（2）燃烧前辅助设施。其中有大型的储料设施、自动称量装置、输送设施、卸料设施等。

（3）燃烧后辅助设施。主要是污染控制装置，用以妥善处理燃烧时所产生的有毒和危害性气体。

由于废旧塑料具有较高的热值，在冶金行业中有一定的应用，其中以高炉喷吹废塑料技术在日本和德国较早就进行了研究与应用。20世纪90年代中期，德国和日本的许多钢铁企业和研究院就开展了高炉喷吹废塑料作为辅助燃料的研究开发工作，并较早地获得了成功。废塑料经过分选、破碎、去除聚氯乙烯、烧结成颗粒后喷入高炉下部，在炉内高温（2000℃）和还原气氛下，被气化成H_2和CO。随热风上升的过程中，它们作为还原剂将铁矿石还原成铁，从高炉出来的富化煤气可用于发电或预热空气。废塑料在气化中产生的H_2/CO比值要大于等量的煤粉，H_2的扩散能力与还原能力均大于CO，因此用废塑料代替煤粉有利于降低高炉焦比。同时由于塑料的灰分和硫含量很低，可以减少高炉的石灰用量，进而也减少高炉产渣量和炼铁成本。塑料的平均热值（约为44MJ/kg）大于煤粉的热值（25～31MJ/kg），这也有利于提高高炉的生产效率。此外，经过处理的废塑料被喷入高炉后可有50%以上作为还原剂被直接利用，可以节约40%的焦炭，剩余60%的焦炭完全可以满足高炉炉料的透气性和承载载荷的需要。综上所述，高炉喷吹废塑料的经济、环境效益包括：（1）高炉喷吹废塑料比发电厂直接燃烧废塑料发电或废物处理焚烧塑料的热利用率高，能源利用充分；（2）由于废塑料的价格十分便宜，用它代替重油或煤喷入高炉可以降低高炉炼铁的成本，经济效益显著；（3）高炉喷吹废塑料降低了焦比系数，减少了焦炭使用量，减少了CO_2排放量。而且，SO_x、NO_x、二噁英等二次污染物排放量小，仅为塑料焚烧的0.1%～1%，有利于环保。

高炉喷吹废塑料在德国和日本已经实现工业化。德国布来梅钢铁公司最早工业化应用高炉喷吹废塑料技术。该公司于1995年6月在2号高炉建造了一套喷吹能力为7万吨/年的喷吹设备，废塑料先经过预处理制成粒度小于10mm的散粒，并由喷吹系统送入高炉。该公司的工业化运营结果表明，所喷入的废塑料对高炉冶炼过程的影响介于煤粉与重油之间，但喷吹废塑料更为便宜。除此之外，德国克虏伯—赫施钢铁公司、蒂森钢铁公司以及克虏伯—曼内斯曼冶金公司的胡金根厂也在高炉上正式喷吹或进行半工业实验。日本NKK公司在京滨厂1号高炉（4907m^3）上开发利用废塑料代替部分焦炭用于炼铁技术获得成功，喷吹废塑料从1997年的3万吨扩大到1999年的4万吨。运行结果表明，废塑料的热利用效率达80%以上；废塑料与焦炭的配置比为1∶1；喷吹量为200kg/t时，CO_2的产生量减少12%；无有害气体产生，副产品煤气还可以用于发电。

与国外相比，我国在高炉喷吹废塑料方面实际上还处于理论研究及可行性论证阶段。该技术在国内应用存在如下关键问题及难点：（1）由于废塑料回收体系不健全，种类繁多，分选较为困难；（2）HCl对环境的危害和设备的腐蚀性大，亟待解决PVC废塑料脱氯处理技术；（3）废塑料粒度影响颗粒输送性能、燃烧、软熔、焦化，最佳喷吹废塑料粒径有待确定；（4）废塑料不同喷吹速率、颗粒度对高炉冶炼的影响程度。我国当前每年产生废旧塑料在3000万吨以上，只要加以利用，其效益不言而喻。高炉喷吹废旧塑料，既可以减轻废塑料对环境所造成的污染，又可以起到节能减排的作用。

——本 章 小 结——

　　本章首先主要介绍了聚乙烯、聚丙烯、聚氯乙烯、聚苯乙烯、聚对苯二甲酸乙二醇酯、聚甲基丙烯酸甲酯、聚碳酸酯等七种废旧热塑性塑料的直接熔融、填充改性、增韧改性、增强改性、合金化共混改性、溶剂化分散改性以及化学改性再生等物理循环利用的原理、工艺技术及设备；然后介绍了聚对苯二甲酸乙二醇酯等几种典型废旧热塑性塑料的热分解、化学分解等化学循环利用原理和技术；最后介绍了废旧塑料的能量循环利用的原理、技术与设备。

习　　题

5-1　废旧热塑性塑料直接熔融利用原料的哪些物性参数，主要采用哪些设备？

5-2　废旧热塑性塑料的物理改性利用有哪几种方法？

5-3　废旧热塑性塑料的填充改性主要有哪些填充剂？采用填充剂的主要作用是什么？

5-4　废旧热塑性塑料的增韧改性有哪几种方法？改性目的是什么？

5-5　在废旧热塑性塑料的纤维增强改性利用中最重要的影响因素是什么？通常采用哪些方法？

5-6　在废旧热塑性塑料的合金化增强改性利用过程中，通常采用哪些方法来解决极性不同的树脂之间的相容性？

5-7　什么是废旧热塑性塑料的化学改性利用？主要有哪几种方法？

5-8　为什么废聚苯乙烯较容易进行功能化改性利用？

5-9　废聚乙烯经氯化反应后可制得氯化聚乙烯，氯化聚乙烯和聚氯乙烯有哪些区别？

5-10　废旧热塑性塑料的化学改性利用和化学循环利用之间的区别是什么？

5-11　废旧热塑性塑料的气化法、油化法和炭化法三种工艺的主要特点是什么？

5-12　为什么对苯二甲酸乙二醇酯、聚酰胺容易进行化学分解，而聚氯乙烯和聚丙烯等聚烯烃却不容易进行化学分解利用？

5-13　在废旧热塑性塑料的能量循环利用过程中，应注意哪些事项？

6 废旧热固性塑料的循环利用原理与技术

本章提要：
　　(1) 掌握聚氨酯的化学原理，了解其原料、分类以及应用特点。
　　(2) 掌握废旧聚氨酯的循环利用原理与技术特点。
　　(3) 掌握酚醛树脂的化学原理，了解其应用特点。
　　(4) 掌握废旧酚醛树脂的循环利用原理与技术特点。
　　(5) 掌握环氧树脂的化学原理及其废旧物循环利用原理及技术特点。

6.1 废旧热固性塑料循环利用概述

　　热固性塑料是指在加工过程中分子之间发生反应而形成交联结构，制品具有不溶不熔特点的一类塑料。废旧热固性塑料在城市固体废物中数量很少，而主要存在于工业和商业废弃物中。

　　热固性塑料由于具有很多优点，如价格低、剪切模量和杨氏模量高、刚性好、硬度高、压缩强度高、耐热、耐溶剂、尺寸稳定、抗蠕变、阻燃和绝缘性好等，广泛地应用于电器和电子工业，机械、车辆、滑动元件、密封元件及餐具生产，废旧热固性塑料的产生量也逐渐增多，因此废旧热固性塑料的循环利用也逐渐受到重视。

　　由于热固性塑料在加工过程中，大分子之间已经发生化学反应而形成交联结构，不能再次熔融成型，所以实际中的循环利用较少。

　　废旧热固性塑料的循环利用也主要有三种方式，即物理循环利用、化学循环利用和能量循环利用。

　　废旧热固性塑料的物理循环利用主要是将其粉碎后用作填料，或将其粉碎后加入胶黏剂使其黏合为塑料制品。该方法简单可行，生成成本低，不产生二次污染，在实际应用上具有一定的竞争力。

　　废旧热固性塑料的化学循环利用主要是将其热解制备炭材料、低聚物和小分子产物。炭材料可以是活性炭、吸附剂、炭粉等。低聚物的溶液可以作为胶黏剂和涂料等。小分子产物为乙醇、甲醛、甲酚等。

　　废旧热固性塑料的能量利用主要是对其进行焚烧而回收利用，但由于在所有的废旧高分子材料中存量较低，因此热固性塑料的焚烧不单独进行循环利用，通常是和其他废旧塑料一起进行焚烧利用。

　　常用的热固性塑料种类并不多，主要有聚氨酯、酚醛树脂、环氧树脂、不饱和聚酯、蜜胺和脲醛树脂等。其中又以聚氨酯、酚醛树脂和环氧树脂用量最多，各占热固性塑料总量的1/3左右。本章主要对上述几种热固性塑料的循环利用进行阐述。

6.2　聚氨酯的循环利用

6.2.1　聚氨酯化学

6.2.1.1　聚氨酯的反应

聚氨酯（PU）是指分子结构中含有氨基甲酸酯基团（$-NH-\overset{\overset{\text{O}}{\|}}{C}-O-$）的聚合物，以二异氰酸酯与多元羟基化合物（聚酯多元醇或聚醚多元醇）为原料，在催化剂作用下反应合成而得到的聚合物。其二元异氰酸酯和二元醇的反应式如下：

$$n\,OCN-R-NCO+n\,HO-R'-OH \longrightarrow \left[\overset{\overset{\text{O}}{\|}}{C}-NH-R-NH-\overset{\overset{\text{O}}{\|}}{C}-O-R'-O\right]_n$$

异氰酸酯基团具有高反应活性，可以与许多含活性氢的物质反应。可以与异氰酸酯发生反应的活性氢化合物有醇、水、胺（氨）、酚、羧酸、硫醇等。

（1）异氰酸酯与羟基的反应。异氰酸酯与含羟基化合物的反应是聚氨酯合成中最常见的反应，反应式如下：

$$-NCO+-OH \longrightarrow -NH-\overset{\overset{\text{O}}{\|}}{C}-O-$$

（2）异氰酸酯与水的反应。异氰酸酯与水反应，首先生成不稳定的氨基甲酸，然后由氨基甲酸分解成二氧化碳和胺，在过量异氰酸酯存在下，所生成的胺与异氰酸酯继续反应生成取代脲。反应式如下：

$$R-NCO+H_2O \longrightarrow R-NH-\overset{\overset{\text{O}}{\|}}{C}-OH \longrightarrow R-NH_2+CO_2$$

$$R-NCO+R-NH_2 \longrightarrow R-NH-\overset{\overset{\text{O}}{\|}}{C}-NH-R$$

（3）异氰酸酯与氨基的反应。反应式如下：

$$R-NCO+R'-\overset{\overset{\text{R}''}{|}}{NH} \longrightarrow R-NH-\overset{\overset{\text{O}}{\|}}{\underset{\underset{\text{R}''}{|}}{C}}-N-R'$$

（4）异氰酸酯与羧酸的反应。—NCO 与—COOH 的反应活性比—OH 低得多，反应式如下：

$$R-NCO+R'-COOH \longrightarrow R-NH-\overset{\overset{\text{O}}{\|}}{C}-O-\overset{\overset{\text{O}}{\|}}{C}-R' \longrightarrow R-NH-\overset{\overset{\text{O}}{\|}}{C}-R'+CO_2\uparrow$$

6.2.1.2 异氰酸酯

聚氨酯是多元醇和多异氰酸酯的反应产物，其中多异氰酸酯是所有聚氨酯材料必不可少的原料之一。其种类很多，其中最常用有：甲苯二异氰酸酯（TDI）、二苯基甲烷二异氰酸酯（MDI）、异佛尔酮二异氰酸酯（IPDI）、六亚甲基二异氰酸酯（HDI）、多亚甲基多苯基异氰酸酯（PAPI）、二环己基甲烷二异氰酸酯（H_{12}MDI）。

（1）甲苯二异氰酸酯。简称 TDI，是聚氨酯树脂最重要的二异氰酸酯原料之一，广泛应用于软质聚氨酯泡沫塑料、涂料、弹性体、胶黏剂、密封胶及其他小品种聚氨酯产品，TDI 的分子式为 $C_9H_6N_2O_2$，TDI 有 2，4-TDI 和 2，6-TDI 两种异构体。结构式如下：

2，4-甲苯二异氰酸酯（2，4-TDI）　　　　　2，6-甲苯二异氰酸酯（2，6-TDI）

TDI 工业品以 2，4-TDI 和 2，6-TDI 质量比 80：20 的混合物（简称 TDI-80 或 TDI-80/20）为主，还有纯 2，4-TDI（又称 TDI-100）和 TDI-65（2，4-TDI 和 2，6-TDI 两种异构体质量比约为 65：35 的混合物）产品。TDI 具有易挥发、毒性大的特点，特别是在储运方面，各个国家对此都有严格的管理。

（2）二苯基甲烷二异氰酸酯。简称 MDI，还有别名叫二苯基亚甲基二异氰酸酯、亚甲基（4-苯基异氰酸酯）、二苯甲烷二异氰酸酯，单体 MDI 分子式为 $C_{15}H_{10}N_2O_2$。MDI 一般有 4，4'-MDI、2，4'-MDI、2，2'-MDI 三种异构体，而以 4，4'-MDI 为主，没有单独的 2，4'-MDI 和 2，2'-MDI 工业化产品。MDI 三种异构体的结构为：

4，4'-二苯基甲烷二异氰酸酯　　　2，4'-二苯基甲烷二异氰酸酯　　　2，2'-二苯基甲烷二异氰酸酯
　　　4，4'-MDI　　　　　　　　　　2，4'-MDI　　　　　　　　　　2，2'-MDI

通常，纯 MDI 一般是指 4，4'-MDI，即含 4，4'-二苯基甲烷二异氰酸酯 99% 以上的 MDI，又称为 MDI-100，此外它含有少量的 2，4'-MDI 和 2，2'-MDI。

常温下 4，4'-MDI 是白色固体，熔点 38~43℃。可溶于丙酮、四氯化碳、苯、氯苯、硝基苯、二氧六环等。

（3）异佛尔酮二异氰酸酯。简称为 IPDI，学名为 3-异氰酸酯基亚甲基-3，5，5-三甲基环己基异氰酸酯。分子式为：$C_{18}H_{12}N_2O_2$，结构式为：

IPDI 工业产品是含 75% 顺式和 25% 反式异构体的混合物。IPDI 为无色或浅黄色液体，

有轻微樟脑气味，与酯、酮、醚、芳香烃和脂肪烃等有机溶剂完全混溶。

（4）六亚甲基二异氰酸酯。简称 HDI，别名为己二异氰酸酯，分子式为 $C_8H_{12}N_2O_2$，结构式为：

$$OCN — CH_2CH_2CH_2CH_2CH_2CH_2 — NCO$$

HDI 为无色或微黄色的液体，有特殊刺激性气味。微溶于水，在水中缓慢反应。工业品纯度 99.5%以上。

（5）多亚甲基多苯基异氰酸酯。简称 PAPI，它实际上一种含有不同官能度的多亚甲基多苯基多异氰酸酯的混合物，其中单体 MDI 占混合物总量的 50%左右，其余均是 3~6 官能度的低聚异氰酸酯。结构式为：

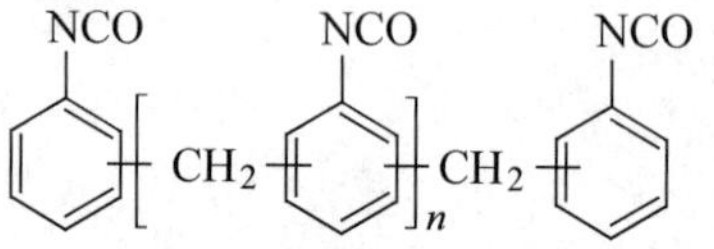

$$n = 0, 1, 2, 3, \cdots$$

PAPI 常温下为褐色至深棕色中低黏度液体。溶于多种有机溶剂，能与含羟基和其他活泼氢基团的化合物反应。不溶于水，可与水反应，产生二氧化碳气体。

（6）4，4'-二环己基甲烷二异氰酸酯。又称为氢化 MDI，简称 H_{12}MDI，分子式为 $C_{15}H_{22}N_2O_2$，结构式为：

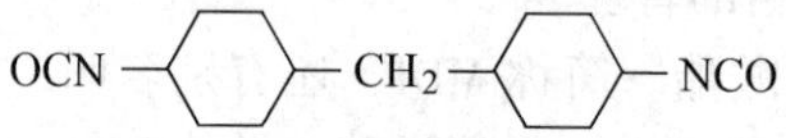

6.2.1.3　多元醇

（1）聚酯多元醇。聚酯多元醇包括常规聚酯多元醇、聚己内多元醇和聚碳酸酯多元醇，它们含有酯基（ $\overset{O}{\underset{\|}{—C—O—}}$ ）或碳酸酯基（ $\overset{O}{\underset{\|}{—O—C—O—}}$ ），常规聚酯多元醇是由二元羧酸和二元醇等通过缩聚反应得到的产物。

聚酯多元醇是聚酯型聚氨酯的主要原料之一，根据是否含有苯环，可分为脂肪族多元醇和芳香族多元醇。其中，以脂肪族多元醇己二酸系聚酯二醇为主。它是由己二酸与乙二醇、丙二醇、丁二醇、一缩二乙二醇的缩聚而成，结构式较为复杂。己二醇与乙二醇等所合成的聚酯二醇的结构式为：

$$H—O(CH_2)_aO—\overset{O}{\overset{\|}{C}}\left(CH_2\right)_4\overset{O}{\overset{\|}{C}}—O(CH_2)_aOH$$

式中，—$O(CH_2)_aO$—表示小分子二元醇链节，$a=2$，3，4，6，…；—$CO(CH_2)_4CO$—表示己二酸链节。

芳香族聚酯多元醇是含有苯环的聚酯多元醇，其最重要的原料是由邻苯二甲酸酐和一缩二乙二醇合成的聚邻苯二甲酸一缩二乙二醇酯二醇，结构式如下：

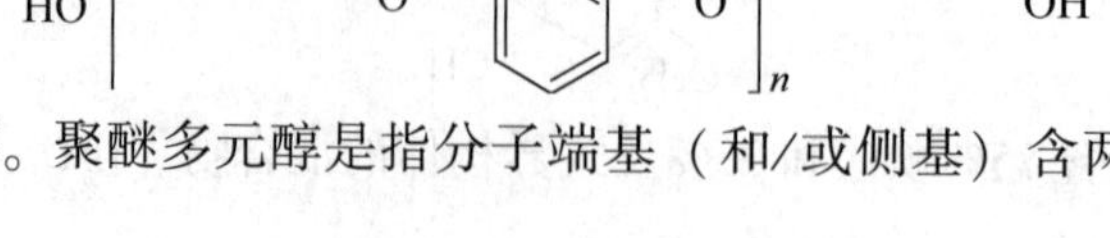

（2）聚醚多元醇。聚醚多元醇是指分子端基（和/或侧基）含两个或两个以上羟基、

分子主链由醚链（—R—O—R'—）组成的低聚物。聚醚多元醇通常以多羟基、含伯氨基化合物或醇胺为起始剂，以氧化乙烯、氧化丙烯等环氧化合物为聚合单体，开环均聚或共聚而成。聚氧化丙烯多元醇及聚氧化乙烯多元醇通常为普通类聚醚多元醇，其官能度在 2~8 之间，分子量在 200~8000 之间。

聚氧化丙烯二醇（PPG）的结构式为：

$$H \!\!-\!\! \left(O \!-\! \underset{\underset{CH_3}{|}}{CH}CH_2 \right)_{\!\!n_1} \!\!\!\!\!\! O \!-\! \underset{\underset{CH_3}{|}}{CH}CH_2O \!\!-\!\! \left(CH_2\underset{\underset{CH_3}{|}}{CH}O \right)_{\!\!n_2} \!\!\!\! H$$

一般情况下聚醚二醇为清澈无色或浅黄色透明油状液体，溶于甲苯、乙醇、丙酮等大多数有机溶剂。

聚氨酯行业中常用的聚醚三醇多为聚氧化丙烯三醇，以甘油或三羟甲基丙烷为起始剂的聚氧化丙烯三醇的结构式如下：

$$\begin{array}{l} CH_2 \!-\! O \!\!-\!\! \left(CH_2 \!-\! CH \!-\! O \right)_{\!\!n} \!\!\! H \\ \quad\quad\quad\quad\quad\quad\quad\; | \\ \quad\quad\quad\quad\quad\quad\quad\; CH_3 \\ | \\ CH \;\;-\! O \!\!-\!\! \left(CH_2 \!-\! CH \!-\! O \right)_{\!\!n} \!\!\! H \\ \quad\quad\quad\quad\quad\quad\quad\; | \\ \quad\quad\quad\quad\quad\quad\quad\; CH_3 \\ | \\ CH_2 \!-\! O \!\!-\!\! \left(CH_2 \!-\! CH \!-\! O \right)_{\!\!n} \!\!\! H \\ \quad\quad\quad\quad\quad\quad\quad\; | \\ \quad\quad\quad\quad\quad\quad\quad\; CH_3 \end{array}$$

$$C_2H_5 - C \begin{array}{l} CH_2 \!-\! O \!\!-\!\! \left(CH_2 \!-\! CH \!-\! O \right)_{\!\!n} \!\!\! H \\ \quad\quad\quad\quad\quad\quad\quad\;\; | \\ \quad\quad\quad\quad\quad\quad\quad\;\; CH_3 \\ CH_2 \!-\! O \!\!-\!\! \left(CH_2 \!-\! CH \!-\! O \right)_{\!\!n} \!\!\! H \\ \quad\quad\quad\quad\quad\quad\quad\;\; | \\ \quad\quad\quad\quad\quad\quad\quad\;\; CH_3 \end{array}$$

聚醚三醇的品种较多，羟值一般在 25~550mg KOH/g 的范围内。聚醚三醇是制作聚氨酯泡沫塑料、弹性体、防水涂料、胶黏剂、密封胶等的重要原料。

6.2.1.4 催化剂

在聚氨酯及其原料合成中常用的催化剂主要有叔胺类催化剂和有机金属化合物两大类。叔胺类催化剂有脂肪胺类、脂环胺类、芳香胺类和醇胺类及其铵盐类化合物。叔胺类催化剂种类较多，其中最为常用的有三亚乙基二胺（三乙烯二胺，简称 TEDA）、双（二甲氨基乙基）醚（结构式为：$(CH_3)_2NCH_2CH_2OCH_2CH_2N(CH_3)_2$）、2-（2-二甲氨基-乙氧基）乙醇（结构式为 $\underset{\underset{CH_3}{|}}{\overset{\overset{CH_3}{|}}{N}}CH_2CH_2 \!-\! O \!-\! CH_2CH_2 \!-\! OH$，简称 DMAEE）。

有机金属类催化剂主要包括羧酸盐、金属烷基化合物等，所含的金属元素主要有锡、钾、铅、汞、锌、钛等。最常用的是有机锡化合物。有机锡化合物催化—NCO 与—OH 反应的能力比催化—NCO 与 H_2O 反应要强，在聚氨酯树脂制备时大多采用此类催化剂。

扩链剂和交联剂是聚氨酯材料配方中最常用的助剂。扩链剂是指含有两个官能团的化合物，通常是小分子二元醇、二元胺、乙醇胺等，在聚氨酯合成中，一般通过与端 NCO 聚氨酯预聚体进行扩链反应生成线型高分子；聚氨酯行业中的交联剂一般指三官能度以及四官能度的化合物，如三醇、四醇等，它使得聚氨酯产生交联网络结构。

扩链剂和交联剂可在一步法合成聚氨酯时使用，也可在合成预聚体时采用。能够与预聚体反应而得到固化物的扩链剂或交联剂也可称作固化剂。

水是特殊的扩链剂和固化剂，水分子的 2 个氢原子都可与异氰酸酯基反应，相当于是二官能度扩链剂。湿固化聚氨酯泡沫、胶黏剂和涂料利用空气中的水分子进行固化反应。

常用二醇扩链剂和固化剂主要有1，4-丁二醇、乙二醇、一缩二乙二醇、1，6-己二醇、对苯二酚二羟乙基醚、间苯二酚双羟乙基醚、对双羟乙基双酚 A 等。常用的多元醇有甘油、三羟甲基丙烷、季戊四醇及低分子量聚醚多元醇。

常用的二胺扩链剂或固化剂有3.3'-二氯-4，4'-二苯基甲烷二胺（MOCA）、3，5-二甲硫基甲苯二胺（DMTDA）、3，5-二乙基甲苯二胺（DETDA）的芳香族二胺、乙基脂肪族仲胺、含芳环的脂肪族仲胺。

6.2.1.5 填料

为了降低制品生产成本，同时改善硬度或其他性能（阻燃、补强、耐热、降低收缩应力及热应力），在某些聚氨酯制品生产时可以加入有机或无机填料。三聚氰胺、植物纤维、聚合物多元醇等有机填料可用于聚氨酯泡沫塑料；而碳酸钙、高岭土、分子筛粉末、滑石粉、硅灰石粉、钛白粉、重晶石粉等微细无机粉料一般可用作密封胶、软泡、弹性体、胶黏剂、涂料等的填料。液态树脂如石油树脂、煤焦油、古马隆树脂、萜稀树脂等可用作聚氨酯防水涂料、胶黏剂等填充剂。

少量使用填料可提高聚氨酯制品整体性能，但使用量过大则使得制品性能降低，并且填料掺量过大时操作困难，填料使得物料黏度增加，特别是纤维填料使黏度明显增加，操作明显变得困难。

6.2.2 聚氨酯制品分类

聚氨酯由德国化学家奥托实现工业化以来，得到了广泛的应用，特别是20世纪80年代以来，在消费、品种、工艺技术、应用等方面均取得了长足进步，其消费量仅次于聚乙烯、聚氯乙烯、聚丙烯、聚苯乙烯，聚氨酯一直被称作"万用材料"。

聚氨酯的产品有很多种类，如软质泡沫塑料、硬质泡沫塑料、热固性和热塑性弹性体、黏合剂、涂料、纤维和薄膜等。但其中以聚氨酯泡沫塑料应用最广、产量也最大，由于聚氨酯泡沫塑料的广泛使用也导致了大量废弃物的出现，因此对聚氨酯泡沫塑料的回收和处理成为迫切需要解决的问题。

根据原料的不同及合成技术的差异，聚氨酯泡沫塑料可分为硬质泡沫和软质泡沫。聚氨酯软质泡沫塑料泡孔隙中充满空气，大多为开孔结构，具有一定耐形变性、质轻、伸缩性好、隔音、保温等优异性能。硬质聚氨酯泡沫塑料，泡孔结构大部分是闭孔型，少量开孔结构硬泡用于特殊场合。其主要特性是其硬而韧。另外，由于起始剂、发泡剂、催化剂等助剂的用量及品种的不同，也赋予了聚氨酯硬泡不同的性能。其可发泡性、弹性、耐磨性、耐低温性、耐溶剂性、耐生物老化性等优良性能，使其广泛应用于冷冻冷藏设备、汽车、火车、屋顶、硬泡空心砖、聚氨酯硬泡混凝土、储罐管道绝热、包装、办公用品等领域。

6.2.3 聚氨酯的循环利用

聚氨酯的循环利用主要有三种方式，即物理循环利用、化学循环利用和能量循环利用。

6.2.3.1 聚氨酯的物理循环利用

物理循环利用又称为直接回收，是在不破坏 PU 本身的化学结构、不改变组成的情况下，用物理方法改变废旧料的物理形态后直接利用的方法。物理循环利用方法有用作填料、热压成型、黏合加压成型、挤出成型等，以黏合加压成型为主。

（1）用作填料。PU 废料经过筛选、清洗后先粉碎成粒径约为 3mm 的粒子，然后研磨成 180~300μm 的粉末，作为填料加入到新的 PU 制品中去，这种方法通常用于制取 RIM 弹性体、吸能泡沫和隔音泡沫。如果将得到的 PU 粉末投加到生产同类部件的原料中，用量可达 20% 而使最终制品的机械性能没有明显的削弱。废旧硬质聚氨酯泡沫塑料粉常用作聚氨酯建筑材料的填料，如作屋顶的绝热层，将水泥、砂、水和废硬质聚氨酯泡沫粉混合铺于房顶面的底层，材料的绝热性能优良，质量轻，材料可以钉钉子。

（2）热压成型利用。热压成型法完全不使用黏合剂，是利用加热、加压使聚氨酯软化、自黏合的方法。各种聚氨酯由于其所含软段在 150~220℃ 温度范围内有热塑性，加热到这样的温度再加压就可使之自行相互黏合。将 PU 废料在常压下切成 0.5~3mm 颗粒，于 150~220℃ 预热一定时间，然后在高温、高压（30~80MPa）、高剪切力作用下 1~3min，聚氨酯与聚脲分子间产生粘接力，使 PU 颗粒结合起来，压制成成品或半成品。热压成型得到的 PU 再生制品，其拉伸强度、弹性模量、断裂伸长率下降较大，制品的表面光洁度较差，因此只适用于对断裂伸长率与表面性能要求不高的领域，如车轮罩、减振片、挡泥板、翼子板衬里、小工具箱等客车部件。

热压成型法中还有一种热机械降解捏合循环利用技术，即将 PU 废料在捏合机中加热到 150℃，使其转化成软化的塑料态，在此过程中产生较大的摩擦热；当温度达 200℃ 时 PU 发生降解，冷却至室温，在粉碎机中粉碎成粉末，再与聚异氰酸酯粉末混合，于 150℃、20MPa 下压制成成品。这种技术中发生了热机械降解，使聚合物结构高度立体支化，带有很多官能团，因而易与高浓度聚异氰酸酯发生交联反应，得到高硬度制品。其性能类似于硬质橡胶，可制作外壳、小工具箱、封装品、底架等厚壁或薄壁制品。

（3）黏合加压成型。黏合加压成型是废旧聚氨酯循环利用中最普遍的方法，适用于很多种类的废旧塑料及其混合物。主要过程是先将废旧聚氨酯制品粉碎成细片状，然后在其中加入聚氨酯黏合剂等，再直接通入水蒸气等高温气体，使聚氨酯黏合剂熔融或溶解后对粉状的废旧聚氨酯粘接，然后在加热加压条件下固化成型。运用此方法可以生产垫子、地毯、体育馆地板部件及汽车隔音材料。

硬质聚氨酯泡沫废料主要有两类：一类是以冰箱、冷库为代表的聚氨酯废旧硬质泡沫，不含其他混杂物；另一类是绝热夹心板产生的废旧硬质聚氨酯泡沫，含有较多的纤维或金属面材，是掺混物。他们的回收利用工艺有一定的差别。冰箱等用的硬质聚氨酯泡沫废旧料是单一的聚氨酯，回收利用比较简单，常用多苯基多亚甲基多异氰酸酯做黏合剂。黏合剂必须均匀分散于废旧泡沫碎片之间，可在连续或者非连续的混合器中进行，最好用无空气喷雾法将黏合剂喷雾到废旧泡沫碎片上，黏合剂用量约为废旧料质量的 5%~10%，混合均匀后，预制成疏松的坯垫，置入涂有脱模剂的模中，在高压和加热下压制成泡沫碎料板或者制件，一般模温在 120~220℃ 之间，模内压力根据预制坯垫的密度及制成品要求的密度决定，一般在 0.15~5MPa 范围，模压时间与模温和废旧料的导热因数有关。由于硬质聚氨酯废料碎料板耐水性优良，常用来制作舰船用家具。此外，聚氨酯碎料板有很好的回弹性，广泛用作体育馆地板。

废旧绝热夹芯板聚氨酯泡沫粉碎后约含 70%聚氨酯泡沫、25%纤维、3%铝箔和 2%玻璃纤维，难以筛分。若直接加到聚醚多元醇中用作填充料，则多元醇的黏度急剧增大。添加量仅 4%时，就已变成膏状物，不能使用。采用胶黏工艺是可行的方法。将硬质聚氨酯泡沫夹心板废旧物料粉碎为约 12～17mm 碎片后加入约 6%的多苯基多次甲基多异氰酸酯（PMDI）黏合剂，在转动式混合器中混合，然后在约 176℃经约 6min 模制成厚约 12.7mm 的板。板的内部粘接强度、弯曲强度、硬度、拨螺纹强度优于木质碎料板，耐水性及尺寸稳定性远超过所有木质板材。在密度相等的情况下，硬质聚氨酯碎泡板的刚度比木质碎料板差，可以添加价格低廉的木纤维、回收废纸碎片、木材碎片来增加刚度，满足标准要求。

例 6-1　用聚氨酯碎屑制作隔热板材。

配方：聚氨酯硬质泡沫塑料碎屑 100 份，聚氨酯黏合剂 15 份，三乙醇胺水溶液少量。

工艺流程图如图 6-1 所示。

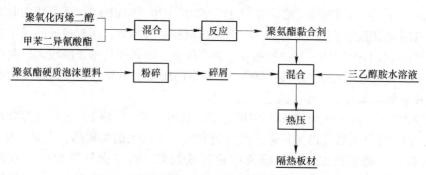

图 6-1　聚氨酯碎屑制备隔热板材工艺流程图

具体步骤：由聚氧化丙烯二醇及过量的甲苯二异氰酸酯（TDI）制备出 31.1%的聚氨酯预聚体作为聚氨酯黏合剂喷洒在聚氨酯硬质泡沫塑料碎屑上，把该聚氨酯黏合剂 15 份和聚氨酯硬质泡沫塑料碎屑 100 份混合均匀，并喷洒少量三乙醇胺水溶液，于 120℃压制 2min，放置一段时间后，即制备出强度可达 0.11～0.13MPa 的隔热板材。

例 6-2　用软质聚氨酯泡沫塑料制备体育用垫。

配方：聚氨酯软质泡沫塑料 100 份，甲苯二异氰酸酯（TDI）14 份，聚醚多元醇 5 份，丙酮 6 份。

工艺流程图如图 6-2 所示。

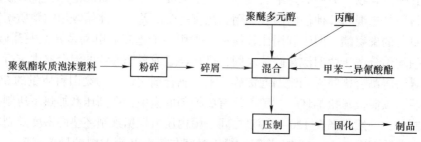

图 6-2　聚氨酯软质泡沫塑料制备体育用垫工艺流程图

工艺步骤：先将聚醚多元醇与 TDI 混合，在水浴中加热到 90℃后冷却到室温，加入丙酮搅拌均匀，再与聚氨酯软质泡沫塑料碎屑混合均匀，压制成型，固化 8~10h，取出即得到产品，可用于体育用垫。

（4）挤出成型。挤出成型是通过热力学作用把分子链变成中等长度链，将 PU 材料转变成软塑性材料，这种材料适合制作强度高、硬度高但对断裂伸长率要求不高的塑料件。对于软质微孔 PU 泡沫废料，可以将其粉碎成粉末，掺混到热塑性聚氨酯中，在挤出成型机中造粒，采用注射成型方法制造鞋底等制品。

6.2.3.2 聚氨酯的化学循环利用

化学循环利用又称为间接利用。当物理回收方法受到经济和技术的限制时，可通过化学循环利用方法将 PU 材料降解成低分子量的成分，再结合成相同或不同类型的高分子量的材料。具体是指聚氨酯在化学降解剂的作用下，降解成低相对分子质量的成分。由于所用降解剂的不同，化学降解又分许多类型。不同类型降解剂所得降解产物不同，物化性能以及作用机理也不同，因此可根据使用目的采用相应的降解剂和降解工艺。聚氨酯的化学降解反应主要有醇解法、水解法、碱解法、氨解法、加氢裂解法、热解法等。各种方法都有各自的优缺点，但无论哪种方法，其原理都是将聚氨酯大分子中含有的大量氨基甲酸酯键、酯键、脲基和醚键等断裂，使其形成相对分子质量较小的含聚酯或聚醚多元醇或聚氨酯多元醇及少量胺的液体混合物。

目前主要有以下六种化学回收方法：

（1）醇解法。聚氨酯醇解是指将聚氨酯废料与二元醇混合，在 200℃左右、催化剂作用下，使 PU 分子中大量的氨酯键、酯键、醚键，在降解剂、热和空气存在的条件下发生一系列的再酯化反应，将 PU 降解成含聚酯或聚醚多元醇及少量胺的液体混合物。聚氨酯醇解可以将其中的所有材料都转化为聚羟基化合物，反应式为：

$$\sim\!\!NH-\overset{\overset{\displaystyle O}{\|}}{C}-O-R' \sim\!\!\sim + HO-R''-OH \longrightarrow \sim\!\!NH-\overset{\overset{\displaystyle O}{\|}}{C}-O-R''-OH+R'-OH$$

由于醇解法工艺简单，设备投资较少，易于操作，回收产品可直接再利用，国外现已有多家公司投入工业化回收生产。

在醇解回收过程中，醇解剂和助醇解剂的类型及其配伍的选择至关重要。它不仅决定了醇解反应温度、时间等工艺条件，同时也决定了醇解产物的性质和品质。通常以亚烷基二醇为醇解剂时生成的聚醇黏度较低；使用不同相对分子质量的聚醚多元醇为醇解剂，生成聚醇的相对分子质量也不同，一般来讲，高分子的醇解剂生成的聚醇相对分子质量也相应较高。通常使用的醇解剂有乙二醇、丙二醇、丁二醇、戊二醇、一缩二乙二醇、一缩二丙二醇、3-甲基戊二醇及相对分子质量小于 3000 的聚丙二醇醚等。

在醇解反应中，反应温度过高和反应时间过长，都会使最终产物羟值含量过高而影响到产物的最终用途。所以通常将温度控制在 200℃左右，反应时间控制在 2~3h 为宜。常用的催化剂有 $Ti[O(CH_2)_3]_4$、CH_3COOK，产物的羟值随催化剂的用量增加而增加。同时，PU 废料的种类以及与二元醇的配比对最终产物的性能也有较大影响。

为提高醇解反应速度，降低反应温度，缩短反应时间，提高醇解反应能力，降低醇解剂的用量，在醇解反应中往往加入助醇解剂或称改性醇解剂。

例6-3 聚氨酯的醇解。

配方：聚氨酯废料100份，二乙二醇100份，四异丙醇钛2份。工艺流程图如图6-3所示。

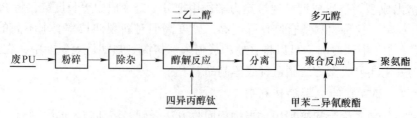

图6-3 聚氨酯醇解再制备聚氨酯工艺流程图

工艺步骤：将100份废聚氨酯泡沫塑料和100份二乙二醇于100℃加热1.0h以脱去水，再在150℃添加2份四异丙醇钛，得到的组分再与多元醇和甲苯二异氰酸酯反应，可制得具有良好强度的聚氨酯。

例6-4 废聚氨酯化学降解制备胶黏剂。

废PU碎粉100份，二甘醇20份，PAPI或TDI 180~220份，乙酸乙酯25份。工艺流程图如图6-4所示。

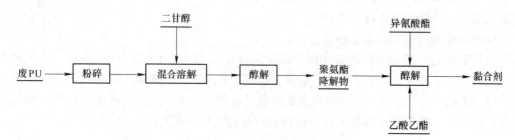

图6-4 废聚氨酯醇解制备胶黏剂工艺流程图

操作步骤：将聚氨酯废料清洗、干燥、粉碎至小块，称取100份加入反应釜中，加热，加入二甘醇20份，在氮气保护下，升温至180℃，搅拌8h，得聚氨酯降解物。

称取100份聚氨酯二甘醇降解物、180~220份异氰酸酯、乙酸乙酯20份，微量固化剂，混合均匀，即可得到聚氨酯降解胶黏剂。

（2）水解法。聚氨酯材料耐热水性能较差，尤其是以聚酯多元醇为基础的聚氨酯产品，在热水中易发生分子链的断裂，水解成胺化合物、多元醇和CO_2，反应式为：

$$\text{w\!w\!w\,NH} - \overset{\displaystyle O}{\overset{\|}{C}} - O - R' + H_2O \longrightarrow \text{w\!w\!w\,NH}_2 + R' - OH + CO_2$$

在一定的压力、温度等工艺条件下，水蒸气可加速聚氨酯分子链的分解作用，再生成醇和胺的化合物；利用水蒸气气流将分解生成的CO_2和胺带出，经冷凝后可回收胺类化合物，而醇类化合物则从裂解器的下部收集。该法的水解温度较低，工艺条件不太复杂，水解产物的主要成分是二醇和胺化合物，回收率也较高。该法比热解法优越。

（3）碱解法。碱降解法是以MOH（M为Li、K、Na、Ca之一或多种混合物）为降解剂，在160~200℃将聚氨酯碎屑降解成醇、胺化合物、碳酸盐等。其主要分解反应如下：

$$\text{wwwNH} - \overset{\overset{\displaystyle O}{\|}}{C} - O - R' + 2NaOH \longrightarrow \text{wwwNH}_2 + R' - OH + Na_2CO_3$$

将 PU 废料碱解生成物经脱色、过滤，加入 0.3~3 倍的非极性溶剂（酯类或卤代烃）和水，降解产物分成两层，上层经蒸馏得多元醇，可直接用于生产 PU；下层经浓缩、结晶、重结晶可得高纯度二胺化合物，可用于合成异氰酸酯。碱解法的缺点是由于反应是在高温强碱条件下进行，对设备要求高，生产成本高，实现工业化较为困难。

例 6-5 聚氨酯的碱解。

以苛性碱为废 PU 的分解剂，回收聚醚和芳香族二胺的方法，称为碱解法，碱解法主要有以下几个步骤：

$$R - NH - \overset{\overset{\displaystyle O}{\|}}{C} - O - R' \rightleftharpoons R - NH_2 + HO - R'$$

$$R - NH - \overset{\overset{\displaystyle O}{\|}}{C} - O - NH - R' \rightleftharpoons R - NCO + R' - NH_2$$

$$R - NCO + 2NaOH \longrightarrow R' - NH_2 + Na_2CO_3$$

配方：废聚氨酯 100 份，苛性碱 20 份，聚醚多元醇 40 份。

工艺流程如图 6-5 所示。

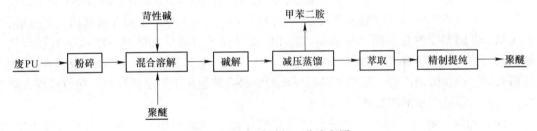

图 6-5 聚氨酯碱解工艺流程图

操作步骤：在反应釜中加入分解剂苛性钾 20 份，废聚氨酯泡沫塑料溶剂聚醚 40 份，升温到 160℃下缓慢加入碎 PU 100 份，搅拌使之溶解，保温 4h 分解反应结束。减压蒸馏分离甲苯二胺，蒸馏甲苯二胺后的残余物中还含有粗聚醚、碳酸钠及其他不溶物，采用有机溶剂萃取，过滤，再水洗脱溶剂，脱水、脱色，得到精制聚醚。

产品性能：羟值为 54.3mg/g KOH，酸值为 0.07mg/g KOH，pH = 7.1，相对密度为 1.010。

（4）氨（胺）解法。此法是指聚氨酯在伯胺、仲胺化合物中很容易分解，用氨（胺）将聚氨酯的脲键（$-\text{NH} - \overset{\overset{\displaystyle O}{\|}}{C} - \text{NH} -$）与氨基甲酸酯（$-\text{NH} - \overset{\overset{\displaystyle O}{\|}}{C} - O -$）键切断，生成多元醇、多元胺和非取代的脲。此反应的特点是胺基的反应性强，氨（胺）解反应可在较低的温度进行。在适当的条件下，生成的多元醇可以从产物中完全分离出来，可用于

PU 生产或二异氰酸酯的合成。

主要氨基甲酸酯间的断裂反应为：

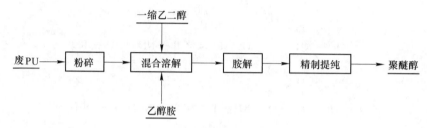

聚氨酯的胺解与胺的类型、反应温度以及聚氨酯/降解剂比率有关。胺解法速度快，反应温度低，降解产物中胺值高。

例 6-6　聚氨酯醇胺解制备再生聚醚醇。

配方：废 PU100 份，一缩乙二醇 90 份，乙醇胺 5 份。

工艺流程如图 6-6 所示。

图 6-6　聚氨酯醇胺解工艺流程图

操作步骤：将一缩乙二醇、乙醇胺进行混合，加热至 195℃，再逐步添加硬质聚氨酯泡沫塑料碎粉至完全溶解，混合持续 30min，得到聚醚醇，冷却，经精制，得到聚醚醇。

（5）热解法。PU 的热解一般是在惰性气体气氛或氧化气氛及高温（250～1200℃）下破坏废料的结构，得到气态与液态馏分的混合物。在 200～300℃下，硬质 PU 分子链发生断裂，生成等量的异氰酸酯和多元醇。300℃下 PU 软泡中约 1/3 的含氮基团发生分解，失去氮，并随温度的升高而反应加剧。将 PU 废料在反应器中加热到 700～800℃进行热解，得到的产物为热解气、油和焦炭。得到的热解气用来作为热解反应器的燃料，以节约热解费用；油在炼油厂进一步加工可制成新的塑料或其他化工产品的原料，热解残渣含有大量的碳，需进一步加工处理。

（6）加氢裂解法。加氢裂解法是将硬质聚氨酯泡沫废料粉碎后放入加氢反应器中，在 40MPa 和 500℃下反应，能够得到油和气。加氢裂解法理论上适用于所有有机化合物的回收利用。与热解法相比，加氢裂解废 PU，不仅得到的油和气与炼油厂得到的产品类似，油的纯度高，而且避免了热解法中含碳的残余物。加氢裂解油的产率取决于废料的类型，一般在 60%～80%。同热解 PU 一样，加氢裂解 PU 制气和油近年内很难走出实验室。此外由于经济因素，只有当有大量的 RPUF 废料需要处理时，氢解法才适用。

6.2.3.3　聚氨酯的能量循环利用

在物理回收和化学回收废旧 PU 受到经济等因素的影响而无实际意义时，将 PU 废料粉碎成细粒，作为燃料替代煤、油和天然气回收能量，也是一种经济有效的方法。聚氨酯主要含碳、氢、氧、氮，在空气中燃烧时产生大量的热能，每千克聚氨酯所含能量约在 28～32MJ/kg。聚氨酯废旧料常与城市固体废料一起作燃料，可作为燃料代替煤、油和天然气回收能量，用于焙烧水泥或发电。如在 700℃焚烧 PU 硬质泡沫，废料体积缩小 85%，生成气体中含 80cm^3/m^3 的 NO$_x$、0.25cm^3/m^3 的 HCl，以及痕量的三氯氟甲烷，不含 CO、游离异氰酸酯、HCN、苯酚、甲醛或光气等有害气体。聚氨酯是洁净燃料。但需要指出的是，如果在焚烧过程中燃烧不完全将会产生有毒气体，对大气造成污染，所以人们对焚烧法的反对呼声不断高涨。

6.3　废旧酚醛树脂的循环利用

6.3.1　酚醛树脂概述

酚醛树脂一般是指由酚类化合物和醛类化合物缩聚而成的树脂。所用酚类化合物主要是苯酚、还可用甲酚、混甲酚、壬基酚、辛基酚、二甲酚、腰果酚、芳烷基酚、双酚 A或几种酚的混合物；所用醛类化合物主要是甲醛，还可用多聚甲醛、糠醛、乙醛或几种醛的混合物，其中由苯酚与甲醛缩聚而成的酚醛树脂是最典型和最重要的酚醛树脂。通常所指的酚醛树脂多为该类。

酚醛树脂作为三大热固性树脂之一，应用面广、量大、发展历史悠久。早在 1872 年德国化学家 A. Baeyer 发现了酚与醛在酸性条件下可以生成树脂状产物，从此以后多个国家的化学家对此现象进行了大量研究，1907 年，美国科学家 Baekeland 对酚醛树脂进行了系统和广泛的研究，取得了关键技术的突破，并于 1910 年成立了 Bakelite 公司，使酚醛树脂实现了工业化生产，产品就是热固性 Bakelite 酚醛树脂。

酚醛树脂成本低，但强度高，在很宽的温度范围内力学性能保持率高，使其成为第二大热固性塑料，仅次于聚氨酯。酚醛树脂主要作黏合剂使用。另外，由于其耐磨性好，在很多情况下能代替高锡青铜、木材层压板等材料。木材层压板的物理性能优于天然木材和胶合板，可用于制作螺旋桨、轴套、轴瓦等制品。酚醛模塑复合物广泛用于家电手柄和电工、汽车零件及日用品等。酚醛泡沫的绝热性好、耐火性好、燃烧时烟少，可作屋顶材料。酚醛塑料具有力学强度高、性能稳定、坚硬耐腐、耐热、耐燃、耐大多数化学药品、电绝缘性良好、制品尺寸稳定性好、价格低廉等优点，主要用作电绝缘材料，故有电木之称。当用碳纤维增强后，能大大提高其耐热性，已应用于飞机、汽车等方面。在宇航中材料作为烧蚀材料可以隔绝热量，防止金属壳层熔化。

采用不同的酚和甲醛及其两者不同配比、不同催化剂，可制得不同性质和用途的酚醛树脂产品。表 6-1 列出了典型的几类酚醛树脂的特征及用途。

酚醛树脂树脂的一些具体应用如下：

（1）运输业。轿车/飞机座椅、排气管道、隔热板、防护盖板、公共汽车内外装饰材料、飞机尾座、舱内装饰板、装甲材料、隔热材料、轿车赛车隔热罩、发动机盖板、火车地铁等的车厢门、窗框、地板等。

（2）建筑业。隔热板、内外装饰板、天棚等防火材料、防火门、通道、地板、楼梯、管道等。

（3）军工业。火箭、坦克、防爆车辆、潜艇内装饰材料、夹板、窗框、密封舱门等。酚醛碳/碳复合材料用于火箭发动机罩、火箭喷嘴、鼻锥等。

（4）采矿业。矿井通风管道、毒气排风管、井下运输工具、座椅等。

表 6-1　酚醛树脂的特征及用途

种类	催化剂	特征或用途
热塑性酚醛树脂	弱酸	线型酚醛清漆、PVC 改性酚醛树脂、丁腈改性酚醛树脂、二甲苯甲醛改性酚醛树脂、酚醛模塑粉
热固性酚醛树脂	NH_3	酚醛石棉耐酸模塑粉、酚醛纤维模塑粉、苯胺改性酚醛模塑粉、酚醛层压塑料
	NaOH	酚醛石棉模塑粉、酚醛碎布模塑粉、苯酚糠醛模塑粉

6.3.2　酚醛树脂化学

6.3.2.1　热固性酚醛树脂的合成反应

热固性酚醛树脂一般是在碱性催化剂存在下进行的，常用的催化剂为 NaOH、NH_3、$Ba(OH)_2$、$Mg(OH)_2$、$Ca(OH)_2$、Na_2CO_3、氨水等。苯酚与甲醛的物质的量的比一般控制在 1∶(1~1.5)，甲醛用量较多，合成的树脂为高支化型或交联型树脂，常常称为 Resol 树脂。整个反应过程可分为两步，即甲醛与苯酚的加成反应和羟甲基化合物的缩聚反应。

（1）甲醛与苯酚的加成反应。在 NaOH 催化作用下，苯酚与甲醛发生加成反应，生成多种羟甲基酚，这种产物在室温下是比较稳定的。

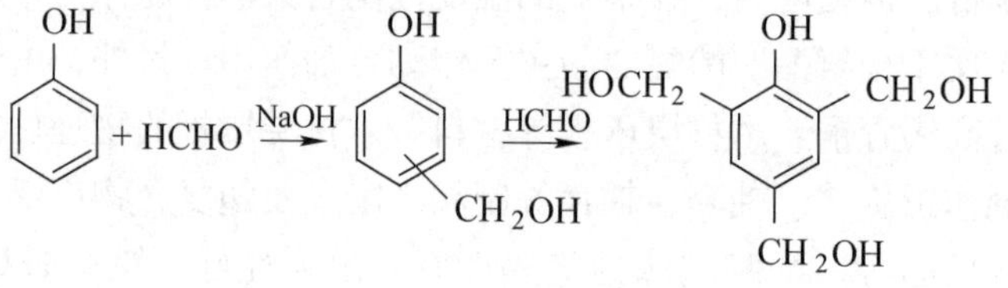

（2）缩聚反应：

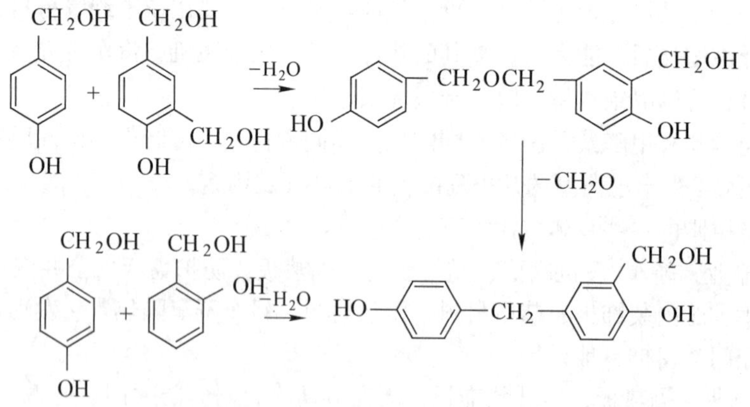

（3）固化反应。在加热条件下，热固性酚醛树脂的固化反应比较复杂，主要反应有两类：

1）酚核上的羟甲基与其他酚核上的邻位或对位的氢缩合反应，失去一分子水，生成亚甲基键：

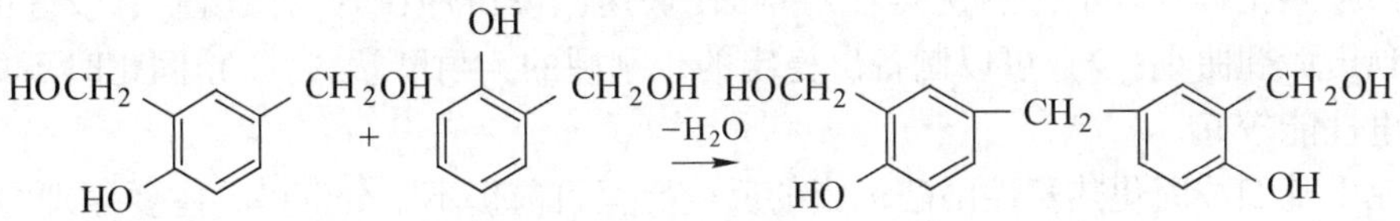

2）两个酚核的羟甲基相互反应，失去一分子水，生成二苄基醚：

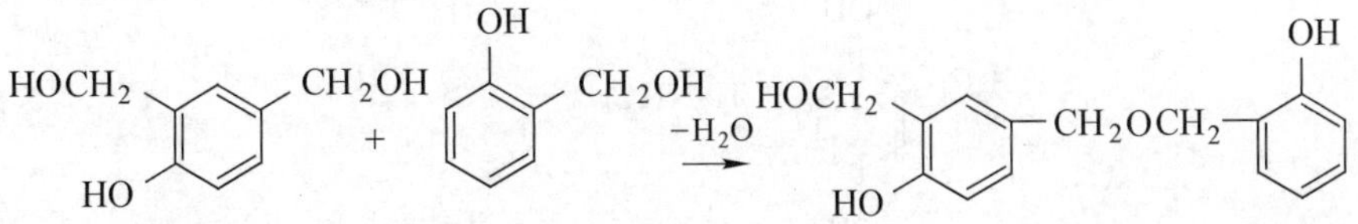

6.3.2.2 热塑性酚醛树脂的合成反应

热塑性酚醛树脂的缩聚一般是在强酸性催化剂存在下（即 pH<3），甲醛和苯酚的物质的量比小于 1（通常为 0.75~0.85）时进行的，合成的树脂一般是热塑性树脂，又称为 Novolak 树脂，是线型或少量支化的缩聚物，主要是以亚甲基连接，相对分子质量可达 2000。它是可溶可熔的分子内不含或少含羟甲基的酚醛树脂。加固化剂如六亚甲基四胺可交联成不溶不熔的产物。

合成热塑性酚醛树脂的催化剂有草酸、硫酸、对甲苯磺酸、磷酸等。盐酸曾一度被广泛使用，后来由于容易形成具有致癌性的氯甲基醚副产物而被抛弃。

热塑性酚醛的主要反应过程如下：

（1）缩聚反应。在酸性反应条件下，苯酚和甲醛在溶液中发生加成反应，主要生成二酚基甲烷。

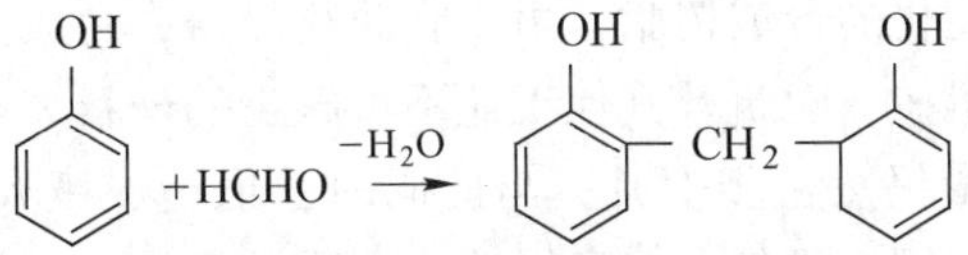

生成的二酚基甲烷可以与甲醛继续进行缩聚反应，分子链进一步增长。理想化的线型酚醛树脂应有下列结构：

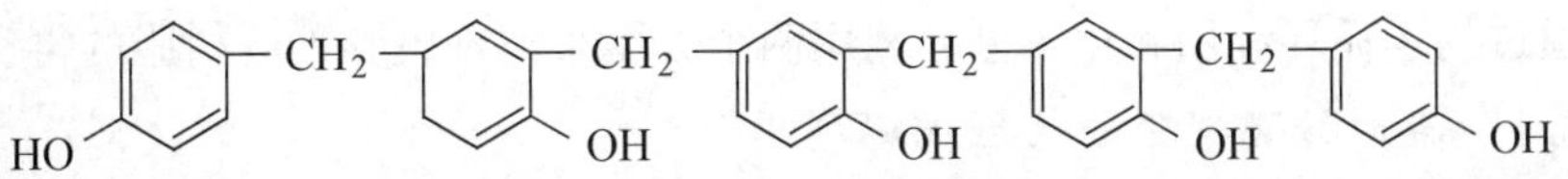

但也存在少量的邻位结构，如：

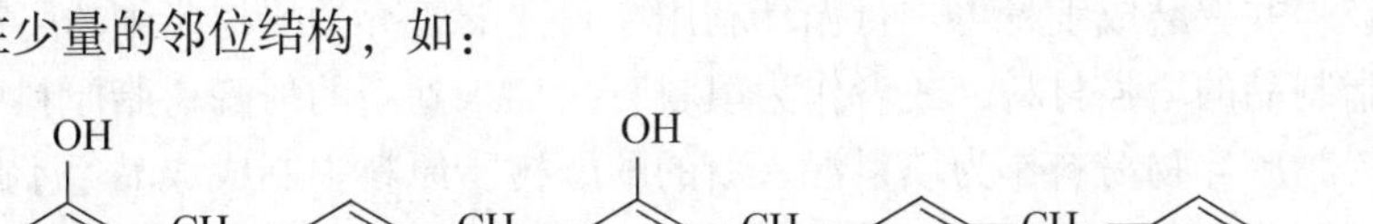

（2）固化反应。热塑性酚醛树脂是可溶可熔的，需要加入诸如多聚甲醛、六亚甲基四胺（乌洛托品）等固化剂才能使树脂固化。六亚甲基四胺是热塑性酚醛树脂采用最广泛的固化剂。热塑性酚醛树脂广泛应用于酚醛模压料，大约 80% 的模压料是用六亚甲基四胺固化的。用六亚甲基四胺固化的热塑性酚醛树脂还可用作黏合剂和铸造树脂。采用六

亚甲基四胺固化具有以下一些优点：1）固化快速，模压件在升高温度后有较好的刚度，从模具顶出后翘曲小；2）可以制备出稳定的、刚硬的、耐磨塑料；3）固化时不放出水，制件的电性能较好。

六亚甲基四胺固化热塑性酚醛树脂的反应历程目前仍不十分清楚，主要原理之一是六亚甲基四胺与只有一个邻位活性的酚反应可生成二（羟基苄）胺，其结构式如下：

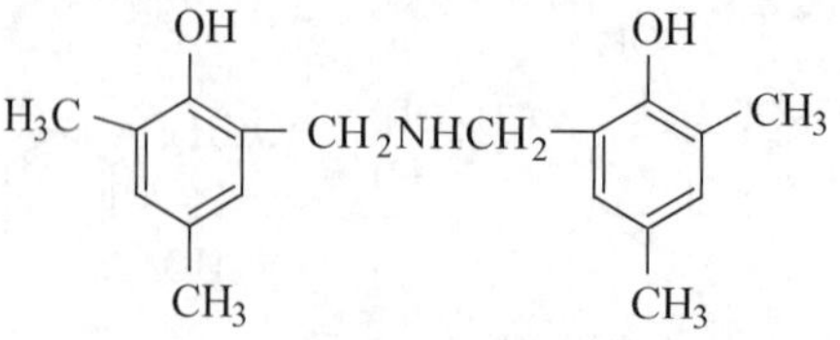

另一类更为普遍的反应是六亚甲基四胺和含活性点的树脂反应，此时在六亚甲基四胺中任何一个氮原子上连接的三个化学键可依次打开，与三个树脂的分子上的活性点反应。反应式如下：

三个树脂的分子链+六亚甲基四胺→

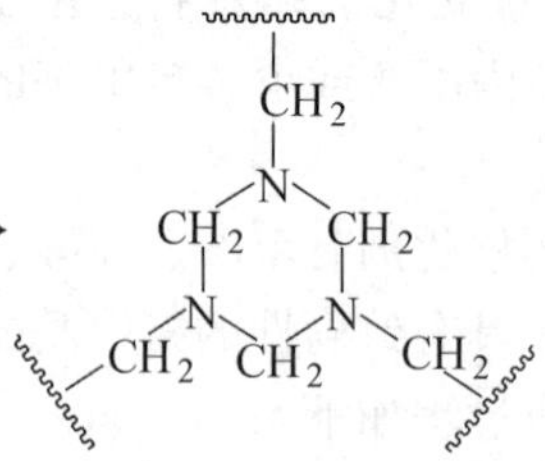

6.3.3　废旧酚醛树脂的循环利用

酚醛树脂是最早工业化的合成树脂，由于它原料易得，合成方便，以及树脂固化后性能优良，因此，已成为机械、建筑及其他工业不可缺少的材料。在热塑性塑料高速发展的情况下，酚醛树脂的产量仍然稳步上升；与此同时，也造成废弃的酚醛树脂数量日益增多，如果不能加以循环利用，不仅会对环境造成严重的污染，而且也是对资源的一种极大的浪费。传统的酚醛树脂废弃物的循环利用方法是填埋和焚烧，这两种方法不仅消耗资源，而且也会造成二次污染。目前，酚醛树脂废弃物的回收利用日益受到关注，现在的主要方法是通过物理循环利用和化学循环利用两个方面来实现废弃酚醛树脂的再利用。

6.3.3.1　废旧酚醛树脂的物理循环利用

物理循环利用法是直接利用酚醛树脂废弃物并不改变其化学性质的方法，主要的方法是将废弃物破碎并碾磨成细粉再进行循环利用。粉碎的废弃酚醛树脂细粉可用来替代木粉作为酚醛树脂制品的增强材料，或者作为填料直接加入到新的酚醛树脂原料中使用。

将酚醛树脂废弃物粉料作为填料混入新的酚醛树脂原料中制成成品，不但使废旧酚醛树脂材料得到回收，而且还可以有效降低制品成本。填料的多少和填料颗粒的大小对酚醛树脂性能均有影响，当回收料用量在10%以下时，对制品的性能几乎没有影响。热固性酚醛树脂废弃物还可替代木粉用作酚醛树脂制品的增强材料，使其电绝缘性提高10倍，耐水性提高6倍，耐热性也有所提高。

例6-7　用废旧酚醛树脂粉碎粒子填充酚醛注射塑料。

配方：甲阶酚醛树脂30~40份，丁腈橡胶5~10份，无碱短切玻璃纤维5~15份，废旧酚醛树脂粉（20~100μm）20份，固化剂4~6份，润滑剂2份。

步骤：混合均匀后，注射入模具内，稍稍加热，固化冷却，脱模制成品，密度为1.59~16.1g/cm³，冲击强度7~9.6kJ/m²。

例6-8　使用废旧酚醛树脂回收料为填充剂制备酚醛树脂注塑件。

配方：热塑性酚醛树脂（Novolak 2123型）5~15份，热固性酚醛树脂（Resorl 2124型）25~35份，废旧酚醛树脂回收粒料20份，玻璃纤维20份，复合固化剂（六次甲基四胺和苯甲酸以1∶1的质量比）2.5份。

上述配方混合搅拌均匀，在模具内注入塑料，加热固化。制品可以在高温环境下连续长时间地工作，广泛用于机电、仪器仪表、电信通信、建筑等行业。密度为1.605g/cm³，弯曲强度126.8MPa，缺口冲击强度2.9kJ/m²，热变形温度239.8℃。

例6-9　利用废旧酚醛树脂回收料填充剂生产维纶增强酚醛模塑料。

热塑性酚醛树脂100份，六亚甲基四胺13份，废旧酚醛树脂10份，维纶50份。

上述配方混合搅拌均匀模塑料热压得到制品，各项性能指标为：密度为1.27g/cm³，冲击强度23.9kJ/m²，马丁耐热110℃，体电阻率9.1×10¹¹ Ω·cm，介电强度15kV/mm。

例6-10　用废旧酚醛树脂制备黏合剂。

配方：废酚醛树脂100份，苯酚8份，甲醇6份，乙醇2份，酚醛树脂液4份。

把上述各种原料按照配比混合均匀，然后进行捏合，静置24h，充分润湿，温度低于100℃，烘干30min，结成小块，粉碎后即可作为热熔胶。

6.3.3.2　废旧酚醛树脂的化学循环利用

化学循环利用法是指将酚醛树脂废料在经过初步粉碎后，通过化学方法使树脂基体分解成小分子碳氢化合物气体、液体或者焦炭，并与其他填料分离的方法。这种回收方法通常有热裂解、催化加氢裂解和溶液分解等方法。化学循环利用技术工艺相对复杂，发展也相对较晚，直到现在仍有新的方法不断出现。

（1）热解法。在无氧的条件下，使酚醛树脂及其复合材料废弃物高温分解成燃气、燃油和固体三种回收物。其中每一种回收物都能够进一步回收利用。另外，酚醛树脂可在高温下热解后产生活性炭。酚醛树脂在600℃的高温下裂解30min，可炭化成炭化物，用盐酸溶液溶解掉炭化物中的灰分，增大炭化物的比表面积，然后在850℃的高温下用水蒸气活化，即可得到吸附力强的活性炭。

例6-11　废旧酚醛树脂制备活性炭。

活性炭是一种重要的化工产品，可以作为吸附剂、离子交换剂。用废塑料生产活性炭，从1940年就开始进行了研究，其技术关键是高温处理形成炭化物，使其具有乱层结构并难以石墨化的炭化物，形成具有牢固键能的主体结构：具体办法是：1）炭化的升温速率不能太快，一般以10~30℃/min为宜；2）应导入交联结构；3）加入适当添加剂。形成立体结构的炭化物要进行活化处理，以增大其比表面积，提高吸附能力。将酚醛塑料回收料粉碎成粉末，在炉内升温，升温速度为10~30℃/min，到600℃，持续30min，形成炭化物。用HCl溶液处理，将炭化物中的灰分溶解掉。处理后的炭化物升温到850℃，用水蒸气进行活性处理，就得到活性炭。酚醛树脂的活性炭的产率为12%，产品比表面积为1900m²/g。

（2）催化加氢裂解法。废酚醛塑料在440~500℃下进行加氢裂解时，如不用催化剂，可得到 30% 小分子液体；如加入活性炭载附铂金作催化剂，可得到 80% 的小分子液体，该液体中含有 40%～50% 苯酚单体，其余为其他小分子产物，如甲酚、二甲酚、环己醇、碳氢气体和水等。加催化剂可提高液体产量是因为 PF 骨架结构中的氢氧基或醚键的氧及游离羟甲基，被吸附在铂金催化剂的活性表面上，促进加氢作用的发生。

（3）溶液分解法。相对于裂解回收法，溶液回收法的温度要低很多。溶液回收法是用无机或有机溶剂，在一定的反应条件下，将废旧酚醛塑料分解成低分子量的线性有机物和无机物组分。根据反应所使用的溶剂的不同，废弃酚醛树脂的溶液回收方法主要有超临界/亚临界醇解和超临界/亚临界水解等。利用超临界和亚临界水回收废弃印刷电路板中酚醛树脂的降解反应实验研究表明，大约 80% 的原料被转变成液相或气相，大约 20% 被转化成固体残渣。其中液相的成分主要为苯酚、邻甲酚及对甲酚等。

废热固性塑料中含有苯环、氨基等可反应基团。利用这些可反应基团进行高分子反应可生成新的高分子材料。例如，将废 PF 塑料用浓硫酸进行磺化反应，得到的新聚合物可用作阳离子交换剂；将其先氯甲基化后再进行胺化，可得到阴离子交换剂。

6.4　废旧环氧树脂的循环利用

6.4.1　环氧树脂概述

环氧树脂是指在聚合物分子链中，含有仲醇基和醚键，同时在分子两端具有反应性环氧基（$\overset{+}{\underset{O}{CH}}\!-\!CH\!+\!$）的聚合物，习惯上把含有两个或两个以上环氧基的可交联的聚合物统称为环氧树脂。环氧树脂是线型大分子，呈热塑性，由于分子中含有活泼的环氧基、羟基、醚键等，可以与许多类型的固化剂发生交联反应而形成三维网状的体型热固性塑料，所以环氧树脂可添加固化剂、增韧剂、增强材料、填料等助剂，组成环氧塑料复合物，成型应用。环氧树脂通常是液体状态下使用，经过常温或加热进行固化，达到最终的使用目的；作为一种液态体系的环氧树脂，具有在固化反应过程中收缩率小，其固化物粘接性、耐热性、耐化学药品腐蚀性以及力学性能和电气性能优良的特点，是热固性树脂中应用量较大的品种之一。缺点是耐候性和韧性差，但可以通过对环氧低聚物和固化剂的选择，或采用合适的改性方法在一定程度上加以克服和改进。

6.4.1.1　环氧树脂的分类

按照在室温条件下所呈现的状态，环氧树脂可分为液态环氧树脂和固态环氧树脂。按照化学结构，环氧树脂大致可以分为以下几类：缩水甘油醚类、缩水甘油酯类、缩水甘油胺型、脂环族等。其中，缩水甘油醚类环氧树脂是环氧树脂中应用最大的品种，又有双酚 A 型、双酚 F 型、双酚 S 型、酚醛型、脂肪族缩水甘油醚型等。各类环氧树脂的结构式分别如下：

（1）缩水甘油醚类：

1）双酚 A 型缩水甘油醚环氧树脂的结构式为：

$$CH_2-CH-CH_2-[O-\text{(苯环)}-\underset{CH_3}{\overset{CH_3}{C}}-\text{(苯环)}-O-CH_2-\underset{OH}{CH}-CH_2]_n-O-\text{(苯环)}-\underset{CH_3}{\overset{CH_3}{C}}-\text{(苯环)}-O-CH_2-CH-CH_2$$

2）双酚 F 型环氧树脂结构式为：

$$CH_2-CH-CH_2-O-\text{(苯环)}-CH_2-\text{(苯环)}-O-CH_2-\underset{OH}{CH}-CH_2-O-\text{(苯环)}-CH_2-\text{(苯环)}-O-CH_2-CH-CH_2$$

3）双酚 S 型环氧树脂的结构式为：

$$CH_2-CH-CH_2-[O-\text{(苯环)}-\underset{O}{\overset{O}{S}}-\text{(苯环)}-O-CH_2-\underset{OH}{CH}-CH_2]_n-O-\text{(苯环)}-\underset{O}{\overset{O}{S}}-\text{(苯环)}-O-CH_2-CH-CH_2$$

4）酚醛型环氧树脂的化学结构式为：

$$[O-CH_2-CH-CH_2 \text{（缩水甘油醚基连苯环）}-CH_2-]_n$$

5）脂肪族缩水甘油醚环氧树脂结构式为：

$$\begin{array}{l}CH_2-O-CH_2-CH-CH_2\\ |\qquad\qquad\qquad O\\ CH\ -O-CH_2-CH-CH_2\\ |\qquad\qquad\qquad O\\ CH_2-O-CH_2-CH-CH_2\\ \qquad\qquad\qquad\quad O\end{array}$$

（2）缩水甘油酯类环氧树脂，其中以邻苯二甲酸二缩水甘油酯环氧树脂的结构式为：

$$\text{(苯环)}\begin{array}{l}C-O-CH_2-CH-CH_2\\ \parallel\qquad\qquad\qquad O\\ O\\ C-O-CH_2-CH-CH_2\\ \parallel\qquad\qquad\qquad O\\ O\end{array}$$

（3）缩水甘油胺类环氧树脂的通式为：

$$R'RN-CH_2-CH-CH_2$$
$$\qquad\qquad\qquad O$$

其中四缩水甘油二氨基二苯甲烷的结构式为：

$$(CH_2-CH-CH_2)_2-N-\text{(苯环)}-CH_2-\text{(苯环)}-N-(CH_2-CH-CH_2)_2$$
$$\quad\quad O$$

（4）脂环族环氧树脂的化学结构式为：

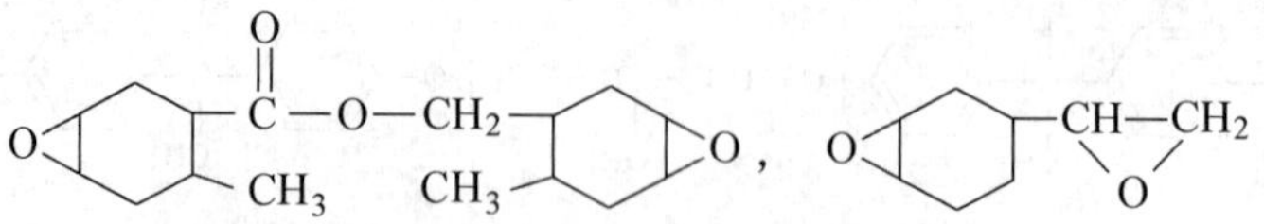

（5）环氧化烯烃类的化学结构式为：

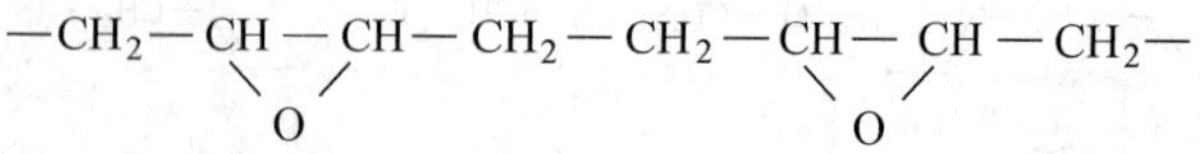

6.4.1.2　环氧树脂的应用

环氧树脂具有优异的粘接性、防腐蚀性、成型加工性和热稳定性等性能，在力学、热、电气和化学药品性方面的性能更加优越。由于这些性能，它可以作为涂料、胶黏剂等成型材料，在电气、电子、光学机械、工程技术、土木建筑和文化用品制造等领域得到了广泛的应用。表6-2为环氧树脂的主要应用。

表6-2　环氧树脂的主要用途

应用形式	应用领域	使 用 内 容
涂料	汽车	车身底漆；部件涂装
	容器	食品罐内外涂装；圆筒罐内衬里
	工厂设备	车间防腐涂装；钢管内外防腐涂装；储罐内涂装；石油槽内涂装
	土木建筑	桥梁防腐涂装；铁架涂装；铁筋防腐涂装；金属房根涂装；水泥储水槽内衬；地基衬涂
	船舶	货仓内涂装；海上容器；钢铁部位防腐涂装
	其他	家用电器涂装；钢制家具涂装；电线被覆瓷漆涂装
黏合剂	飞机	机体粘接；蜂窝夹板层的芯材与面板粘接；喷气机燃料罐FRP板的粘接；直升机的螺旋桨裂纹修补
	汽车	FRP车身/金属框架；密封橡胶填充物；车身挡风橡胶条；室灯透射/框架；室灯/菲涅尔透镜；塑料部件的粘接组装
	光学机械	树脂取景器棱镜/五金类的粘接；反射镜或光框的组装；多层滤色镜的组装；金属部件的组装
	电子电气	印刷线路基板；绝缘体片；扬声器等的固定；电视安全玻璃的固定；传递模塑部分，铁芯线圈的粘接；电流表或电压表的检流计线圈与磁链的组装
	铁道车辆	夹层板制造；不能熔接的金属间粘接；玻璃的固定；金属内衬装饰板/增强材料粘接；钢壁/铝壁粘接；金属备件/车辆（船体）粘接
	土木建筑	护岸护堤等的水泥块固定；新旧水泥粘接；道路边石、混凝土管、隧道内照明设备、计时器、插入物等粘接；瓷砖粘接；玻璃粘接

应用形式	应用领域	使 用 内 容
FRP	飞机	主翼、尾门、地板蜂窝夹层板的面材；直升机旋转翼片；飞机架材；发动机盖
	重电器	印刷电路板；重电机用嵌衬、滑环、整流子夹具棒；高压开关或避雷器部件
	体育用品	球拍；网球手柄；钓竿；竹刀
成型材料	电器	电子设备元件封装；配电盘；跨接插座；切换接点盘；接线柱；油中绝缘子；水冷轴衬；变压器汇流排的绝缘包封；绝缘子；绝缘管；切换器；开闭器
	工具	钣金成型工具；塑料成型工具；铸造用工具；模型原装机器辅助工具

6.4.2 环氧树脂化学

6.4.2.1 环氧树脂的反应性

（1）与醇类的反应。醇类化合物是作为亲电试剂与环氧基反应的。因为醇类化合物的亲电性较弱，所以醇类的羟基与环氧基之间在无催化剂存在时，通常要在200℃以上才能发生反应，其反应式为：

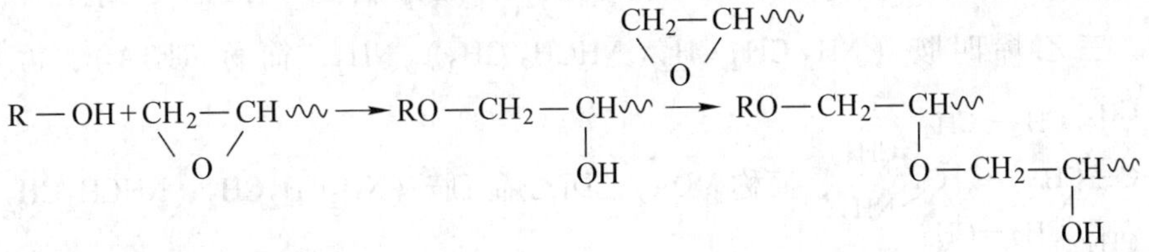

$$R-OH + CH_2-CH \rightarrow RO-CH_2-CH \rightarrow RO-CH_2-CH$$

（2）与酚类的反应，其反应式为：

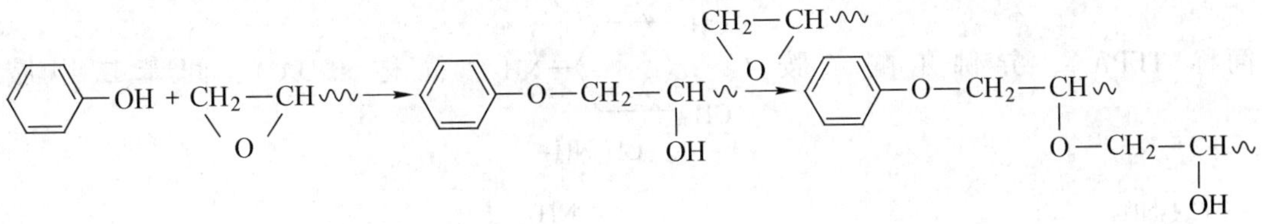

（3）与羧酸的反应，其反应式为：

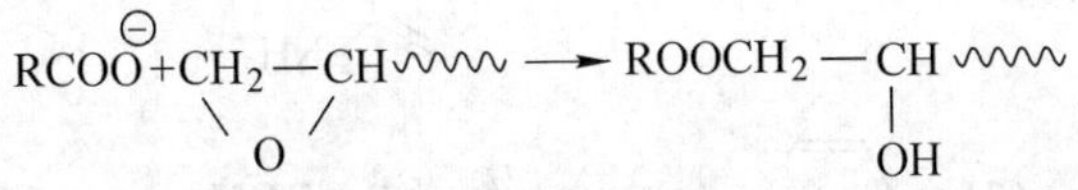

$$RCOO^{-} + CH_2-CH \rightarrow ROOCH_2-CH$$

（4）与胺类的反应。伯胺与环氧树脂反应，首先是伯胺的活泼氢与环氧基反应，本身生成仲胺，再进一步与环氧基反应生成叔胺，最后形成交联网络结构，其反应式为：

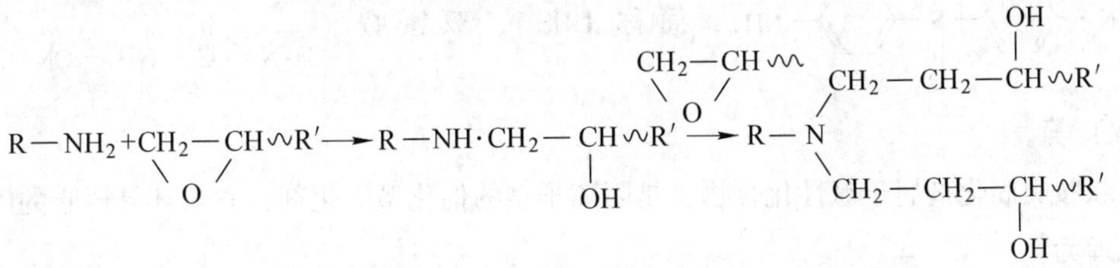

$$R-NH_2 + CH_2-CH \sim R' \rightarrow R-NH \cdot CH_2-CH \sim R' \rightarrow R-N$$

6.4.2.2 固化剂

固化剂是环氧树脂应用的重要组分。固化剂通常分为显在型和潜伏型。显在型即为普通的固化剂；潜伏型固化剂在一定温度下（25℃）下长期储存稳定，一旦暴露于光、热、湿气中则容易发生固化反应，这类固化剂基本上是用物理和化学方法封闭其固化剂活性的。

显在型固化剂又分为加成聚合型和催化型。加成聚合即打开环氧树脂中的环氧基进行加成聚合反应。由于凡是具有两个或两个以上活泼氢的化合物都可作为固化剂，所以其种类很多。对于这种加成聚合反应，固化剂本身参加到已形成的三维网络结构中，如其用量不足，则固化产物中会存在未反应的环氧基团，因此，对这类固化剂的加入量，要有一个合适的配合量。催化型固化剂则以阳离子方式或阴离子方式使环氧基开环进行加成聚合，其本身不参加到三维网络结构之中，因此不存在等当量反应。

加成聚合型固化剂有多元胺、酸酐、多元酚、聚硫醇等。最重要的是多元胺和酸酐，多元胺占全部固化剂的70%左右，酸酐占全部固化剂的23%。

多元胺类固化剂主要有：二乙烯三胺（$NH_2CH_2CH_2NHCH_2CH_2NH_2$，简称 DETA）、三乙烯四胺（$NH_2CH_2CH_2(NHCH_2CH_2)_2NH_2$，简称 TETA）、孟烷二胺（

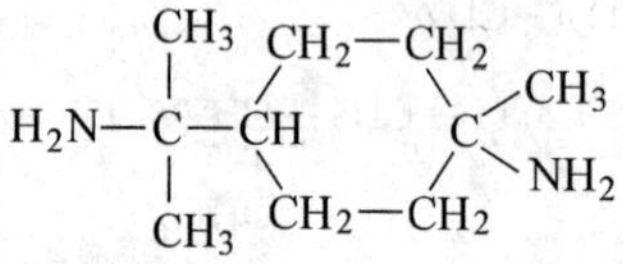

，简称 MDA），四乙烯五胺（$NH_2CH_2CH_2(NHCH_2CH_2)_3NH_2$，

简称 TEPA）、异佛尔酮二胺（

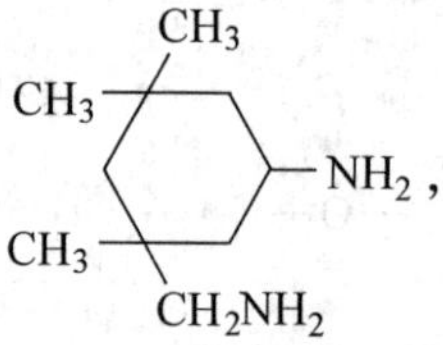

，简称 IPDA）、间苯二甲胺

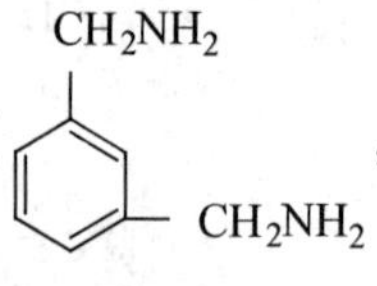

（

，简称 m-XDA）、间苯二胺（

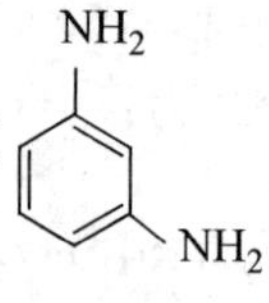

，简称 m-PDA）、二氨基二苯基甲烷（H_2N—⬡—CH_2—⬡—NH_2，简称 DDM）、二氨基二苯基砜

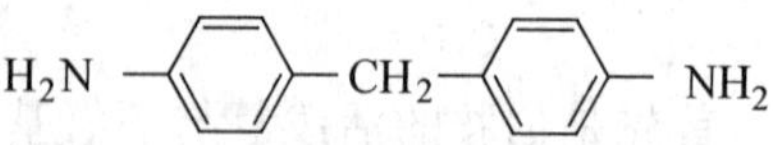

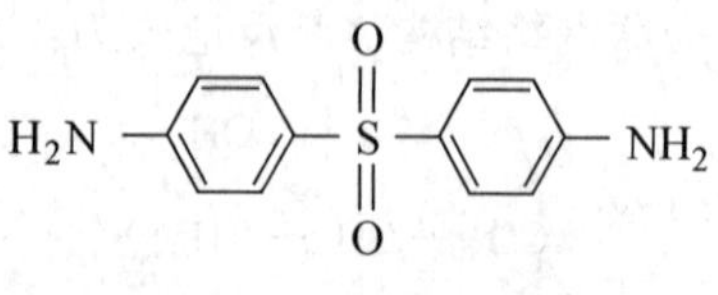

（H_2N—⬡—SO_2—⬡—NH_2，简称 DDS）、双氰胺（

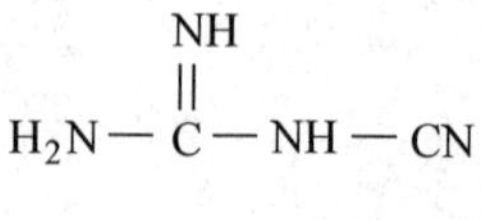

，简称

DICY）等。

叔胺类固化剂属于碱性化合物，是阴离子型的催化型固化剂，它与环氧树脂的固化反应机理为：

$$R_3N + CH_2 - CH - \wedge\wedge \longrightarrow R_3\overset{\oplus}{N} - CH_2 - CH - \wedge\wedge$$
$$\underset{O}{\diagdown} \qquad\qquad \underset{\underset{O^{\ominus}}{|}}{}$$

$$nCH_2 - CH - \wedge\wedge$$
$$\underset{O}{\diagdown}$$

$$\longrightarrow R_3\overset{\oplus}{N} + CH_2 - CH - O \underset{n}{\longrightarrow} CH_2 - CH - \wedge\wedge$$
$$\underset{\underset{O^{\ominus}}{|}}{}$$

常用代表性的叔胺类固化剂有：直链二胺（$(CH_3)_2N(CH_2)_nN(CH_3)_2$）、直链叔胺（$(CH_3)_2N(CH_2)_mCH_3$）、三乙醇胺（$N(CH_2CH_2OH)_3$）、哌啶（ NH ）、三亚乙基二胺（ $N-CH_2-CH_2-N$ ）、2，4，6-三（二甲氨基甲基）苯酚（ 简称 DMP-10）。

叔胺盐类固化剂：比较常用的叔胺盐类固化剂有 2，4，6-三（二甲氨基甲基）苯酚的三-（2-乙基己酸）盐、2，4，6-三（二甲氨基甲基）苯酚的三油酸盐。

咪唑类化合物是一种新型的固化剂，可在较低温度下固化而得到耐热性优良的固化物，并且具有优异的力学性能。主要的咪唑类固化剂有：2-甲基咪唑（ CH_3 ）、2-十一烷基咪唑（ $C_{11}H_{23}$ ）、1-氰乙基-2-甲基-4-甲基咪唑（ $NCCH_2CH_2-N$，CH_3 ）。

酸酐固化剂在无促进剂存在下，与环氧树脂的反应如下：

（1）环氧树脂中的羟基使酸酐开环形成单酯。

$$CH-OH + \underset{R}{O=C \diagup O \diagdown C=O} \longrightarrow CH-O-C \overset{O}{\underset{R-COOH}{\diagdown}}$$

（2）一个羧基只能与一个环氧基进行加成反应，是酸酐固化环氧树脂的主要反应，是加成型酯化反应。反应（1）中的羧基与环氧基进行酯化反应生成二酯。

$$CH-O-C \overset{O}{\underset{R-COOH}{}} + CH_2-CH-\wedge\wedge \longrightarrow CH-O-C-R-C-O-CH_2-CH-\wedge\wedge$$
$$\underset{O}{\diagdown} \qquad\qquad\qquad \underset{OH}{}$$

在上述酯化反应中生成的羟基，可以进一步是酸酐开环，继续与环氧基反应。

酸酐固化剂的特点是对皮肤刺激性小，适用期长，用它做固化剂，环氧树脂固化物的性能优良，特别是介电性能比胺类固化剂优异；酸酐固化剂的缺点是固化温度高，由于加热到 80℃以上才能进行反应，因此比其他固化剂成型周期长。

常用的酸酐固化剂主要邻苯二甲酸酐、六氢邻苯二甲酸酐、十二烷基琥珀酸酐、均苯四甲酸酐、甲基环己烷四酸二酐、偏苯三酸酐等。

6.4.3 环氧树脂的循环利用

例 6-12 应用环氧树脂回收料（200~500μm）作为填充剂的 E 型环氧树脂浇注料。

配方：E-51 型环氧树脂 100 份，DBP 增塑剂 10 份，金红石型钛白粉 30 份，废旧环氧树脂回收料 20 份，二乙烯三胺固化剂 10 份。

将 E-51 型环氧树脂、DBP、钛白粉和废旧环氧树脂回收料混合均匀。使用时再加入固化剂搅拌均匀即可浇注入模具内，室温 24h，在 60℃下处理 6h，即可脱模使用。适用于耐热电器用零配件，无线电零件封装、浇注。

例 6-13 使用废旧环氧树脂回收料做填充剂的环氧人造大理石。

配方：环氧树脂 100 份，3，3'-二乙基-4，4'-二氨基二苯基甲烷（H_2N—（含C_2H_5）—CH_2—（含C_2H_5）—NH_2）28~32 份，低分子量聚酰胺树脂 650 号 18 份，废旧环氧树脂粉碎料 20 份，环氧丙烷苯基醚或丁基醚 18 份，钛白粉和滑石粉共 100 份。

上述配方搅拌均匀固化后，表面光亮如镜，冲击强度为 12.5kJ/m^2，压缩强度 91.4MPa，拉伸强度 28.6MPa，吸水率 0.006%，密度 1.22g/cm^3，固化温度 100~120℃，2~3h。

————— 本 章 小 结 —————

首先介绍了聚氨酯的化学原理和性质，废旧聚氨酯的循环利用原理及技术特点；然后介绍了酚醛树脂的化学原理，废旧环氧树脂的循环利用原理及技术特点；最后介绍环氧树脂的化学原理以及废旧环氧树脂的循环利用。通过本章的学习，能够较为全面了解废旧热固性塑料循环利用的基本原理和技术。

习 题

6-1 为什么聚氨酯的使用范围比酚醛树脂和环氧树脂更为广泛？

6-2 在聚氨酯、酚醛树脂和环氧树脂中，为什么废旧聚氨酯更容易进行化学循环利用？

废旧橡胶的循环利用原理与技术

本章提要：

（1）了解废旧橡胶的来源和循环利用途径。

（2）掌握胶粉的生产原理和工艺特点，掌握胶粉的活化原理及其主要技术特点，了解活化胶粉的应用。

（3）掌握再生橡胶的再生原理，掌握油化法、水油法的生产再生橡胶的工艺特点，了解其他方法生产再生橡胶的主要技术特点，了解再生橡胶的应用。

（4）了解废旧橡胶改性沥青的原理、技术特点及其应用。

（5）了解废旧橡胶的热裂解和燃烧利用技术的原理、特点及设备。

7.1 废旧橡胶的种类与来源

7.1.1 废旧橡胶的种类

废旧橡胶是固体废物的一种，其主要来源是废旧橡胶制品，即报废的汽车轮胎、力车胎、胶管、胶带、胶鞋和工业橡胶制品等，其中以废旧轮胎为最多；另外，一部分来自于橡胶制品厂生产过程中产生的边角余料和废品。废旧橡胶数量在废旧高分子材料中居于第二位，仅次于废塑料。

废旧橡胶制品种类繁多，按橡胶制品的品种主要分为以下几类：

（1）轮胎。轮胎分为无内胎轮胎、有内胎轮胎。一般轮胎由外胎、内胎组成。外胎使用的橡胶主要有天然橡胶、丁苯橡胶、顺丁橡胶和异戊橡胶等；内胎使用的橡胶主要是天然橡胶、丁苯橡胶和丁基橡胶等。轮胎按用途可分为汽车轮胎、飞机轮胎、拖拉机轮胎、摩托车轮胎和包括自行车胎在内的力车胎等。

（2）胶带。胶带按其用途主要分为输送带和传动带，胶带使用的橡胶主要是天然橡胶、丁苯橡胶、顺丁橡胶、乙丙橡胶、氯丁橡胶、丁腈橡胶、丁基橡胶和聚氨酯橡胶。

（3）胶管。胶管按结构分为夹布胶管、纺织胶管、缠绕胶管、针织胶管和其他胶管。胶管使用的橡胶主要是天然橡胶、丁苯橡胶、氯丁橡胶、丁腈橡胶、氯醚橡胶、乙丙橡胶、丁基橡胶、硅橡胶、丙烯酸酯橡胶和氟橡胶等。

（4）胶鞋。胶鞋分为布面胶鞋和胶面胶鞋，胶鞋使用的橡胶主要是天然橡胶、丁苯橡胶、氯丁橡胶、丁腈橡胶、聚氨酯橡胶等。另外，橡塑并用材料、热塑性弹性体也在胶鞋应用占一部分。

（5）工业橡胶制品。工业橡胶制品主要有密封制品、减震制品、胶板、防水卷材、胶辊及其他制品等。工业橡胶制品使用的橡胶基本涉及所有橡胶材料。如耐油密封制品主要使用丁腈橡胶、丙烯酸酯橡胶、硅橡胶和氟橡胶；减震制品主要使用天然橡胶、丁苯橡胶和乙丙橡胶；防水卷材则主要使用氯丁橡胶、乙丙橡胶；普通用途胶板、胶辊使用天然橡胶居多，其次为丁苯橡胶。

7.1.2　废旧橡胶的来源

一般来说，废旧橡胶的来源渠道或途径较为复杂多样。随着橡胶种类的增加、产量的提高以及各种配合材料的多样化，再加上橡胶加工成型机械的日益完善，几乎各行业都使用了不同数量与品种的橡胶制品。这无疑给废旧橡胶的回收工作带来一定困难。废旧橡胶有两大基本来源：（1）橡胶制品生产过程中；（2）在各类橡胶制品的使用和消费过程中。弄清楚废旧橡胶的来源，便可有针对性地加以有效回收。

在橡胶制品的生产过程中，不可避免地会出现废品、边角料、试验料等。如模压或注射硫化产生的废品以及飞边和流道胶；在挤出连续硫化时产生的废品、胶边等；混炼、压延、压出过程由于工艺控制不当产生的焦烧胶；在成型过程中产生的边角料；试验过程中产品的废品及边角料等。一般在橡胶制品生产过程中产生的废旧橡胶占整个橡胶厂用橡胶的 5%~10%。

在使用、消费过程中产生的废旧橡胶是废旧橡胶的主要来源，也是研究和开发回收利用的基本点。交通运输和汽车行业消耗的生胶约占整个世界橡胶消费量的 75%，其中轮胎是最大的废旧橡胶来源，其占整个橡胶消耗量的 50%左右。从世界各国废旧橡胶的来源看，均主要为废旧轮胎，因此，废旧橡胶的利用重点就是废旧轮胎的利用。废旧橡胶的另一来源主要为胶鞋，其他如胶带、胶管及工业橡胶制品等，由于使用分散、数量品种繁杂，回收工作比较困难，来源远远不如轮胎。全世界每年产生量在 10 亿条以上，达 1000 多万吨。为此，世界各国均将废旧轮胎回收利用作为重点来抓，并制定了一些相应的回收政策法规。在中国，随着汽车产量和用量的急速增加，废旧轮胎的回收工作将在近期提到日程上来。中国现在每年报废的轮胎，根据环保部门预测在 5000 万~6000 万条。如果以每条轮胎 15kg 计，仅此报废量就达 75 万~90 万吨。合理回收利用这些废旧轮胎，对中国这样一个橡胶资源缺乏的国家来说具有重要意义。

7.1.3　废旧橡胶的产生量

一般认为，橡胶制品的生产量约为生胶消耗量的 2 倍。世界目前生胶消耗中，天然橡胶约占 37%，合成橡胶约占 63%。而据统计资料表明，橡胶制品经过一段时间使用后，废旧橡胶的产生量一般占当年橡胶制品产量的 40%~45%。

目前，全世界生胶年消耗量已达 2300 多万吨。以此推算橡胶制品的生产量约为 4600 万吨，也就是说，这些橡胶制品使用一段时间后将有约 2000 万吨报废。

废旧橡胶主要以废旧轮胎为主。表 7-1 为 2011 年世界各国废旧轮胎产生量。

表 7-1　2011 年世界废轮胎产生量

国家和地区	中国	美国	日本	俄罗斯	巴西	墨西哥	加拿大	其他国家	欧洲 29 国
废轮胎产生量/万吨	800	517	100	70	50	45	42	300	289

　　由表 7-1 可见，中国目前已成为世界第一大橡胶消耗国，2014 年生胶年消耗量为 870 万吨，其中合成橡胶、天然橡胶的比例分别为 55% 和 45%。中国橡胶制品的生产量约为生胶消耗量的 2 倍，中国业已成为世界第一大废旧橡胶产生国。在美国，据估计，1997 年报废轮胎 2.7 亿条，质量约 280 万吨。另外历年堆放累积的废旧轮胎已超过了 8 亿条。美国是世界上橡胶消耗第二大国，是废旧橡胶产生量最大的国家。日本每年废旧橡胶产生量约 100 万吨，其中废旧轮胎约 5000 万条，占废旧橡胶总量的 60%。德国、英国年报废轮胎各为 55 万吨和 45 万吨，欧盟年报废轮胎为 200 万吨左右。

7.1.4　废旧橡胶重新利用的价值

　　橡胶工业的原料很大程度上依赖于石油。特别是在天然橡胶资源少、大量使用合成橡胶以及合成纤维的国家，70% 以上的原材料是以石油为基础原料制造的。在美国每生产一条乘用车轮胎要消耗 26L 石油，每生产一条载重车轮胎要消耗 106L 石油。另外废旧橡胶本身就是一种高热值的燃料，其发热量一般为 31397kJ/kg，在废弃物中是发热量较高的物质，与煤的发热量差不多。全世界废弃轮胎为 900 万吨，就等于损失理论值为 3×10^{14} kJ 的热量。所以，无论通过什么形式利用废旧橡胶，其最终结果都是提高了石油的使用价值，在目前能源日趋紧张的形势下，废旧橡胶的循环利用对节约能源具有重要意义。

7.2　废旧橡胶循环利用途径

　　废旧橡胶是指被更换下来的各种橡胶制品以及橡胶制品生产过程中产生的边角料和废料。其处理工艺在 20 世纪 90 年代初主要是掩埋或堆放。随着经济的不断发展，废旧橡胶的数量不断增加，公众的环境保护意识亦逐渐增强，废旧橡胶的利用日益受到重视。如何实现废旧橡胶的资源化、减量化、无害化，不仅关系到环境保护这个重要的社会问题，而且关系到可持续发展这一全球性的战略问题。表 7-2 为欧洲发达国家废橡胶利用情况。

表 7-2　欧洲发达国家废橡胶利用情况

利用方法	2006 年	2007 年	2008 年	2009 年	2010 年	2011 年
垃圾填埋/%	62	56	49	40	39	35
重新使用/%	6	8	8	11	10	10
翻新/%	13	12	12	11	11	11
回收/%	5	6	11	18	19	21
能源/%	14	18	20	20	21	23

　　废旧橡胶的循环利用途径有直接循环利用和间接循环利用两种，直接循环利用是指在不经过化学变化或在其形状不发生重大改变的情况下，利用其原形或通过部分改制、修补而重新利用的方法。主要包括翻新、原形改制；间接循环利用包括热能利用、制备再生橡胶、制备胶粉、热分解利用等。

7.2.1 直接循环利用

7.2.1.1 翻新

对废旧轮胎的翻新利用被公认是最有效、最直接而且最经济的循环利用方式。其方法一般是先刮去废轮胎外层，粘贴上生胶，然后再进行硫化。轮胎翻新最早起始于 1907 年的英国，1993 年后传入中国。传统的翻新工艺是热硫化法，该法目前仍是我国翻新业的主导工艺，但在美国、法国、日本等发达国家已逐渐遭淘汰。最先进的翻新工艺是环状胎面预硫化法，由意大利马朗贡尼（Marangoni）集团于 20 世纪 70 年代研发，并于 1973 年投放市场。近年来崛起的后起之秀米其林轮胎翻新技术公司拥有两项专利技术，即预硫化翻新（Recamic）技术和热硫化翻新（Remix）技术。轮胎翻新不仅可节约资源、延长轮胎使用寿命，而且减少了对环境的污染。在使用保养良好的情况下，一般轮胎可多次翻新，经过一次翻新的轮胎寿命是新轮胎寿命的 60%~90%，翻新所耗原料为新胎的 15%~30%，价格仅为新胎的 20%~50%。

美国 30% 以上的废旧载重轮胎得到翻新，欧盟到 2000 年废旧轮胎的 25% 得到了翻新，而我国与发达国家之间存在较大的差距，目前得到翻新的废旧轮胎还不到 10%。

7.2.1.2 原形改制

原形改制是通过捆绑、裁剪、冲切等方式，将废旧橡胶改造成有利用价值的物品。最常见的是用作码头和船舶的护舷、沉入海底充当人工鱼礁、用作航标灯的漂浮灯塔等。

人工鱼礁是指在海底人工设置一些有一定形状的礁石状物体，给鱼类提供良好的生活环境和栖息场所，吸引鱼类，以达到提高捕鱼量和繁殖、保护水产生物的目的。人工鱼礁从材质上主要分为混凝土和废旧轮胎两大类，国外两种类型都使用，我国主要是以混凝土鱼礁为主。废轮胎制成的鱼礁的特点是耐久性好、组装简易、成本低、集鱼效果好、对海水不会造成污染。

美国每年产生废旧轮胎 2.54 亿条，通过原形改制可使其中的 500 万~600 万条"变废为宝"。日本有人发明了用废旧轮胎固坡的技术。法国技术人员用废旧轮胎建筑"绿色消声墙"，吸声效果极佳，声频在 250~2000Hz 的噪声可被吸收掉 85%。与其他综合利用途径相比，原形改制是一种非常有价值的回收利用方法，在耗费能源和人工较少的情况下，可使废旧橡胶做到物尽其用。但该方法消耗的废旧橡胶量较少，且在循环利用时影响环境美化，所以只能当作一种辅助途径。

7.2.2 间接循环利用

间接利用是指将废旧橡胶通过物理或化学方法加工制得系列产品利用。废旧橡胶间接利用主要有热能利用、生产再生橡胶、胶粉、热分解等方式。

7.2.2.1 热能利用

废旧橡胶是高热值材料，其每千克发热量比木材高 69%，比烟煤高 10%，比焦炭高 4%。热能利用是指将废旧橡胶代替燃料使用。回收废旧橡胶的燃烧热的方法主要有以下几种：（1）胶粉与煤、石油、焦炭等混合用做发电用燃料；（2）回收利用橡胶产生的热量，制温水或蒸汽，用于供暖或发电；（3）代替燃料，与煤、石油混烧用于焙烧水泥、冶炼金属等；（4）胶粉混入城市垃圾及工业垃圾中制成固态燃料。

如今在美国、日本以及欧洲许多国家，有不少水泥厂、发电厂、造纸厂、钢铁厂和冶炼厂都使用废旧橡胶作燃料，效果很好，不仅降低了生产成本，而且从根本上解决了废旧橡胶引起的环境问题。相对于其他综合利用途径，热能利用的设备投资最少。因此，近年来热能利用已经引起各国政府和环保组织的重视，被认为是处理废旧橡胶的最好办法，从而被确定为综合利用废旧橡胶的重点发展方向。

7.2.2.2 再生橡胶

再生橡胶是由废旧橡胶制品或硫化橡胶经破碎、除杂（纤维、金属等），再经物理、化学处理消除弹性，重新获得类似橡胶的刚性、黏性和可硫化性的一种橡胶代用材料。由于再生橡胶的工艺优于胶粉，故在橡胶制品中掺入适量再生橡胶有利于橡胶的混炼加工。

从总体而言，橡胶再生方法大体可以分为物理再生和化学再生两类。但不论采取何种再生方式，其基本工序均可分成切胶、洗胶、粉碎、再生和精炼等工序。

（1）物理再生：物理再生是利用外加能量，如力、微波、超声波、电子束等，使交联橡胶的三维网络被破碎为低分子的碎片。除微波和超声波能造成真正的橡胶再生外，其余的方法只能是一种粉碎技术，即制作胶粉。当这些胶粉被用回到橡胶行业时，只能作为非补强性填料来应用。利用微波、超声波等物理能量能够达到满意的橡胶再生效果，但设备要求高，能量消耗大。

（2）化学再生：化学再生是利用化学助剂，在升温条件下，借助于机械力作用，使橡胶交联键被破坏，达到再生目的。化学再生过程中要使用大量的化学品，并需要高温和高压，这些化学品几乎都是气味难闻和有害的。

目前，化学再生橡胶采用的再生剂主要有二硫化物、硫醇、烷基酚硫化物、二芳基二硫化物，可以选择性地断裂 C—S、S—S 键的化学试剂、无机化合物、铁基催化剂、铜基催化剂等。

此外，还有生物再生技术、De-Link 再生剂、RRM 再生剂、力化学再生等废旧橡胶再生技术。再生橡胶的主要用途是在橡胶制品生产中，按一定比例掺入胶料，以取代一小部分生胶，降低成本；同时改善胶料加工性能。掺有再生胶的胶料可制造多种橡胶制品。再生胶在轮胎中的用量一般为 5%，在工业制品中的用量一般为 10%~20%，在鞋底等低档制品中用量可达到 40%左右。

近些年来，随着全球环保意识的增强，再生橡胶工业的诸多劣势，如工艺复杂、耗费能源多、生产过程污染环境、造成二次污染公害等愈加引起公众的关注。此外，与橡胶相比，再生橡胶由于性能欠佳，应用范围受到限制。基于上述原因，发达国家早已逐年削减再生橡胶产量，有计划地关闭再生胶厂，用生产胶粉逐渐取代制造再生橡胶。

中国废旧橡胶利用目前主要以生产再生橡胶为主，能耗高、工艺复杂、环境污染严重。目前中国是世界再生橡胶生产大国，年产量达 500 万吨，年产销量均居世界第一，胶粉年产量达 65 万吨。表 7-3 为我国 2009~2017 年再生橡胶和胶粉产量，表 7-4 为 2010 年世界各国家或地区再生橡胶产量。

表 7-3 我国再生橡胶和胶粉的产量

年份	2009	2010	2011	2012	2013	2014	2015	2016	2017
再生橡胶产量/万吨	260	290	320	350	360	410	440	476	497

续表 7-3

年份	2009	2010	2011	2012	2013	2014	2015	2016	2017
胶粉产量/万吨	30	35	40	50	50	55	60	65	—
废橡胶产生量/万吨	800	850	900	1200	1400	—	—	—	—
废橡胶利用率/%	59	59	60	67	65	—	—	—	—

表 7-4　2010 年世界各国家或地区再生橡胶产量

国家或地区	产量/万吨	比例/%	废橡胶利用方式
中国	250	81.8	再生橡胶，胶粉（辅）
美国	8.6	3.2	燃料、胶粉和再生橡胶（辅）
日本	5.3	2.0	燃料、胶粉和再生橡胶（辅）
泰国	5.1	1.9	再生橡胶，胶粉（辅）
印度	4.8	1.8	再生橡胶，胶粉（辅）
韩国	4.1	1.5	燃料，胶粉（辅）
马来西亚	3.5	1.3	燃料，胶粉（辅）
俄罗斯	2.2	0.8	燃料、胶粉和再生橡胶（辅）
荷兰	2.1	0.8	燃料、胶粉和再生橡胶（辅）
中国台湾	2.0	0.7	燃料
奥地利	0.6	0.2	燃料，胶粉（辅）
朝鲜	0.5	0.2	燃料，胶粉（辅）
古巴	0.3	0.1	燃料，胶粉（辅）
其他国家或地区	10	3.7	燃料，胶粉（辅）
合　计	299.0	100	

注：中国数据来自中国橡胶工业协会统计，其他数据由中国橡胶工业协会收集、推算。

7.2.2.3　胶粉

　　胶粉是通过机械方式将废旧橡胶粉碎后得到的粉末状物质。胶粉并不是粉末橡胶，粉末橡胶是指粉末状的生胶。虽然胶粉也是粉末状，但是它是由已硫化的废旧橡胶经过打磨或进一步改性活化制得的粉末胶粒，可改善其掺用制品的力学性能。生产精细胶粉具有明显的经济效益和社会效益，其方法简单、能耗少、成本低，可节约脱硫的软化剂、活化剂等化工原料，可部分取代生胶，不存在对环境的危害，在掺入再生料制品时，精细胶粉比再生橡胶的掺入量大且力学性能好。

　　目前国内外制造胶粉主要有常温粉碎法、冷冻粉碎和化学粉碎法等三种方法。

　　（1）常温粉碎。这是最原始也是最常用、最普及的一种方法，就是利用刀刃力对废橡胶进行切断、压碎，一般分为粗碎和细碎两步。所采用的设备是滚筒式粉碎机。常温粉碎法中以常温辊轧法和轮胎连续粉碎法最常用。所得粗、细两种胶粉粒径在 0.3~1.4mm 之间，粒子表面凹凸不平，呈撕裂状，使得表面积大，易于活化。

　　（2）冷冻粉碎法。冷冻粉碎法于 20 世纪 70 年代初，在国外迅速发展起来。根据冷冻介质的不同可分为液氮冷冻粉碎法和空气循环冷冻粉碎法，都是利用低温使橡胶达到玻璃化温度以下，然后利用机械力将其粉碎。冷冻粉碎法可得到精细胶粉，液氮粉碎法得到的胶粉粒径在 0.075~0.3mm，空气循环冷冻法得到的胶粉粒径在 0.2~0.4mm。

冷冻粉碎法所得胶粉粒子表面光滑，边角呈钝角，热老化、氧化程度小，综合性能好。

（3）化学粉碎法。化学粉碎是选择合适的化学溶剂，将废旧橡胶先浸渍于有机溶剂之中，使废胶表面龟裂变硬后进行高冲击能量粉碎，然后过滤、干燥而得到粒径分布较宽乃至微细的胶粉。其缺点是要耗费大量的化学试剂，造成污染，较难形成工业化规模。

此外，胶粉的制造还有高压爆破粉碎法、细菌法、水冲击法等多种新方式。与再生橡胶相比，胶粉无需脱硫，所以在生产过程中耗费能源少、工艺较再生胶简单得多，不排放废水、废气，而且胶粉性能优异，用途极其广泛。通过生产胶粉来循环利用废旧橡胶是集环保与资源再利用于一体的很有前途的方式，这也是发达国家摒弃再生橡胶生产，将废旧轮胎利用重点由再生橡胶转向胶粉和开辟其他利用领域的根源。

胶粉的应用概括起来可分为两大领域：一是直接成型或与新橡胶并用，这属于橡胶工业范畴；二是在非橡胶工业领域中的应用。

（1）轮胎、胶管、胶带、胶鞋等橡胶制品。在橡胶制品中使用较多的是 0.3~0.1mm 粒径的胶粉，其掺用比例为轮胎胎面及帘布层胶料的 10%~20%，鞋底的 30%，密封圈的 30%，减震垫、三角带的 40% 左右。

（2）弹性运动场。一个网球场可消耗 500 条轮胎胶粉，一个田径比赛用综合运动场可消耗数千条废轮胎胶粉。这种运动场无疑是胶粉利用的重要途径。

（3）隔声壁。隔声壁是为了降低噪声，在住宅区沿公路、机场、建筑工地等噪声发生地所设置的隔声装置。利用胶粉制造的复合隔声壁，具有良好的噪声反射性和吸声性，而且对风化和应力具有较高的抵抗性。其单位面积质量轻，运输、组装、解体容易。

（4）铺路材料。胶粉与沥青共混可得到改性沥青，将其用于公路建设是最近十年世界各国的重点发展方向。胶粉掺入沥青中，可提高沥青的韧性，而且由于能够吸收沥青中的油蜡，减少游离蜡含量，从而使沥青对温度的敏感性下降。用胶粉改性沥青铺设的路面比普通沥青路面更耐用，低噪声、少裂纹、耐候性更好，寿命长 1 倍，严寒天气下不易结冰。用胶粉改性沥青铺设一条双向高等级公路，每千米路面可消耗 1 万条废旧轮胎制成的胶粉。

（5）塑料制品。在塑料制品中使用较多的是 0.3~1.0mm 粒径胶粉，其掺用比例为 5%~20%。另外，还有防水卷材、电线、电缆等其他用途。

7.2.2.4　热分解

热分解就是用高温加热废旧橡胶，促进其分解成油、可燃气体、炭粉。热分解所得到的油与商业燃油特性相近，可用于直接燃烧或与石油提取的燃油混合后使用，也可以用作橡胶加工软化剂。热分解所得的可燃气体主要由氢和甲烷等组成，可作燃料用，也可就地供热。热分解所得的炭粉可代替炭黑使用，或经处理后制成特种吸附剂。这种吸附剂对水中污物，尤其是水银等有毒金属具有极强的滤清作用。

根据美国研究报道，利用热分解技术处理废旧轮胎，每分解 4 条轮胎，可获得 3 美元的利润。但热分解技术目前存在的设备投资大、操作费用高的问题仍然有待解决，否则势必妨碍该方法的推广和扩大使用。

7.3　胶粉的生产及其应用

7.3.1　胶粉的分类

胶粉是指废旧硫化橡胶制品通过机械方式粉碎加工处理后而得到的粉末状橡胶材料。这是最初加工利用废旧橡胶的方式之一，机械粉碎作为制造再生橡胶所必需的最初工序，至今仍被采用，这就是通常所说的常温粉碎法。

根据不同的生产方法，胶粉的形状、粒径和表面形态是不同的。按胶粉的粒径分类，可分为胶屑、胶粒和胶粉三大类。通常，粒径大于 2mm 的称为胶屑，粒径为 1～2mm 的称为胶粒，粒径小于 1.0mm 的称为胶粉。胶粉又细分为碎胶粉、粗胶粉、细胶粉、精细胶粉、微细胶粉和超微细胶粉等多种。具体见表 7-5。

表 7-5　胶粉的主要种类及主要用途

分 类		粒度		粉碎方法	主 要 用 途
		细度/mm	目数		
胶屑		10～2	10～18	切削、打磨、辊筒	跑道、道渣垫层
胶粒		2～1			铺路弹性层、垫板、草坪、地板砖
胶粉	碎胶粉	1.0～0.5	12～30	滚筒、磨盘	铺路材料、手套防滑、再生胶
	粗胶粉	0.5～0.3	30～47		再生胶、活化胶粉
	细胶粉	0.3～0.25	47～60		塑料改性、橡胶掺用
	精细胶粉	0.25～0.175	60～80	冷冻、湿态、研磨	橡胶掺用、改性沥青
	微细胶粉	175～0.074	80～200		橡胶掺用、翻胎
	超微细胶粉	0.074～0.045	200～325		代替橡胶、再生制品

胶粉的细度决定着胶粉的性能和用途。粒度越小，胶粉的性能越会得到改善与提高，但成本价格也随之成倍或成几倍增长；反之，粒度越大，性能也跟着下降，掺用和代用效果也越差。目前，以粒子细度 30～40 目的粗胶粉最为经济，使用面也最广，既可作为再生胶的原料，又能直接使用，同时还可活化、改性，制成活化胶粉和改性胶粉。

7.3.2　胶粉的生产方法

胶粉的生产方法一般有三种，即常温粉碎法、低温粉碎法和湿法或溶液法。各种方法有其自身的特点。在胶粉工业化生产中，常温粉碎法占据主导地位。

7.3.2.1　常温粉碎法

常温粉碎法是指在常温下，对废旧橡胶用辊筒或其他设备的剪切作用进行粉碎的一种方法。常温粉碎法具有比其他粉碎方法投资少、工艺流程短、能耗低等优点，有着其他方法不可替代的作用和效能。它是目前国际上采用的最为经济实用的主要方法，如美国每年胶粉产量的 63% 是由常温粉碎法生产的。

常温粉碎法一般分三个工序：第一个工序是将大块轮胎废橡胶破碎成50mm大小的胶块；第二个工序是在粗碎机上将上述胶块再粉碎成20mm的胶粒，然后将粗胶粒送入金属分离机中分离出钢丝杂质，再送入分选机中除去废纤维；第三个工序是用细碎机将上述胶粒进一步磨碎后，经筛选分级，最后得到粒径为40~200μm的胶粉。这种方法可生产出占废旧轮胎质量75%~80%的胶粉、15%~20%的废钢丝、5%的废纤维。图7-1为废轮胎处理和分解设备示意图。

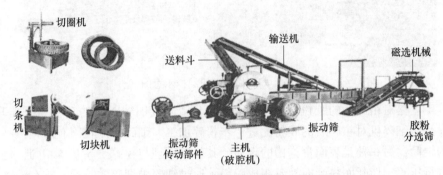

图7-1 废轮胎分解制备胶粉设备示意图

常温粉碎法的生产工序主要为粗碎与细碎。粗碎工序用一台或两台粗碎辊筒破胶机，并配有辅助装置和振动装置对废旧橡胶制品进行粗碎，粗碎后的胶粉再按要求进行筛选，对不符合粒度要求的要重新返回粗碎机，再进行粗碎，直至符合要求。粗碎后胶粉还要进行磁选以除去其中的钢丝类金属杂质。常温辊筒法胶粉生产工艺流程如图7-2所示。

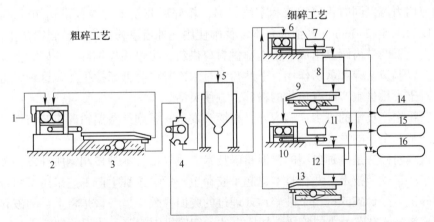

图7-2 常温辊筒法胶粉生产工艺流程图

1—轮胎碎块；2—粗碎机；3，9，13—筛选机；4，7，11—磁选机；5—储存器；
6，10—细碎机；8，12—纤维分离机；14—胶粉；15—纤维；16—金属

粗碎采用双辊筒破胶机，其前后辊筒平行排列，两辊筒呈"U"字形，辊筒上有沟槽，沟槽深5~10mm，宽度为15~30mm，呈10°~15°角排列，两辊筒花纹沟呈交叉方向。这种辊筒粉碎机对处理过的废旧轮胎具有足够的剪切力，具有很好的粗碎性能。粗碎时辊筒速比一般为1：(2~3)，辊筒转速为30~40r/min，粗碎后的粒径为20mm左右。粗碎辊筒粉碎机的粉碎能力与粉碎机辊筒直径成正比，辊筒直径越大，生产能力也越高。双辊筒

破胶机的结构示意图如图7-3所示。

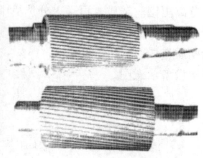

图7-3　双辊筒破胶机结构示意图

细碎工艺是对粗碎后的胶粉再处理，以进一步清除废旧橡胶中的金属和纤维等杂质。细碎工序是用细碎机对粗碎后的胶粉的进一步粉碎加工。细碎机的辊筒有两种：一种是表面平滑的辊筒；另一种是表面带沟槽的辊筒。其粉碎原理与粗碎工序基本相同，也是依靠剪切力进行压碎、切断而将废旧橡胶制成胶粉。通过细碎机细碎的胶粉，放在输送带上通过磁选机磁选，以进一步清除胶粉中的金属铁杂质，然后送往筛选机筛选，筛选机筛网孔径为0.5～1.5mm。过筛后的胶粉要根据密度的不同，使胶粉粒子与金属、纤维等杂质再次分离，即制成胶粉。经包装后用输送带送往仓库储存。在筛选时的筛余物则重新返回细碎机进行第二次细碎，以此循环。

近年来出现了一种常温高速粉碎法，即在粉碎时辊筒的线速度高达50m/s。这种方法以强大的剪切力可以同时粉碎橡胶和帘线材料，粉碎后胶粉平均粒径可达70～80μm，帘线平均长度为1.5～2.0mm。其他如日本、德国使用一种齿盘粉碎机代替辊筒法生产胶粉。这种设备由上下两带齿圆盘组成，由上部供料口供料，也可用作细碎。粉碎时上下盘距离可以改变，以调节磨碎和剪切作用，下磨盘通过水冷却以降低摩擦生热。这种设备比较容易清洗，对于小批量生产和有色物的粉碎，方便灵活。

随着胶粉生产技术的进步，国内外又相继开发了一系列的常温粉碎工艺与设备，使胶粉生产进入了一个新的发展时期。

轮胎连续粉碎法是一种典型的常温粉碎技术，最早由日本神户制钢所开发，关西环境株式会社采用了这种技术，并在日本建起了胶粉生产厂。这种生产工艺采用了两台破碎机和两台细碎机。一台破碎机用于破碎预处理过的废旧橡胶，另一台是将上述的破碎橡胶进一步破碎成50mm左右大小的胶块，然后再送入细碎机中粉碎。使用的细碎机与辊筒式细碎机不同，其壳体内有两个相互啮合、形状特殊的转子，通过它的旋转，对废旧橡胶施加剪切作用以粉碎废旧橡胶。粉碎机下面设有筛网，粉碎的物料在经过筛网分离后，达不到粒径要求的物料在粉碎机内循环，直至被粉碎到规定粒径，然后从底部排出。排出后的胶粉，通过两台磁选机分离出铁金属杂质，继续由旋风输送器送入第二台细碎机中进行粉碎。粉碎后的胶粉送入振动分级筛中分级，按1mm以下、1～3mm、3～5mm和5mm以上分成4个等级。粒径5mm以上的胶粉经过风选装置除去所含的粗纤维后，再返回进行粉碎；而粒径小于5mm的胶粉送入密度分离机中，根据不同的粒径施以不同的振动与风力作用，以除去细纤维，并且还要再经过条形磁选机和纤维分离器进一步处理，方可获得符合标准要求的胶粉产品。其生产流程如图 7-4 所示。

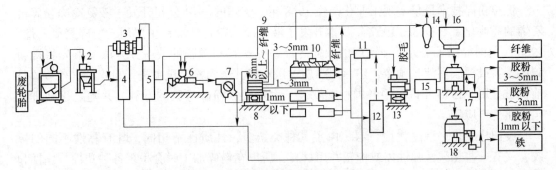

图 7-4　废旧轮胎连续粉碎工艺流程图

1，2—破碎机；3，6—细碎机；4，5—磁选机；7—磁鼓；8—振动分级筛；9—分选机；10—密度分选机；11—磁棒；12—微碎机；13—纤维分离机；14—旋风分离器；15—分级机；16—袋滤器；17—计量器；18—储料斗

德国的挤出粉碎法是通过螺杆挤出机粉碎废旧橡胶。这种方法是由德国、俄罗斯等国家开发，该技术利用一种正旋转、严密啮合的螺杆挤出机生产胶粉。首先废旧橡胶被分离出胎面胶、钢丝或帘布，随后将胎面胶切成 $100mm \times 50mm \times 30mm$ 的胶块，然后送入挤出机中。废橡胶块首先在挤出机的螺旋压缩区内受到 $0.2 \sim 0.7MPa$ 的压缩压力，然后进入剪切区再受到 $0.2 \sim 50MPa$ 的压缩压力即 $0.03 \sim 5N/mm^2$ 的剪切力共同作用。同时根据材料的不同，在螺旋压缩区加热到 $80 \sim 250℃$，然后在剪切区冷却到 $15 \sim 60℃$，最后挤出的胶粉的粒径范围在 $50 \sim 500\mu m$。废旧橡胶挤出粉碎可以采用单螺杆挤出机，也可以采用双螺杆挤出机。需要指出的是，挤出粉碎法并非单纯的机械粉碎过程，而是还伴有化学反应（如氧化、裂解、二次结构化等反应）的出现，因此，挤出粉碎法是集粉碎、改性为一体的粉碎工艺。德国 Burstoff 公司开发的常温挤出粉碎生产胶粉的流程如图 7-5 所示。

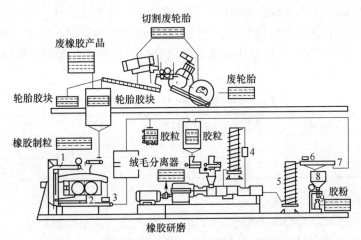

图 7-5　德国 Burstoff 公司常温挤出粉碎生产胶粉流程图

1，3，4—磁性金属分离器；2，7—筛子；5—冷却螺旋输送器；6—纤维吸收装置；8—包装台；9—包装袋

该法的优点之一是不必采用低温设备就能加工废旧子午线钢丝轮胎。

7.3.2.2　低温冷冻粉碎法

低温冷冻粉碎法是将废橡胶在经低温作用脆化后再采用机械进行粉碎的一种方法。该方法可比常温粉碎法制得粒径更小的胶粉。

低温粉碎技术最早实现工业化是在 1948 年，美国的 LNP 公司开发了液氮冷冻粉碎聚乙烯的商业化工业技术。1957 年日本开发了液氮冷冻粉碎装置，主要用于粉碎聚氯乙烯。1960 年美国提出了更为详细实用的液氮冷冻粉碎塑料和橡胶的装置，方法是首先将被粉碎的塑料或橡胶用液氮预冷，然后用螺旋输送器将其送入粉碎机中进行粉碎，这种装置目前仍被采用。1973 年以后，各国相继发表了大量液氮粉碎橡胶的专利，并随之逐渐进入工业化生产应用。

废旧橡胶是一种高弹性材料，由于其种类繁多，性质也不相同，既有黏性不同的橡胶，又有一些热塑性弹性体或橡塑并用材料，所以在粉碎加工时会呈现各种塑性、黏性和弹性行为。另外，各种橡胶对热的反应也各不相同。采用传统的常温粉碎时，很难达到理想的粉碎效果。一般常温粉碎时，只有不到 1% 的机械功消耗在粉碎上，几乎大部分机械功消耗变成了热能，这就使粉碎机中产生的热量大大超过了物料的耐热限度，对物料的加工性能、产品质量和生产效率都有很大影响。橡胶在粉碎过程中的典型材料特性，如杨氏模量、切变模量以及物理机械性能，在很大程度上取决于温度、承受压力时间和应变速率。利用制冷剂影响温度参数，改善粉碎状态，从而取得常温粉碎不能获得的效果。

目前，工业应用于胶粉生产的制冷剂主要为液氮，利用液氮制冷粉碎具有以下优点：制冷效果好，液氮的沸点为 −196℃，很容易获得 −100℃ 以下的低温；液氮是惰性物质，即使剧烈的粉碎，也能自动防止物料氧化；液氮无毒、无臭，不会对环境造成污染；液氮由空气分离制取，原料资源丰富，成本较低。另外，液氮可以直接输入粉碎机内，从而减少了预冷时间，简化了装置。另外一种制冷方法是空气膨胀制冷，也是一种很好的制冷方法，其制冷过程是空气在空压机中被压缩到具有一定压力，经分离干燥后，进入膨胀机同轴压力机二次压缩，随后通过热交换设备进行冷热交换，降低温度，使温度达到 −120℃ 以下。这种制冷以空气为原料，来源广、无环境污染、制冷效果好、成本低。

低温粉碎的基本原理就是利用冷冻使橡胶分子链段不能运动而脆化，易于粉碎。如轮胎在 −80℃ 像土豆一样脆，锤磨机中轮胎的各部分很容易分离。常用主要橡胶的玻璃化温度和脆化温度见表 7-6。

表 7-6　各种橡胶的玻璃化温度和脆化温度

胶种	天然橡胶	异戊橡胶	丁苯橡胶	顺丁橡胶	硅橡胶	丁基橡胶
玻璃化温度/℃	−72	−61	−57	−105	−123	−61
脆化温度/℃	−50	−46	−45	−75	−90	−46

低温粉碎工艺具有以下优点：

（1）最适用于粉碎常温下不易粉碎的物质，如橡胶、热塑性塑料等；

（2）内装的分级机可以得到明显的粒径分布粉体材料；

（3）较常温粉碎可得到更细、流动性更好的胶粉，粉碎后的粉体成型性好，堆密度大；

（4）可避免粉碎爆炸、臭气污染与噪声；

（5）破碎所需动力很低，可以提高粉碎机产量；

（6）粉碎热敏性物质不会受到氧化作用而变质；

（7）利用各种物质低温脆性的差异，可对复杂物做选择性粉碎，如含橡胶、塑料、金属和纤维的轮胎。

低温粉碎法主要分为两种工艺：一种是低温粉碎工艺；另一种是低温和常温并用的粉碎工艺。其中，低温粉碎工艺是利用液氮冷冻，使废旧橡胶制品冷至玻璃化温度以下，然后用锤式粉碎机或辊筒粉碎机粉碎。常温和低温并用粉碎法是先在常温下将废旧橡胶制品粉碎到一定的粒径，然后将其运送到低温粉碎机中，再进行低温粉碎。

美国联合轮胎公司的低温粉碎过程是将废轮胎胎面切割成长条或胶片，再轧碎成 6.5mm 的胶粉，经由低温输送器输送到粉碎机，经冷冻粉碎为粒径为 0.42mm 的胶粉。在胶粉整个生产过程中，液氮直接喷淋在低温输送器上并送入粉碎机中以保证橡胶冷冻温度低于玻璃化温度。工艺流程图如图 7-6 所示。

美国 UCC 公司是世界上最早开发低温粉碎法工艺的先驱之一。由其开发的低温粉碎工艺过程主要由两条路线组成，是一种综合处理工艺。一条技术路线为废旧橡胶无预处理过程，另一条为有预处理过程。由其粉碎方法可获得 0.043mm 以下粒度的胶粉。

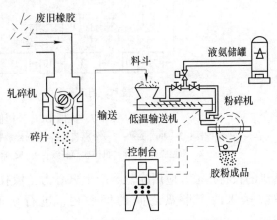

图 7-6 低温粉碎工艺流程及装置图

无预处理时，全部粉碎过程在冷冻状态下进行。首先将废旧橡胶送入液氮冷冻装置中，冷却到-40℃以下，接着送入冲击破碎机中破碎，然后用分离装置筛除金属和纤维，将废胶块送入粗碎装置，在冷冻下进行粉碎，再进入流体能型粉碎机，在冷冻下细碎。从粗碎机内出来的胶粉通过低温筛分装置，筛出的粗粒返回粗碎机继续粉碎。有预处理时，粉碎工艺的一部分在常温下进行，首先将去除胎圈的废轮胎送入破碎机中粗碎，经磁选除去金属后，送入冷却装置或直接送入细碎机，进行冷冻粉碎，再经过磁选和筛分装置，分离出金属和纤维，最后送入旋风分离器分出纤维。其工艺流程如图 7-7 所示。

7.3.2.3 湿法或溶液粉碎法

湿法或溶液粉碎法是选择合适的液体介质使橡胶变脆，然后在胶体磨上进行研磨。按使用的液体介质，分水悬浮粉碎和溶剂膨胀粉碎两种。水悬浮粉碎为表面处理后的胶粉在水中研磨后进行干燥；溶剂粉碎则采用有机溶剂使胶粉溶胀后研磨，然后除去溶剂，干燥得胶粉。湿法或溶液法生产胶粉粒度细，应用性能好，但其生产要求高，需使用大量液体介质。

湿法或溶液粉碎法生产胶粉最具代表性的是英国橡胶与塑料研究协会（RAPRA）开发的 RAPRA 法的生产胶粉新工艺。经 RAPRA 法粉碎的胶粉，可以单独，也可以和新的橡胶配合使用，硫化后可获得一定的物理机械性能。该法分三步进行，第一步是废旧橡胶粗碎，第二步是使用化学药品或水对粗胶粉进行预处理，第三步将预处理胶粉投入圆盘胶体研磨机粉碎成超细胶粉。RAPRA 法均需要采用圆盘式胶体碾磨机，设备如图 7-8 所示。

通过调节螺钉来调节进料口的大小，由料斗供给研磨机的碎料，经过安全筛网进入研

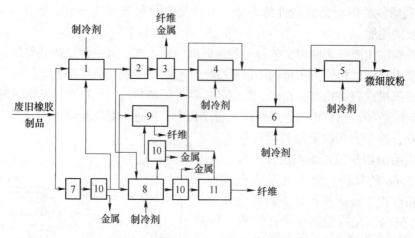

图 7-7　美国 UCC 公司低温粉碎流程图

1—冷冻器；2—冲击装置；3—分离装置；4—粉碎装置；5—流体能型粉碎机；6—低温分级装置；
7—常温破碎机；8—机械粉碎装置；9—旋风分离器；10—磁选器；11—筛分装置

磨机的投料孔道。应用旋转器产生离心力，橡胶碎块被送入两个磨盘之间的磨腔内，进行研磨、粉碎。

RAPRA 法根据所使用溶液的不同，又分为三种方法：（1）脂肪酸+碱的制造方法；（2）极性溶剂制造方法，如四氢呋喃、丁酮、乙酸盐和三氯甲烷等；（3）水体系。

应用 RAPRA 法粉碎有两个特点：（1）在粉碎过程中，能够保持较低的温度，因为在 100℃的高温下，天然橡胶和合成橡胶的物理机械性能将会有一定程度的下降，因此，在 RAPRA 法中，要严格将温度控制在 100℃以下；（2）用圆盘式研磨机粉

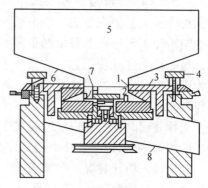

图 7-8　圆盘式胶体研磨机剖面图

1—上部定子；2—下部定子；
3—固定上部定子的顶端钢板；4—螺钉；
5—进料口；6—料斗；7—安全筛网；8—旋转器

碎的胶粉其粒子表面为凹凸形，呈毛刺状态。这种胶粉的粒子与其他方法制造胶粉的粒子相比，在同样体积下，表面积大，故配入这种胶粉的胶料，其补强效果较大。此外，这种胶粉还易于实现自动输送和自动称量。

7.3.2.4　固相剪切粉碎技术

固相剪切粉碎技术是国外近年来发展的一种连续化的聚合物粉碎加工技术。该技术是利用压力场和剪切力场的共同作用使高分子材料在其熔点或玻璃化温度以上发生弹性变形进行粉碎，能将未经分类的混合废旧高分子材料加工成能再循环利用的均匀粉末。

固相粉碎原理：固相剪切粉碎与基于冲击、碰撞作用的传统粉碎方法有着不同的粉碎机理。一般认为它同弹性变形碾磨的粉碎机理有相似之处。在固相剪切粉碎过程中聚合物的粉碎是一种"流变爆炸"式，聚合物在高压状态下发生弹性形变，存储的弹性势能在剪切变形作用下爆发式释放而引起聚合物材料内部微裂纹的迅速扩展、贯通，并最终转化为新生裂纹表面的自由能。这一过程宏观上表现为聚合物物料"雪崩"式粉碎。粉碎的

过程是分子链变小的过程，生胶在未硫化前其形状为线型结构，经硫化以后线型结构变成网状结构，这是由于 C—C 键之间有硫连接的结果。而固相剪切粉碎过程实质上是一个将部分硫键断裂的过程，也就是脱硫过程以及橡胶的分子键断裂的过程，固相剪切粉碎过程中发生了部分脱硫和分子链的断裂，经过这些断裂后产生了新的小分子链，从而达到粉碎的目的。

固相剪切粉碎具有以下优点：

（1）经济节能。固相剪切粉碎技术是一个固相状态下的动力学过程，能耗大约为低温粉碎的 1/5，且该技术还能快速实现不同颜色、不同种类、不同极性的高分子材料的高度混合。

（2）粉碎中无化学变化。通过对原始废旧橡胶、胶粉以及模塑后得到的胶块进行的热分析及溶胀分析表明，粉碎的过程并没有发生化学结构上的改变，使用粉碎后的胶粉加工得到的制品能够与原始制品具有相似的化学结构。

（3）胶粉制品具有良好的力学性能。通过对模塑后胶块与原始胶料的伸长率 λ、正应力 δ 对比可以看出，在相同拉伸应力的作用下模塑后胶块试件伸长率要比原始材料的伸长率大，也就是说模塑后胶块原始胶料更容易变形，但是两者的差别不是很大。

（4）该技术能迅速、有效地实现相容性较差的不同种类的聚合物之间的高度混合，达到共混复合应用。

7.3.3 活化胶粉

胶粉未经处理掺入到胶料中会使胶料的物理机械性能下降，限制了胶粉在橡胶中的应用，因此，胶粉必须进行活化处理，以提高胶粉的表面活性。

7.3.3.1 胶粉表面活化改性机理

胶粉是废旧橡胶经粉碎机断裂交联网状结构，产生的大量分子碎片颗粒，其表面呈惰性，是一种由橡胶、炭黑、软化剂及硫化促进剂等多种材料组成的含交联结构材料。其与主体材料橡胶或塑料由于表面性质不同，之间的相容性较差，直接掺用在橡胶或塑料中，界面难以形成较好的粘接界面。因此，必须采用一定的方法对胶粉表面进行改性，以提高胶粉与高分子材料的界面结合。

胶粉表面改性是指用物理、化学、机械和生物等方法对胶粉表面进行处理。根据应用的需要，有目的地改变胶粉表面的物理化学性质，如表面结构和官能团、表面能、表面润湿性、电性能、表面吸附和反应特性等，以满足现代新材料、新工艺和新技术发展的需要。胶粉表面改性为提高胶粉使用价值，改变其性能，为开拓新的应用领域提供了新的技术手段，对相关应用领域的发展具有重要的实际意义。

胶粉通过改性应用于橡胶、塑料和建筑材料中，不仅可以降低材料的生产成本，还能提高材料的某些特殊物理化学性能。如在橡胶中提高耐屈挠性、改善加工性能；在塑料中掺用可以增韧塑料；在建筑材料中可提高减震、缓冲性能等。一般未改性的胶粉表面惰性强，与基质相容性差，因而难以在基质中均匀分散，直接或过多地填充往往容易导致材料的力学性能（尤其是拉伸强度）下降。因此，胶粉除了对粒径和粒径分布有要求外，还必须对胶粉表面进行改性，以改善其表面的物理化学特性，增强其与基质，即有机高分子材料的相容性，提高其在有机基质中的分散性，以提高材料的物理机械性能。

胶粉表面改性活化主要有两个作用：（1）胶粉表面降解作用，表面降解可导致胶粉粒子与弹性体母体胶之间相容性增加，二者的黏合作用得到增强，并可改善含胶粉胶料的的弹性与强度性能。（2）含胶粉胶料硫化体系得到调整，由于掺用胶粉后基质胶种的硫化助剂向胶粉发生定向迁移，造成截面共交联薄弱，整体交联密度降低，影响共混体系硫化胶的力学性能，因此必须调整硫化体系以减少力学性能下降并提高动态性能。

7.3.3.2　胶粉的表面改性方法

胶粉改性的主要方法及应用范围见表 7-7。

表 7-7　胶粉表面改性主要方法及应用范围

改性类型	改性方法	应用范围
机械力化学改性	用机械化学反应处理胶粉	作为胶料的活性填充剂
聚合物涂层改性	用聚合物及其他配合剂处理胶粉	改进掺用胶料或塑料的物理性能
再生脱硫改性	用再生活化剂和微生物等处理胶粉	与生胶、再生胶配合
接枝或互穿聚合物网络改性	用聚氨酯苯乙烯、乙烯基聚合物等接枝胶粉，用聚氨酯、苯乙烯引发剂等使胶粉互穿聚合物网络	改性聚苯乙烯物性，增加胶粉与塑料或橡胶的相容性
气体改性	活性气体（Cl_2、O_2 及 SO_2）等处理胶粉	改善与橡胶和塑料的黏合性、相容性
核-壳改性	用特殊核壳改性剂处理胶粉	改善与胶料和塑料的相容性
物理辐射改性	用微波、γ 射线等处理胶粉	改善与胶料和塑料的相容性
磺化与氯化反应改性	用磺化与氯化反应进行改性	作离子交换树脂或橡胶配合使用

机械力化学改性法：机械力化学改性法是将化学反应原料添加于胶粉中，在一定条件下借助于机械作用使胶粉产生化学反应，使胶粉表面生成新的活性基团，从而达到改性胶粉的一种方法。该方法简单实用、效果好、应用广泛。

机械力化学法改性应用的机械及化学原料有多种，主要有开炼机捏炼法、高速搅拌反应法和机械薄通法。其中，开炼机捏炼法采用的改性剂体系主要为 2%硫黄、1.2%促进剂 M。高速搅拌反应法主要是采用胺类或苯肼类改性剂，结合机械搅拌作用。机械薄通法不使用任何活化剂和改性剂，主要利用开炼机常温多次薄通以提高胶粉本身的强伸性能。

聚合物涂层改性法。聚合物涂层法是借助黏附力，用聚合物对胶粉进行表面包覆的方法。通过聚合物涂层改性可制成热固性和热塑性两种改性胶粉。热固性改性胶粉一般采用液体橡胶（如丁苯橡胶）进行表面包覆；热塑性改性胶粉则采用液体塑料或热塑性弹性体（如聚乙烯、聚丙烯、聚氨酯等）进行表面包覆。用于涂层的聚合物一般还含有交联剂、增塑剂等材料，其对胶粉包覆后呈干态或粉末状混合物。包覆层在胶粉与胶料或塑料之间起着化学键的作用，在与胶料一起硫化或与塑料塑化成型时产生化学结合。其同基质高分子材料相容性好，故可加快其在高分子基质材料中的分散，获得性能良好的共混材料。聚合物涂层法采用的包覆工艺简便易行，效果较好，应用较普遍。

再生脱硫改性法：胶粉的再生脱硫改性是通过在胶粉中加入再生活化剂或者通过热或其他作用来打断硫化胶中的硫交联键，从而破坏其三维网状结构的改性方法。如用高温处理胶粉，胶粉中的硫交联键在再生活化剂、热、氧的作用下被破坏，表面产生较多的活性基团，有利于同胶料的化学键合，使胶粉在胶料中的分散性和其硫化性得到改善。

低温脱硫再生改性法能耗小且节约劳动力，对环境污染小。其改性方法是在胶粉中混入少量软化增塑剂和脱硫剂，然后在室温或稍高的温度下，借助机械作用进行短时间脱硫再生获得脱硫胶粉。低温脱硫胶粉配合的硫化胶性能大大优于普通胶粉配合硫化胶性能。

最新开发的一种生物表面脱硫技术为胶粉改性提供了一种新的途径。该方法不需高温、高压、催化剂，为常温常压下操作，操作费用低，设备要求简单，即利用微生物脱硫。其营养要求低，无二次污染。采用的微生物为嗜硫微生物，如红球菌、硫化叶菌、假单胞菌、氧化硫硫杆菌和氧化亚铁硫杆菌等。其改性的工艺是将胶粉与水溶液中的嗜硫微生物及营养物在常温常压下一起混合，经过一定的时间便可从水溶液中分离得到脱硫胶粉。这种胶粉可掺用于新胶料（轮胎胶料等）中，成本大大降低，并且质量达到或超过新胶料的水平。胶粉微生物脱硫是实用性强、技术新颖的生物工程技术在高分子材料中应用的代表之一，具有诱人的前景和潜力。

接枝或互穿聚合物网络改性法：胶粉接枝改性是通过加入接枝改性剂在一定条件下使胶粉表面产生接枝的改性方法。这种方法生产的胶粉仅限于高附加值产品使用。典型的胶粉接枝反应是苯乙烯接枝改性，按采用的接枝引发剂不同可分为本体接枝和自由基接枝。这种方法改性的胶粉适用于作液体橡胶的填充剂和耐冲击树脂（如聚苯乙烯）的补强剂。

气体改性法：气体改性就是采用混合活性气体处理胶粉表面，使胶粉颗粒最外层暴露于可对其表面化学改性的高度氧化的混合气体中，从而使胶粉改性的方法。如用氟与另一种活性气体氧、溴、氯、CO 或 SO_2 进行胶粉表面改性处理。处理后在胶粉颗粒最外层分子的主链上生成了极性官能团，如羟基、羧基和羰基，具有高比表面能，而且易被水浸润。由于其具有高比表面能，故易于分散在聚氨酯、橡胶、环氧树脂、聚酯、酚醛树脂和丙烯酸酯等高分子材料中。如在聚氨酯、丁腈橡胶、聚乙烯-醋酸乙烯/聚乙烯等材料中，也可获得良好的使用性能，且成本大大降低。聚氨酯应用在鞋底材料中在湿表面上非常容易打滑，而在聚氨酯材料中加入 10~25 份气体改性胶粉后，可将其湿摩擦因数提高 20%，达到与纯橡胶材料相当的水平，而聚氨酯材料的其他主要物理性能基本得到保留。

核-壳改性法：胶粉核-壳改性是胶粉改性的一个由芯到表面进行改性的新方法。该方法分为两种：一种是核改性；另一种是壳改性。核改性剂由松化剂和膨润剂组成，松化剂为含硫类化合物，松化剂能调整改性胶粉与基质胶之间的网络均匀性，使共混胶在外力场中应力分布较均衡，同时由于两相界面区域分子间相互渗透性的增强，提高了界面抗破坏的能力。在松化剂改性胶粉中辅以界面改性剂，则胶粉添入基质胶中性能更佳。胶粉壳改性一般采用的是界面改性剂，其目的是在胶粉表面建立合理的胶粉-基质胶过渡层结构，胶粉经过壳改性后，通过防硫迁移，调节共硫化速度，增强了胶粉与基质胶界面过层中的"低模量层"，交联密度提高，交联网络的均匀性得到改善，从而赋予了共混胶优异的综合性能。

物理辐射改性法：物理辐射改性胶粉主要是对胶粉进行辐射处理，主要有微波法和 γ 射线法两种。微波法是一种非化学的、非机械的一步脱硫改性法，其利用微波切断胶粉的硫交联键，而不切断碳碳键，使胶粉表面脱硫而改性。其主要设备由脱硫管道、能被微波穿透的材料等制成。γ 射线改性胶粉是因为聚合物侧基原子（如氢）和聚合物链段经 γ 射线辐照后会分裂生成接枝自由基。

7.3.4 胶粉的应用

一般来说，常温粉碎法生产的胶粉粒度在 50 目以下；低温粉碎法生产的胶粉粒度在 50~200 目；湿法或溶液法生产胶粉粒度在 200 目以上。不同方法生产的胶粉应用领域各不相同，但仍以常温粉碎法胶粉应用最多。

7.3.4.1 在橡胶工业中的应用

胶粉是一种含交联结构的粉末材料，由于橡胶的不饱和性，除一部分不饱和键在硫化反应过程中交联外，还含有一定的未反应不饱和键，因此可以像普通橡胶一样采用硫黄-促进剂硫化，也可采用过氧化物硫化或采用硫黄+促进剂+过氧化物并用硫化。一般直接加工成型过程是在胶粉中直接加入硫黄-促进剂或其他硫化剂等，然后进行混合，混合料再用平板硫化机加压硫化成型。如果在混合时加入适量的软化增塑剂或阻燃剂，那么硫化产品弹性会有所提高或使产品具有阻燃性能。胶粉直接硫化成型所得制品物理机械性能一般较低，常用于制成机械垫片、路基垫、缓冲垫、挡泥板和吸音材料等。

在胶粉直接模压成型生产各种产品的过程中，为了制成各种色彩的制品，可以采用双层复合工艺，在制品上复合模压或层压一层较薄的着色橡塑膜片，以掩饰其黑色，制成装饰用板材；也可以采用特殊处理，使其表面粗糙，防止打滑，用于铺地材料。

胶粉直接成型的优点是配合剂少、工艺简单、生产成本低；不足之处是生产效率低，且仅适用于一些低档制品。胶粉直接成型的配方与性能见表 7-8。

轮胎胎面胶中添加 5 份粒径为 0.85mm 的胶粉可以制造载重汽车和乘用汽车轮胎，与未加胶粉的轮胎相比，载重汽车轮胎行驶里程提高了 24%，乘用汽车轮胎行驶里程提高了 8.3%。

精细胶粉用于乘用子午线轮胎胎面胶中，掺用 60~90 份能达到乘用车胎面胶标准，动态性能优良，仅曲挠龟裂次数有所减少。在工艺方面，胎面胶的压出性能好，半成品尺寸稳定，挺性好。

胶粉也可以应用于胶带中，将粒径小于 0.6mm 的改性胶粉 30 份直接加入到输送带覆盖胶生产配方中，生产的输送带成品性能符合国家标准，性能保持在 85% 以上，混炼工艺性能好，胶料压延出片时变形小，增加了胶料的挺性，并可以降低生产成本。

表 7-8　胶粉直接成型的配方与性能

配　方		性　能　指　标	
原材料	用量/份		
胶粉	100	拉伸强度/MPa	4~6
硫黄	2~2.5	断裂断裂伸长率/%	100~160
促进剂 DN	0.8~1.2	硬度（邵氏 A）	66~76
过氧化二异丙苯（DCP）	0.6~0.8	撕裂强度/kN · m^{-1}	30~50
高芳烃油	2~4		

7.3.4.2 在塑料工业中的应用

胶粉除用于橡胶中外，还可在多种材料中使用。其与塑料共混具有实际意义，可在塑料中任意比例掺用。若以塑料为基材，则称为胶粉增韧塑料；若以胶粉为基材，则称为塑料增强胶。胶粉可以和各种塑料，如聚乙烯、聚丙烯、聚氯乙烯、聚苯乙烯和热塑性弹性体共混，共混后制成的新型材料通过模压、层压、压延、注塑和挤出等成型加工方法可制成各种制品。聚乙烯是塑料中消耗量最大的品种，因此，胶粉改性聚乙烯具有实际意义。

聚乙烯与胶粉共混，一般有非硫化型共混和硫化型共混两大类。非硫化型共混是指胶粉与聚乙烯直接采用共混设备进行共混。硫化型共混又可以分为静态硫化和动态硫化两种。静态硫化是指将胶粉、塑料和硫化剂等在一定温度下先共混为混合料，然后再通过高温硫化。动态硫化则是指将胶粉、塑料和硫化剂在一定的温度下边共混边硫化的共混过程。表 7-9 为三种不同密度的 PE 与胶粉共混（胶粉：PE = 60∶40）的性能比较。随着胶粉含量的增加，非硫化共混物性能下降。这是因为非硫化型橡塑共混物几乎无交联键，分散相胶粉含量的增加减少了连续相对树脂分子间的作用力，从而使力学性能下降。

表 7-9 不同 PE 与胶粉共混物经不同硫化方式后的性能比较

性 能	非硫化			动态硫化			静态硫化
	LDPE	LLDPE	HDPE	LDPE	LLDPE	HDPE	LLDPE
拉伸强度/MPa	2.4	4.5	7.0	6.8	7.6	12.3	8.8
扯断伸长率/%	—	82	—	180	235	185	300
扯断永久变形/%	—	20	—	45	70	75	36
硬度（邵氏 A）	92	90	91	93	91	94	90
阿克隆磨耗/cm^3·1.61km^{-1}	—	0.72	—	—	0.43	—	0.36
撕裂强度/kN·m^{-1}	—	11.3	—	—	26.1	—	45.6

聚氯乙烯是应用量仅次于聚乙烯的第二大塑料品种。聚氯乙烯材料的性能不足之处是高温下热稳定性不甚理想、耐冲击性能较差。为制备高抗冲击的制品必须对聚氯乙烯进行改性。通过与胶粉共混是改善其性能不足的手段之一。一般普通轮胎胶粉由于主要由天然橡胶、丁苯橡胶和顺丁橡胶制造的，为非极性材料组分，与极性的聚氯乙烯相容性较差。因此，应采用增容技术以提高普通轮胎胶粉与聚氯乙烯的相容性，以获得良好的综合性能。

聚苯乙烯由于价格低廉、易得、透明、加工性能好、绝缘性能优秀、易于印刷与着色等优点，广泛应用于建筑、机电、包装等行业。

由于聚苯乙烯本身分子结构的特点，因此抗冲击性能差是其缺点之一。橡胶是韧性优良的材料，为克服其脆性大的不足，可以通过与橡胶共混来提高其韧性。胶粉是一种比较便宜的聚苯乙烯抗冲击改性剂。表 7-10 为聚苯乙烯与不同胶粉共混后的结果。

表 7-10 聚苯乙烯与胶粉共混物性能

材料	胶粉接枝度	拉伸强度/MPa	扯断伸长率/%	断裂能量/kJ·m^{-3}
HIPS	—	23.1	6.48	1258

材料	胶粉接枝度	拉伸强度/MPa	扯断伸长率/%	断裂能量/kJ·m^{-3}
PS	—	33.9	1.85	263
PS/胶粉	0	21.8	1.69	207
PS/接枝胶粉	61	26.4	2.20	351
PS/接枝胶粉	145	18.8	3.82	568

由表 7-10 可见，接枝胶粉随接枝度增大，材料断裂能量大大提高，反映了接枝胶粉对聚苯乙烯抗冲击性能具有改善作用。

7.3.4.3 在建筑材料中的应用

建筑防水材料主要分为防水卷材、防水涂料和防水密封料三大类。防水卷材用量最大、应用范围广，其次为防水涂料。以胶粉、沥青、树脂共混制成的防水材料，由于其原料来源方便、价格低，又能满足某些建筑防水的要求，所以在建筑防水材料中占据重要地位。

胶粉在防水卷材中的应用是与沥青、树脂混合改性，制备综合性能优良的防水卷材。如将沥青胶粉和树脂在高温下熔融混合后，于 150℃下在聚酯纤维无纺布两面浸渍该沥青混合料，每面厚度为 300μm，制成 1mm 厚的防水卷材，再用石英砂进行防粘处理，采用非模型硫化为成品。该防水卷材各项性能指标均符合防水卷材的质量要求。

将胶粉、沥青、乳化剂和水等在一定温度下进行高速搅拌乳化，可制成水乳型防水涂料。这种涂料可采用机械喷涂工艺施工，不仅施工效率高，而且涂层物均匀，并增加了涂层与基面材料的粘接性，其使用安全可靠，成本低，且在高温下变形小，低温下仍有一定的柔性。

沥青嵌缝油膏是重要的防水密封材料，在沥青油膏中加入一定量的改性胶粉，可以提高沥青油膏的软化点，增加低温下的延展性。胶粉在沥青油膏中的用量一般在 15%～30%，如果用量过大，则在一定程度上降低油膏的粘接性能；此外，胶粉的粒度大小、混合工艺对油膏的性能也有一定的影响。由胶粉、沥青、纤维和增塑剂制成的胶黏剂称为胶粉沥青胶黏剂，这种胶黏剂的特点是弹性温度范围大，适宜于防水卷材（如油毡等）的粘贴，其粘接性和耐久性良好，可以冷施工，是一种应用范围广的屋面防水胶黏剂。

7.3.4.4 在铺装材料中的应用

胶粉改性沥青路面由于胶粉中含有抗氧化剂，从而可明显减缓沥青路面的老化，使路面具有弹性、减少噪声，尤其是价格低，可大面积推广使用。从实际铺装效果看，胶粉沥青与少量的骨料黏结力强，路面耐磨性、抗水剥落性大为提高。路面基本不发生沙石飞散现象，耐磨耗寿命为普通路面的 2～3 倍，降低了路面的维护费用。同时可缩短车辆的刹车距离约 25%，提高了车辆行驶安全性。在冬季的低温下，胶粉改性沥青路面能防止路面冻结，有较好的抗撕裂性；在夏季高温下，路面不会被晒软，有较好的抗融变性能。

胶粉改性沥青的制备主要有干法和湿法两种工艺。干法是直接把胶粉作为集料与其他沥青混合料一起加入沥青中使用，而进行铺路；湿法则是把胶粉先与沥青混合，使橡胶粉在高温下脱硫塑化为橡胶沥青，再进行铺路。干法工艺用胶粉粒径比湿法工艺大，在应用中以湿法工艺为主，其性能也相对较好。胶粉改性沥青材料的性能，受胶粉种类、粒径及其分布、是否经预处理、混合温度、机械搅拌时间及其他因素的影响，不同的地区使用的胶粉改性沥青路面要求不同。

使用胶粉改性沥青的飞机跑道增加了飞机跑道的弹性和地面摩擦性，从而使飞机起落平稳，安全可靠性提高，缩短了飞机跑道的起降距离，延长了机场的使用寿命。

将胶粉、砂石和水泥混合制成铁路枕木用于铁路轨道铺装，这种枕木具有重量轻、抗冲击和耐腐蚀等优点，并能减轻火车行驶噪声和震动。在铁路平交道口还可用胶粉制成铺面板代替传统的混凝土铺面板。这种胶粉铺面板提高了道口铺面的寿命，减少了维修，提高了道口的安全性，极大地降低了重载汽车对铁道线路的冲击作用，并能减振降噪。

运动场、操场、娱乐场所、室内地板的聚氨酯塑胶铺面材料具有走着舒服、耐磨、防滑、防水等优点。经塑胶铺面的室外运动场所可不受下雨的影响，提高运动员的成绩，减少挫伤机会。铺面材料有全塑胶型、混合型、双层型、折叠型等几类，且以混合型居多。混合型为含废旧橡胶粉的聚氨酯橡胶层，厚度 10mm 左右，表面也有橡胶粉作为防滑摩擦层。双层型的上层为聚氨酯胶层，下层为胶粉的聚氨酯层。折叠型是一种便于携带的橡胶板，该种橡胶板是由废轮胎橡胶 1 份、聚四氢呋喃型聚氨酯预聚体 1 份、MOCA0.1 份混合后浇注于模具内固化而成。

胶粉可与聚氨酯材料等并用铺设运动场地。胶粉聚氨酯弹性运动场有两种：用于网球场、田径场跑道等室外运动设施的透水型运动场和用于体育馆等室内设施的非透水型运动场。运动场的铺设分成四层：第一层为碎石地基，第二层为透水沥青，第三和第四层为胶粉层和含胶粉的聚氨酯橡胶屑。

7.3.4.5 在阻尼材料中的应用

阻尼减震材料分为黏弹性阻尼减震材料、复合阻尼减震材料、高阻尼合金材料、陶瓷类耐高温阻尼减震材料等。黏弹性阻尼减震材料兼有黏性液体在一定运动状态下损耗能量的特性和弹性固体储存能量的特性，一般都是高分子材料，包括塑料和橡胶两大类。当受交变力作用时，黏弹性高聚物阻尼材料的形变随时间以非线性变化，产生力学松弛，形成滞后和力学损耗。这种滞后和力学损耗可以产生能量损失，将震动产生的能量转化为热能散发掉。

废胶粉阻尼材料都是以树脂为基体，橡胶颗粒分散在树脂材料中，通过橡胶颗粒与树脂和填料之间良好的黏结性、延伸性和回弹性，提高材料阻尼性能。胶粉颗粒在这种材料中提供了足够的弹性。当受到交变力作用时，树脂基中缠绕的分子链段运动滞后于应力的变化而产生内耗，将吸收的机械能和声能部分地转变为热能，从材料的宏观上看，起到了降噪减震的作用。

胶粉改性沥青铺设公路，具有减震降噪效果。由于胶粉本身的弹性性能，沥青混合料中掺加废胶粉，混合料的弹性明显增加，表现为回弹变形增大，模量减小，改善了沥青混合料应力扩散和应力吸收性能。而且胶粉沥青混凝土具有良好的降噪效果。这是因为胶粉颗粒和其他混料通过改性被熔融的沥青黏结为一体，在交变力作用下沥青基中缠绕的分子链段运动滞后于应力的变化而产生内耗，将吸收的机械能和声能部分地转变为热能，同时混料中的无机料之间的相互摩擦以及和高分子间的摩擦作用，也能限制大分子运动，增加应力应变之间的相位滞后，加强了材料损耗能量的能力。

废胶粉作为水泥浆和砂浆添加剂，能够使构筑物具有耐冲击、抗震减噪功能，还能减轻构筑物自身重量。将废胶粉作为一种质轻的基料掺入到水泥浆、砂浆中，由于胶粉本身所具有的高弹性，能够提高水泥浆和砂浆的韧性，有效改善其抗冲击性和抗震性能。

废旧轮胎橡胶用于声屏障时，其声屏降噪原理是通过声屏材料对声波进行吸收、反射、透射和衍射等一系列物理效应来实现的，采用声屏障材料来消减道路噪声是应用比较广泛的降噪措施之一。该方法节约土地，降噪效果明显，但是由于声屏障要根据实际情况选用特定的材料，所以有的声屏障造价比较昂贵。利用废旧轮胎与水泥混凝土加压穿孔板两种主体材料，制备一种新型的复合吸声声屏障，试验证明，该种声屏障在中、低频段吸声良好，平均吸声系数达 0.62，不但可以满足公路交通噪声降噪需要，而且还可以大大降低成本。

废胶粉与某些废塑料共混不仅可以制得耐冲击的复合材料，而且可以制成热塑性弹性体以循环利用，这些产品体系综合力学性能好，耐冲击，可以用于缓冲机械碰撞、消减机器工作所产生的振动。

7.4　再 生 橡 胶

7.4.1　再生橡胶概述

再生橡胶，简称再生胶，是指废旧橡胶经过粉碎、加热、机械处理等物理化学过程，使其从弹性状态转变成具有塑性和黏性的能够再硫化的橡胶。

再生橡胶是黑色或其他颜色的块状固体（也有液体和颗粒状再生橡胶）。它具有一定的塑性和补强作用，易与生胶和配合剂混合，加工性能好，能代替部分生胶掺入橡胶制品中，降低成本和改善胶料的工艺性能。再生橡胶除与其他橡胶并用于轮胎、力车胎、胶鞋、胶管、胶板等橡胶制品外，亦可单独制作橡胶制品，并在涂料、油毡、冷贴卷材、电缆防护层、铺路等方面得到应用。

再生橡胶在橡胶工业的生产中占有重要的地位。它一方面可以"变废为宝"；另一方面使用再生胶还可以收到一系列技术效果和经济效果。使用再生橡胶的主要优点如下：

（1）价格便宜。最好的轮胎胎面再生橡胶的价格，一般不到天然橡胶的 1/3 或丁苯橡胶的 1/2。好的胎面再生橡胶的橡胶烃含量约 50%，并含有大量有价值的软化剂、氧化锌、防老剂和炭黑。再生后其强力约为原胶的 65%，伸长率则为原胶的 50%。

（2）掺用再生橡胶时，填充剂易于分散，混炼时间短于纯生胶胶料，动力消耗也比较少。

（3）混炼、热炼、压出、压延等生热比纯生胶的胶料低，这对炭黑含量高的胶料十分重要，可避免因胶温过高而产生焦烧。

（4）掺用再生橡胶的胶料，流动性较好，因此压出或压延速度一般比纯生胶胶料快，半成品的外观缺陷较少；同时，压延时的收缩性和压出时的膨胀性都较小。

（5）掺再生橡胶胶料的热塑性较小，因此在成型和硫化时，比较易于保持它的形状。

（6）比天然橡胶和丁苯橡胶的硫化速度快，但一般并没有焦烧危险，操作比较安全。

（7）和天然橡胶并用时，可减少或消灭硫化返原趋向。

（8）有很好的耐老化稳定性和耐酸、耐碱性能。

但是，也有一些缺点限制了再生橡胶的应用。由于再生橡胶的相对分子质量很小，强度低、不耐磨、不耐撕裂等，因此不能用于制造物理机械性能要求很高，特别是要求耐磨耐撕裂的制品。

以废旧轮胎为主的橡胶制品资源化利用的主要途径之一就是生产再生橡胶，再生橡胶可替代部分生胶生产各种橡胶制品。我国目前废旧橡胶资源化利用的方式仍以生产再生橡胶为主，并且主要以废旧轮胎再生橡胶为主。

再生橡胶的种类划分方法有两种：一种是按照再生橡胶的制造方法分类；另一种是按照废橡胶种类分类。前一种分类方法不容易识别废橡胶种类，一般不采用这种分类方法；后一种分类方法不仅能识别废橡胶种类，而且还能推测出其再生橡胶的质量，便于进行配方设计。因此，目前国内外一般都采用按废橡胶的种类分类的方法。但也有按照生产方法和用途分类的。

我国的再生橡胶种类基本上是按生产方法和废橡胶种类来划分产品品种，见表7-11。

表 7-11　我国再生橡胶的品种

品　　种			代号	使　用　材　料
通用型再生橡胶	轮胎再生橡胶	特级	TA1	废载重子午线轮胎胎面部分
			TA2	
		优级	A1	废载重子午线轮胎胎体橡胶部分
		一般	A2	废载重轮胎胎体橡胶部分为主，添加非矿物系软化剂
		合格	A3	不同规格的废胎橡胶部分
	胶鞋再生橡胶		C	废旧胶面鞋、布面鞋橡胶部分
	复胶再生橡胶		D	通用型橡胶等为主体的橡胶制品混合废旧橡胶
	浅色再生橡胶		E	非赤色原料
丁基再生橡胶			B	废丁基橡胶为主要原料
丁腈再生橡胶			F	废丁腈橡胶主要原料
乙丙再生橡胶			G	废乙丙橡胶为主要原料

美国、英国、日本等国家按废旧橡胶种类划分品种。

近年来，国外开始生产一种预混合再生橡胶。其制法是：将再生橡胶的半成品混入一些配合剂（硫化剂除外），这些配合剂是在提炼时加入，然后再经滤胶、精炼制成产品。这种再生橡胶的优点是：使用方便，易混合加工，可缩短混炼操作时间，硫化胶的物理机械性能比普通方法混合胶料的性能有大幅度提高。其参考配方如下：

再生橡胶194份，碳酸钙50份，快压出炉黑20份，氧化锌5份，脂肪酸5份，沥青软化剂5份，石蜡5份。

7.4.2　再生橡胶的生产概况

1846年，最早是将废硫化胶放在漂白粉的溶液中煮沸，加压达到成为一体的状态，然后用碱液洗净而制得再生胶。

　　1858 年，出现了把废旧橡胶粉在罐中直接用蒸汽进行加热处理的方法，就是最早的油法工艺（即盘法）。后来为了降低成本，简化工艺，有人发明将化学溶剂加入胶粉中，用加热溶解法代替机械除去纤维。

　　1881 年，美国发明了用硫酸除纤维（即酸法）的方法，应用于废胶鞋的再生。1899 年出现用碱除纤维（即碱法）。酸碱虽然能溶掉纤维，简化生产工艺，但使产品质量降低，已被逐渐淘汰。

　　1913 年，有人发现，用金属氯化物溶液为介质进行再生，既不影响产品质量，又无副作用，较酸碱法优越，称作中性法，并在 1936 年实现工业化生产，成为当时生产的主要方法之一。随着工业发展又相继出现了过热蒸汽法、密炼机法。

　　1942 年，有人发明用水作传热介质，在脱硫罐中加水和软化剂进行再生的方法（即水油法）。

　　1946 年，美国发明了用螺杆挤出进行再生的方法（即挤出法），此法欧美国家一直沿用至今。

　　1971 年，一种用塑化器代替脱硫罐的新方法出现，它利用调整搅拌使胶粉摩擦生热的原理，造成胶粉和配合剂受热膨胀，达到再生的目的（即快速脱硫法）。1978 年我国曾用该法生产再生橡胶，但由于其工艺过程快，操作难以控制，产品质量不够稳定，推广应用受到限制。

　　1978 年，美国发表了用微波加热炉产生微波，使胶粉分子断链进行再生的专利（即微波脱硫法专利）。

　　1979 年，美国发表了低温相转移催化脱硫法专利，它可以有选择地断裂硫化胶的多硫交联键，其实用价值较微波脱硫好，但目前尚未工业化生产。

　　1981 年，瑞典发表了常温塑化法专利，此法需加热至 40℃，使胶粉与配合剂混合并发生物理降解反应，从而达到再生目的。

　　20 世纪 90 年代，日本开发了剪切流动再生橡胶生产技术，为再生橡胶的高效连续再生提供了良好的发展基础。

　　再生橡胶工业的发展与石油工业和合成橡胶工业的发展密切相关。20 世纪 40 年代，由于丁苯橡胶等合成橡胶的出现及应用，挤掉了部分再生橡胶市场，使欧美发达国家的再生橡胶产量一度下降，其原因是：

　　（1）合成橡胶，尤其是丁苯橡胶的价格低，应用范围逐渐扩大，代替了部分再生橡胶。

　　（2）湿态再生方法（如水油法）在生产过程中产生大量的废气、废水、造成环境污染，治理又需要大量投资和设备，影响经济效益。

　　在 20 世纪 60 年代以后，各国相继研究了一些无污染、以机械处理为主的干态脱硫的新工艺、新设备，如大规格高效率的粉碎机、精炼机和动态干法脱硫新技术等。随着橡胶工业的发展，废旧橡胶制品日益增多，为了处理这些丢弃的废旧橡胶，美国首先研究出一种利用冷冻粉碎废旧橡胶的技术，以及常温粉碎，这种技术的出现使大量的废旧橡胶得到综合利用，并为橡胶制品工业直接应用胶粉提供了方便条件。今后再生橡胶的发展趋向是应用干态脱硫法和高效率的技术装置，以提高经济效益，消除污染，使之向机械化、自动化全面发展。

　　我国再生橡胶的工业化生产始于 20 世纪 50 年代初期，至今已有近 60 年的历史，其生产工艺路线最早主要有水油法、油法，在 70 年代出现过高温快速脱硫法，80 年代初又有立式干态脱硫法和高温连续脱硫法。上述诸种生产工艺中，只有水油法得以生存与发展，而其他新工艺之所以不能在再生橡胶行业推广应用，关键是产品质量不稳定。水油法工艺是将粉碎成一定细度的硫化胶粉与再生剂配合，在高压夹套带搅拌的立式脱硫罐内利用水作为传热介质，再生（脱硫）时利用搅拌装置将胶粉与再生剂混合，制得的再生橡胶的物化指标高、质地均匀，是大中型再生橡胶生产企业普遍采用的一种生产工艺。但是水油法工艺在随后实践中也暴露出一系列弊端，最为突出的是产生二次污染源——废水，而且能耗高、设备复杂、投资规模大等。在国内油法生产工艺的产量规模仅次于水油法，油法脱硫时因其物料处理静止状态，热的传递效果受到影响，故制得的再生橡胶质量较差，且很不稳定。而新工艺如高温快速脱硫法、高温连续脱硫法均属同一类型的生产工艺，采用这两种方法生产，操作工艺条件不易控制。因为橡胶是热的不良导体，在短时间内要使硫化胶粉达到理想的溶胀状态是不大可能的。这两种方法生产出来的再生橡胶的半成品，即脱硫胶粉表面烂而黏，胶粒内部仍是硫化橡胶的三维空间网状结构。所谓立式干态脱硫法是利用水油法的设备，只是在配方的配比上做了些调整，而脱硫的工艺条件仍然是水油法的再生工艺条件。20 世纪 80 年代末期，高温高压动态脱硫法在国内再生橡胶行业问世。在诸多新的再生工艺方法中，唯独高温高压动态脱硫新工艺一经问世，就显示出一定的生命力。目前国内再生橡胶行业的生产工艺，可以说是高温高压动态脱硫法为生产应用主流，尤其远红外加热高温高压动态脱硫罐是再生橡胶的较好节能设备。

　　21 世纪初，我国开发成功密闭式捏炼机脱硫法，生产丁基再生橡胶和三元乙丙再生橡胶。该法的特点是高温、高压、高剪切及高摩擦，靠摩擦生热，可达 250℃ 以上，能耗低、生产效率高，如果用此法生产轮胎再生橡胶开发成功，将有取代现有动态脱硫罐之趋势，俗称以机代罐。另外，挤出法生产再生橡胶也已开发成功并推广应用。微波脱硫法生产再生橡胶我国正在研发之中，其特点是能耗更低、质量优越、生产效率更高。

　　我国再生橡胶的品种与结构上已发展了各种性能的再生橡胶品种，如高强力再生橡胶、无味再生橡胶、环保型再生橡胶，在结构上除普通再生橡胶外，各种特种再生橡胶也相继问世，为再生橡胶的发展奠定了良好基础。尤其近年更推进了再生橡胶的节能减排工作。在生产设备上开发了节能的粉碎机、精炼机和脱硫罐；在环保方面，开发了生物化学法和物理法尾气处理装置，并已应用于再生橡胶的生产过程。

7.4.3　再生橡胶的再生反应机理

　　橡胶是线状直链高分子聚合物塑性体，其相对分子质量为 10 万~100 万。它通过硫黄等物质在一定条件下进行化学反应，形成网状三维结构形态的无规高分子弹性体。因此，要想用再生方法使硫化橡胶再回到线型具有塑性结构的高分子材料，首先必须设法切断已形成的以硫键为主的交联网点，即再生橡胶生产过程中所必不可少的"脱硫"工艺。从脱硫的具体历程来看，硫黄并没有从橡胶中脱掉，只不过是硫键交联网点的断裂。

　　实验证明，橡胶在硫化之后已经在交联网点处形成了一硫化物、二硫化物和多硫化物三种硫键形态。由于橡胶主要是无规聚合物，相对分子质量大小不一，相对分子质量分布参差不齐；同时在微观化学结构上除顺式 1，4 位之外，还有反式 1，4 位、1，2 位、3，4

位等多种形式，且其比例又视胶种不同而异，不饱和双键变化无常，所以硫化橡胶的硫键交联网点都是无序的。一般来讲，对橡胶性能改善最大的一、二硫化物约各占 20%，其余 60% 则为多硫化物。此外，还有相当数量的未结合剩余硫黄游离于橡胶之中。

橡胶再生的目的就是把硫化橡胶通过物理和化学手段，将橡胶中的多硫化物转为二硫化物，二硫化物再进而转为一硫化物，而后再将一硫化物切断，促其成为具有塑性的再生橡胶。硫化橡胶的脱硫程度，主要是由化学和物理两个方面的因素确定的。在化学反应方面，可以通过高温、高压来促使交联点发生变化。并且通过添加化学再生剂进一步加快交联网点断裂的速度。在物理机械方面，主要是通过高挤压、高剪切造成交联网点切断，而添加油料则可加速橡胶膨润、脱硫塑化的过程。因此，对橡胶再生而言，粉碎设备的选型、胶粉粒径的选定，脱硫设备及其再生温度、压力、时间的选取，以及油料、再生剂种类和数量的选择，还有物料的静动形态等，都是使硫化橡胶达到最佳脱硫条件的关键所在。

对内胎再生胶的三氯甲烷抽提试验表明，抽出的橡胶量是总量的 43.5%。对抽出的橡胶进行分析，其中硫黄含量仅占总结合硫量的 7%。这个现象表明，经过再生处理后，硫化胶的大分子产生了解聚作用，裂解出一部分几乎不含有结合硫黄的橡胶烃。这从再生后的再生橡胶游离硫黄量降低，而结合硫黄增高，不饱和度较原硫化胶有所下降的事实可以得到验证。据此，硫化橡胶再生过程中结构的变化可以认为是：

$$(C_5H_8)_6 S(C_5H_8)_6 \longrightarrow (C_5H_8)_3 S(C_5H_8)_3 + (C_5H_8)_3 + (C_5H_8)_3 \longrightarrow (C_5H_8)_3 S(C_5H_8)_3 + (C_5H_8)_6$$

由此式可见，橡胶再生后，可分离为含有结合硫黄的橡胶分子 $[(C_5H_8)_3 S(C_5H_8)_3]$ 和不含硫黄的橡胶分子〔即可溶于三氯甲烷的溶胶部分，$(C_5H_8)_n$〕。

以上的橡胶再生是相对于普通的不饱和橡胶以硫黄硫化而言，对于饱和橡胶而言则是以过氧化物硫化，再生的方法也就不再是断硫，而是断裂 C—C 交联键，还有如卤化橡胶采用金属氧化物或胺类化合物，相应的再生机理也与上面情况不同。再生原理与结构变化如图 7-9 所示。

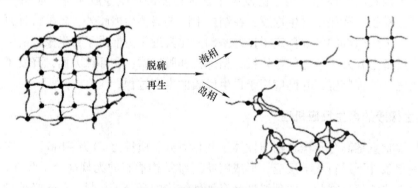

图 7-9　橡胶再生过程示意图

7.4.4　废旧橡胶的再生方法

所谓"脱硫"，就是把废旧橡胶经过化学的与物理的加工处理后，使弹性硫化胶部分解聚，分子的网状结构受到破坏，不具有弹性而恢复其可塑性和黏性，并可重新获得硫化混炼胶，而不是把硫化橡胶中所结合的硫原子与橡胶分子完全脱离开来，也不可能使硫化胶还原到生胶的结构状态。

废旧橡胶的再生方法很多，主要有蒸汽法、蒸煮法、机械法、化学法、物理法五大类。

7.4.4.1　蒸汽法

（1）油法。将胶粉与再生剂混合均匀，放入铁盘中，送进卧式脱硫罐内，用直接蒸汽加热。蒸汽压力为 0.5~0.7MPa，脱硫时间为 10h 左右。此法工艺设备简单。

（2）过热蒸汽法。将胶粉与再生剂混合均匀，放入带有电热器的脱硫罐中，直接通蒸汽，用电热器将温度提高到 220~250℃，使胶粉中的纤维得到破坏，蒸汽压力为 0.4MPa。

（3）高压法。将胶粉与再生剂混合均匀，放进密闭的高压容器内，通入 4.9~6.9MPa（50~70 kgf/cm^2）直接蒸汽进行脱硫再生。此法设备要求高，投资较大。

（4）酸法。首先用稀硫酸浸泡胶粉，破坏其中的纤维物质，然后用碱将酸中和进行清洗，再通入蒸汽进行脱硫再生。此法需要耐腐蚀设备，耗用酸碱量大，工艺及设备复杂，成本高，产品易老化。

7.4.4.2　蒸煮法

（1）水油法。此法脱硫设备为一立式带搅拌的脱硫罐，在夹套中通过 0.9~0.98MPa 的蒸汽，罐中注入温水（80℃）作为传热介质。脱硫时将已用机械除去纤维的胶粉和再生剂加入罐中，搅拌时间约 3h。此法虽然设备较多，但机械化程度高，产品质量优良且稳定。

（2）中性法。中性法与水油法基本相似，区别在于中性法不提前除去纤维，而是脱硫过程中加入氯化锌溶液以除去纤维。效果不如水油法好。

（3）碱法。用 5%~10%NaOH 溶液破坏胶粉中的纤维，然后用酸中和并清洗，再以直接蒸汽加热进行脱硫再生。此法设备易腐蚀，产品质量低劣，方法落后。

7.4.4.3　机械法

（1）密炼机法。所采用的密炼机为超强度结构，转子表面镀硬铬或堆焊耐磨合金。转速为 60~80r/min，上顶栓压力为 1.24MPa，操作温度控制在 230~280℃，时间 7~15min。此法生产周期短、效率高。

（2）螺杆挤出法。主要采用螺杆挤出机（与橡胶挤出机相似），机壳内有夹套，用蒸汽或油控制温度（200℃左右）。操作时将胶粉与再生剂提前混合均匀送入该机，胶料在螺杆的剪切挤压作用下，经过 3~6min 即可从出料口排出。此法连续性生产、周期短、效率高、产品质量优良，但由于螺杆与内套磨损较大，对设备的材质要求较高。

（3）快速脱硫法。采用特殊结构的搅拌机（与塑化机相似），罐内有一挡料装置。搅拌速度可调节，搅拌 10min 后，隔绝空气逐渐冷却，冷却是在冷却器中进行的。此法生产周期短，搅拌速度快，但工艺不易控制，产品质量不够稳定，比较适宜废旧合成橡胶再生。

（4）动态脱硫法。将胶粉与再生剂混合均匀后，放入能旋转的脱硫罐中，使胶粉在动态下均匀受热，达到再生目的。此法产品质量稳定。

（5）连续法。将胶粉与再生剂混合均匀后，放入带有一对空心螺杆的设备中，利用油浴加热，温度控制在 240~260℃，进行连续性脱硫，胶料经过 15min 后即可达到脱硫再生目的。

7.4.4.4　化学法

（1）溶解法。将胶粉和软化剂放入一个带加热装置的搅拌罐中，加入 40%~50% 的软化剂（以胶粉为 100%），一般采用重油或残渣油等。温度控制在 200~220℃，搅拌 2~3h。反应后的产物为半液体状的黏稠物。产品可直接用于橡胶制品，代替部分软化剂，也可应用于建筑行业作防水、防腐材料。

（2）接枝法。在脱硫过程中，加入一些特殊性能的单体（如苯乙烯、丙烯酸酯等），在 200~230℃ 的高温作用下，使单体与胶料反应，再经机械处理后，得到具有该单体聚合物性能的再生橡胶（如耐磨、耐油等）。此法反应过程较难控制。

（3）分散法。在开炼机上加入胶粉和乳化剂、软化剂、活化剂等，进行拌和压炼，然后缓缓加入稀碱溶液，使胶粉成为糊状，再加水稀释，从炼胶机上刮下，加入 1% 浓度的乙酸，使其凝固，最后经干燥压片，即为成品。此法设备简单，但工艺操作不易控制，为间歇式生产。

（4）低温塑化法。将胶粉与有机胺类或低分子聚酰胺、环烷酸金属盐类、脂肪族酸类和软化剂、活化剂等混合均匀，放置在 80~100℃ 温度下塑化一定时间，即可通过氧化-还原达到再生目的。此法节省能量、设备简单，但产品可塑性低。

7.4.4.5　物理法

（1）高温连续脱硫法。将胶粉与再生剂按要求混合均匀，然后送入一个卧式多层的螺杆输送器中，该输送器有夹套和远红外线加热装置，胶料在输送过程中受到远红外线的均匀加热，达到再生目的。此法为连续性生产，周期较短、质量较好、设备不复杂，是正在探索的一种新方法。

（2）微波法。将极性废硫化胶粉碎至 9.5mm 大小的胶粒，加入一定量的分散剂，输送到用玻璃或陶瓷制作的管道中，使胶料按一定速度前进，接受微波发生器发出的能量。调节微波发生器的能量，使胶粉分子中的 C—S 和 S—S 键断链，达到再生目的。

7.4.5　废旧橡胶再生的主要影响因素

废旧橡胶再生实质上是废旧橡胶在热、氧、机械力和化学再生剂的综合作用下发生降解反应，破坏硫化胶的交联网状结构，从而使废旧橡胶的可塑性得到一定恢复而达到再生的目的。影响硫化胶再生的主要因素有机械力、热氧、软化剂和活化剂四个方面。

（1）机械力的作用。机械力可使硫化胶的三维网状结构被破坏，发生于 C—C 键或 C—S 键上，而机械作用的研磨又能使橡胶分子在其与炭黑粒子表面的缔合处分开。所有这些断裂大多数是在比较低的温度下发生的，断裂程度与温度密切相关。

（2）热和氧的作用。热能促使分子运动加剧，导致分子链断裂。在大约 80℃ 时，热裂解明显，到 150℃ 左右，热裂解速度加快，然后每升高 10℃ 热裂解速率大约加快 1 倍。裂解后的自由基停留在裂解分子的末端，呈现不稳定状态。这样的分子在其末端具有再结合的能力。若没有其他物质存在，随着自由基浓度增加，裂解速率会逐渐减慢。氧的存在可使自由端基与氧作用，生成氢过氧化物等。而氢过氧化物本身也能加剧橡胶网状结构破坏，大大加快了再生速度。

（3）软化剂的作用。软化剂是低分子物质，容易进入硫化胶网状中，起溶胀作用，使网状结构松弛，从而增加了氧化渗透作用，有利于网状结构的氧化断裂，并能降低重新结构化的可能性，加快了再生过程，由于这类物质能溶于橡胶中并且本身具有一定的黏性，因此能提高再生橡胶的塑性与黏性。软化剂用量一般为 10~20 份，常用的品种有煤焦油、松焦油、松香、妥尔油、双戊烯等。

（4）再生活化剂的作用。再生活化剂简称活化剂，在再生脱硫过程中能分解出自由基。该自由基可加速热氧化进度或起自由基接受体的作用，来稳定热氧化生成的橡胶自由基，阻止它们再度结合。同时再生活化剂还能引发双硫键和多硫键的降解，提高硫化胶再生时交联键的破坏程度，从而达到尽快再生之目的。少量（1~2.5 份）再生活化剂即能显示出明显的再生效果。常用的再生活化剂有芳香族硫醇二硫化物，如活化剂 420（多烷基苯酚二硫化物）、活化剂 901（多烷基芳烃二硫化物）、活化剂 463（4，6-二叔丁基-3-甲基苯酚二硫化物）、活化剂 6810（间二甲苯二硫化物）、苯肼、胺及金属氧化物等。

7.4.6　再生橡胶的基本组成

废旧橡胶的再生，单靠加热和机械处理很难达到再生目的，必须加入软化剂、活化剂、增黏剂、抗氧剂等才能生产出高质量的再生橡胶，这些废旧橡胶再生配合剂简称再生剂。胶粉和再生剂在脱硫中的实际投料比例及数量就是再生配方。

7.4.6.1　软化剂

为了改善再生橡胶的加工性能和使用性能而加入的增加柔软性的助剂称为软化剂。软化剂主要具有双重作用，第一是由于渗透膨胀作用，即软化剂中的低沸点物在再生过程中能渗透到橡胶分子中，受热而膨胀，使橡胶分子链之间和填充剂与橡胶分子链之间的作用力减弱，有助于断链增大分子间的距离，降低结构化的可能性。第二是增黏增塑作用，即软化剂中的高沸点物质可以保留在再生橡胶中，增加再生橡胶的黏性和塑性，降低胶料黏度和混炼时的温度，改善分散性与混合性，提高胶黏剂的初黏性、拉伸强度、伸长率和耐磨性。

软化剂主要有两类，即植物油类和矿物油类，植物油类软化剂包括松焦油、妥尔油、松香、松香裂化油、松节油、双戊烯、双萜烯类等；矿物油类主要有煤焦油系（煤焦油、煤沥青和古马隆树脂）和石油系（重油、裂化油、石油沥青和残渣油等）。常见软化剂主要有：

（1）煤焦油。煤焦油系焦化厂用煤炼焦的副产品，是一种深棕色的黏稠液体，它的成分较复杂，主要由酚类、烷基芳香烃、萘、蒽、吡啶、沥青等组成。用煤焦油作软化剂，再生橡胶具有较高的物理机械性能，但污染性较大，不能用于浅色橡胶制品。在使用时，尤其是在高温下低沸点物易挥发出来，有刺激性气味。煤焦油由于其具有毒性和危害性，已逐渐被淘汰。

（2）松焦油。松焦油系松树根及树干经干馏后的产物，为深棕色或黑色黏稠液体，污染轻微，无刺激性气味，主要由树脂酸等组成。用松焦油做再生橡胶软化剂，具有良好的工艺性能和物理机械性能，应用范围较煤焦油广泛，但价格高于煤焦油。

（3）妥尔油。妥尔油系造纸工业的副产物，是从木材造纸纸浆废液中经提炼净化而成的深棕色黏稠液体。其成分是树脂酸和脂肪酸，各约占 45%，使用时要经过热处理，除去低挥发物使其质地均匀。高质量的妥尔油比松焦油好，加工时不粘辊，污染程度低。

（4）煤沥青。煤沥青为煤焦油提炼后的残渣经加工处理制成，为黑色有光泽的固体或半固体物质，有臭味，污染性大。由于其是固体故便于运输，生产时称量配料方便，价格低廉，目前，多用煤沥青代替煤焦油或松焦油作软化剂生产再生橡胶。

（5）重油。重油为石油蒸馏时截取的重油馏分中的一段，为暗褐色黏稠物，相对密度为 0.90~0.96，基本无味，一般用作生产无味再生橡胶的软化剂。

（6）石油沥青。石油沥青由石油蒸馏残余物或由沥青经氧化制成，为黑色固体或半固体物质，有污染性。高软化点（120~150℃）的沥青称为矿质橡胶，相对密度为 1.0~1.5。用量一般为 5%~10%，可与重油并用生产无味再生橡胶。

7.4.6.2　活化剂

在脱硫过程中，能加速脱硫过程的物质称作再生橡胶活化剂。使用活化剂可大幅度缩短脱硫时间，改善再生橡胶工艺性能，减少软化剂用量，提高再生橡胶产品质量。活化剂在高温下产生的自由基能与橡胶分子的自由基相结合，阻止橡胶分子断链后的再聚合，起到加快降解的作用。

我国应用的活化剂的主要品种有：

（1）活化剂 420。其化学名称为 2.2'-二硫化双（6-叔丁基对苯酚），为多烷基苯酚二硫化物的混合物。结构式为：

常温下为褐色树脂状物质，加热至 40℃ 即成流动液体，全硫含量为 11%~13%，游离硫为 1.5%~2.5%。本品性能优良，在我国再生橡胶中是应用最广泛的一种再生活化剂。在天然橡胶、丁苯橡胶、丁腈橡胶和氯丁橡胶等废胶再生中用量为 1.0%~2.0%。在中性和微酸性介质中效率较高，在碱性介质中活性急剧下降。

（2）活性剂 901。其化学名称是多烷基芳香烃二硫化物，为黄褐色至深褐色油状液体。全硫含量 20% 以上，游离硫 2%~3%。在天然橡胶、丁苯橡胶、氯丁橡胶及丁腈橡胶中作为再生活化剂时，用量分别为 0.5%~0.8%、0.88%~1.5% 和 2%~3%。该活化剂适宜在中性或微酸性中使用，在碱性中活性下降。

（3）活化剂 463。其化学名称是 2,2'-二硫代双（4,4'-二叔丁基-3-甲基苯酚），为黄色至深褐色树脂状物质，挥发分 ≤8%，软化点 ≥45℃。本品在油法、水油法及挤出法等脱硫工艺中应用，脱硫温度为 143~200℃，对于再生丁苯橡胶及天然橡胶具有较高的活性，对再生丁腈橡胶和氯丁橡胶也有较好的效果。它既是一种再生活化剂，也是一种再生橡胶的稳定剂，可使再生橡胶的储存稳定性显著提高。本品不影响再生橡胶的硫化速度。本品宜于在中性或微酸性中使用，在碱性中活性急剧下降，使用时应特别注意。使用本品时必须同时添加松香，因松香不但是增黏剂，而且可提高介质的 pH 值，可提高再生的活性。本品脱硫效果较好，但加工时易粘辊，黏度大，还有较浓的刺激性气味。在废天然胶中的用量为 0.1%~0.4%，废丁苯胶中为 0.4%~0.88%，废丁腈和氯丁胶中为 0.7%~2.0%。

（4）活化剂 MSP-S。其化学名称是 2，2'-二硫化双 [单，双或三（α，α-二甲基苄基）苯酚]。结构式为：

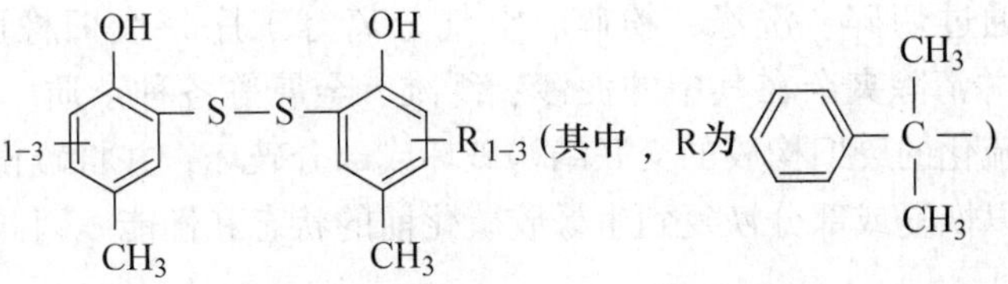

该物质在室温下为不流动的棕红色胶状物，80℃时流动性好，含硫量7%左右。用作废旧橡胶的再生活化剂，对天然橡胶和合成橡胶的再生均有效。适用于中性或微酸性脱硫介质，在酸性软化剂中的活化效率较高。在再生天然橡胶中的用量为 0.3%~0.4%；在再生合成橡胶中的用量为 2% 左右。用本品时最好选用松焦油类的酸性软化剂。

另外还有：800 系列除臭补强活化剂。800 系列再生橡胶除臭补强活化剂是一种络合物，是专用于废旧橡胶脱硫再生的活化剂，生产和使用该系列活化剂时不产生有害物质，对人体和环境均无伤害，因此是环保型活化剂。

7.4.6.3　增黏剂

增黏剂是添加于橡胶，对被黏物具有湿润能力，通过表面扩散或内部扩散作用，使其能够在一定的温度增加再生橡胶的黏性以获得良好加工性能的助剂。

一般增黏剂多为热塑性树脂状物，相对分子质量约为 200~1500，玻璃转化点和软化点均较低，软化点范围在 5~150℃ 之间。常温下呈半液态或固态，故在单独存在时或配入适当溶剂后具有流动性。增黏剂不仅是合成橡胶加工中不可缺少的助剂，而且在其他领域内的应用也日趋广泛。

目前，经常应用的增黏剂主要有以下几种。

（1）松香类树脂。松香是由松树分泌的树脂经加工而成，为透明的黄色或橙黄色固体，主要成分是松脂酸及松脂酸酐，加热时呈黏稠状物，能提高再生橡胶的黏性和耐老化性能，一般不单独使用，如松焦油、妥尔油在软化剂时可不加松香，与煤焦油等并用时可加 3%，但最多不得超过 5%。否则将使再生橡胶耐老化性能下降。

（2）聚萜烯类树脂。聚萜烯类树脂是由松节油中所含的萜烯类化合物聚合而成，聚萜烯类树脂比松香类树脂耐氧化性、耐热性好，但增黏效果差一些，主要用于制造透明胶带等方面。

（3）烷基酚醛树脂。烷基酚醛树脂具有良好的增黏性能，作为合成橡胶的增黏剂使用时，对自黏性、加工性及硫化胶物理化学性能的影响与其结构及相对分子质量分布有关，一般烷基的碳原子数越多，并且呈异构型的树脂，与橡胶的相容性越大，增黏效果也越好。常用的有对叔丁基酚醛树脂和对叔辛基酚醛树脂。

（4）古马隆-茚树脂。适宜作增黏剂的古马隆-茚树脂是常温下呈液态或软化点为 70℃ 的产品，主要用于丁苯橡胶、丁腈橡胶、氯丁橡胶等合成橡胶中。其增黏效果不如烷基酚醛树脂，但价格便宜。

7.4.7　再生橡胶的生产工艺流程

我国再生橡胶生产主要有油法、水油法和高温高压动态脱硫法，生产工艺流程基本相同，都分为粉碎、再生（脱硫）、精炼三个工段，不同之处在于脱硫工段的工艺和设备上。

粉碎工段是通过切碎、洗涤、粉碎、空气分离等工序将废旧橡胶制品变成直径约1.0mm的细胶粉并清除夹杂在其中的泥沙、纤维、金属等各种杂质。再生过程又叫做脱硫，就是设法将硫化的废旧橡胶的交联结构破坏或部分破坏，并将硫化剂和其他添加剂去除或部分去除，以恢复或部分恢复到生橡胶硫化前的状态和性能。因此，这是再生橡胶生产的中心环节。

精炼工段分为：捏炼、滤胶、回炼、精炼、出片。废旧橡胶制品生产再生橡胶的基本工艺流程如图7-10所示。

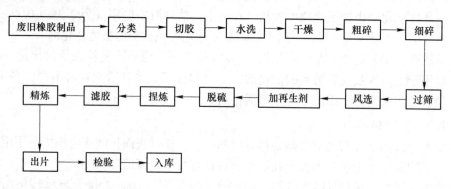

图7-10　再生橡胶生产基本工艺流程

7.4.7.1　水油法再生脱硫工段

水油法的参考配方为：废胶粉100份，煤焦油17.5份，松香3份，0.25份再生活化剂420。该方法再生工段主要有脱硫、清洗、排水和干燥四个工序。脱硫工序是在立式带搅拌装置的脱硫罐中进行的。首先将80℃的温水注入脱硫罐中，开动搅拌器，按照脱硫配方的实际用料，分别将软化剂、活化剂等投入，再投入胶粉，然后将蒸汽通入加热夹套和管内，待温度达到180～190℃后，停止向罐内通入蒸汽，夹套继续通入蒸汽进行保温2~4h。保温结束后，打开减压阀，将罐内气体降压至0.2~0.3MPa，再开动排料阀将胶料排至清洗罐内进行水洗。在清洗罐中放入温水，洗去多余的软化剂和少量纤维，然后打开罐底部阀门，通入压缩空气，使水鼓泡，并搅拌。清洗后的一些纤维等悬浮物漂浮在罐体上部，由溢水口排出罐外，清洗后的胶料经滤水后从罐底排料口排出罐外，进入挤水机上部的搅拌罐，将胶团打碎，再送入立式螺杆推进器进入挤水机进行挤水，挤水后的胶料一般含水量应控制在15%左右。最后进入干燥工序，干燥后的胶料含水量一般控制在7%左右。水油法生产再生橡胶的工艺流程如图7-11所示。

水油法工艺的特点为：工艺复杂、厂房有特殊要求、生产设备多、建厂投资大、胶粉粒度要求小、生产成本较高、污水排放量低、需具备污水处理系统、再生效益好、再生胶质量高。

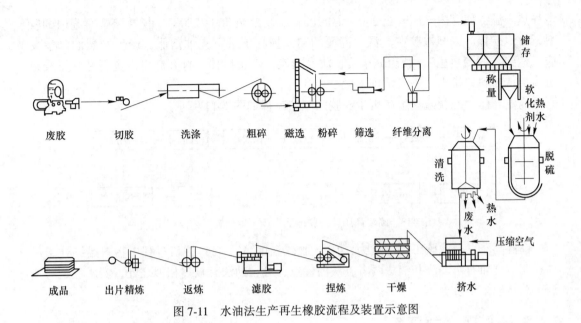

图 7-11 水油法生产再生橡胶流程及装置示意图

7.4.7.2 油法再生脱硫工段

油法生产再生橡胶工艺中的脱硫工段主要分为拌油和脱硫两个工序。拌油工序是将胶粉和再生活化剂加入到拌和器中，开动机器使其搅拌均匀。或者采用连续拌料，将再生剂预先按配比混合均匀，放在连续拌料机的上方，胶粉与再生剂按一定流量流入连续拌料机中搅拌均匀。连续拌料机内有螺杆推进器，用蒸汽加热，温度控制在60~80℃。将拌好再生剂的胶料装入铁盘之中，然后将铁盘放在装有滑轮的铁架上，推入卧式脱硫罐中进行加热。采用直接蒸汽加热，并定期排放冷凝水，以控制罐内温度在158~170℃或压力在0.5~0.7MPa，脱硫时间一般为10h左右。脱硫后的胶料不需要水洗、挤水、干燥等工序，可直接进入下一个工段备用。油法脱硫工艺生产再生橡胶工艺流程如图7-12所示。

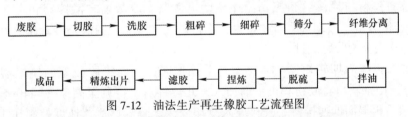

图 7-12 油法生产再生橡胶工艺流程图

油法脱硫工段的特点为：工艺简单、厂房无特殊要求、建厂投资小、生产成本低、无污水污染、再生效果差、再生胶性能偏低、胶粉粒度要求较低。

7.4.7.3 高温高压动态法再生脱硫工段

高温高压动态脱硫法生产再生橡胶的参考配方为：胎面胶粉100份，妥尔油8~10份，松香2份，双戊烯2~2.5份，0.25~0.35份活化剂420，水12~14份。

高温高压动态再生脱硫工段主要分为配料和再生脱硫两个工序。配料工序可按油法拌油方式进行。脱硫工序主要是在动态脱硫罐中进行的。根据加热方式不同有夹套式、加热伴管式或电加热式三种类型。工作时，启动搅拌，将配好的胶料一次从加料口装入脱硫罐内，并加入一定的温水，关闭进料口。在罐体内直接通入蒸汽加热，同时也在夹套加热或电加热升温，使罐内气压升至 2.0~3.0MPa，温度升至 200~220℃。搅拌装置对罐内的胶料不停地搅拌，废旧橡胶在高温、高压的动态搅拌下进行充油溶胀，产生剧烈的降解反应，达到"脱硫再生"。脱硫完毕后，放完蒸汽，停止搅拌，打开卸料口进行卸料，胶料可直接从卸料口排出，进入精炼工段。

高温高压动态脱硫法生产再生橡胶的工艺流程如图 7-13 所示。

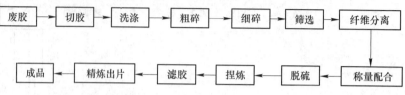

图 7-13　高温高压动态脱硫法生产再生橡胶工艺流程图

高温高压动态脱硫工艺特点为：（1）脱硫温度高；（2）脱硫过程中物料始终处于运动状态。它兼有水油法和油法两者方法的优点，又与油法有较多相似之处，实质上是对油法工艺从根本上改进。

7.4.8　再生橡胶生产新工艺

再生橡胶生产方法很多，各种方法都需要经过粉碎、脱硫再生、精炼三个工艺过程（液体再生橡胶除外），区别在于脱硫工艺不同。主要的新工艺有快速脱硫工艺、高温连续脱硫工艺、低温塑化工艺、螺杆挤出工艺、密炼机再生工艺、无机脱硫工艺、微波脱硫工艺、超声脱硫工艺。

7.4.8.1　快速脱硫工艺

快速脱硫工艺属于机械法的一种，它的特点是不需要加热，靠高速旋转的搅拌桨叶与胶粉碰撞摩擦生热，产生的热量使脱硫装置内的温度急剧上升（150~200℃），胶粉被迅速塑化。脱硫装置由脱硫罐和冷却罐组成。脱硫罐是带高速搅拌的单壁罐体，罐内有一挡板，用以增加胶粉与罐体的摩擦，搅拌速度可调节。冷却罐有搅拌器和夹套（通冷却水），搅拌速度较低。冷却罐罐口要密封，不得进入空气。脱硫罐与冷却罐之间用管道连接，中间有开关控制胶料通过。

这种方法脱硫周期较短（10~15min），操作时，首先将脱硫罐的搅拌器调至低速（720r/min），由加料口将胶粉和再生剂加入，几分钟后，再调至高速（1440r/min）搅拌7~8min，然后再调回低速排料。胶料进入冷却罐徐徐降温，搅拌速度控制在 16~18min，冷却 10~15min，排出后进行后期机械加工处理。

这种方法设备简单、节省能量、投资少、易上马投产。但由于脱硫周期短，工艺不易控制，造成质量波动，产品性能不够稳定。

7.4.8.2　低温塑化工艺

20 世纪 70 年代，日本开始对废旧橡胶进行室温塑化研究；1981 年，瑞典发表的专利中，采用苯肼-氯化亚铁或二苯胼-氯化亚铁作为再生塑化剂，但苯肼及二苯胼毒性较大，后未见有工业化生产的报道。我国的研究则改变了原料路线，采用一般化学试剂，在 40~110℃温度下，形成催化氧化-还原反应系统，使胶粉分子发生断链，达到塑化目的。

这种方法能量消耗少，不产生废水、废气，工艺过程简便，投资少；它的设备比较简单，主要有混合器、加热器、开炼机和一些装胶粉容器等。混合器用于再生剂和胶粉的混合，搅拌速度为 100~120r/min。加热器用于加热胶料，温度控制在 100~105℃；开炼机用于捏炼胶料和提高胶料塑性。

它的工艺流程如下：

胶粉+再生剂混合搅拌→加热处理→机械加工→出片

该方法的能量消耗低，据估算，用这种工艺生产每吨再生橡胶所用的电为水油法的 80%，所用煤为水油法的 20%，从节约能源看，是很有研究价值的一种工艺，但因其工艺过程温度低，塑化程度差，产品质量尤其可塑性偏低，应用范围受到限制，有待进一步提高塑化程度与产品质量。

常温塑化工艺与低温塑化相似，都是用化学试剂为再生塑化剂对胶粉进行塑化，区别在于常温塑化的温度低（40℃），用双杂环-亚铜络合物、萜烯树脂等作塑化剂，是一个物理降解过程。它同低温塑化工艺一样能耗小，但产品质量达不到现有再生橡胶的水平。

7.4.8.3 高温连续脱硫工艺

高温连续脱硫属于干法脱硫工艺，它利用波长为 5.6~1000μm（远红外线）的电磁波来加热胶料，升温快，温度高。被加热的胶料能迅速地由表及里均匀受热，加快了分子运动。实践证明，物体反射、吸收、透过射线的程度与物体本身的性质、种类、表面形状等因素有关。由于橡胶、塑料等高分子材料的分子振动波长与远红外线的波长相同，因此这些材料吸收射线能力很强，同时由于硫化胶的颜色、颗粒及松散状态，更有利于吸收远红外线，所以用波长 5.6~1000μm 的远红外线加热硫化胶进行脱硫再生是适宜的。

本工艺的特点是工艺简单，污染小，脱硫温度高、时间短、胶料受热均匀，具有较好的物理机械性能，是目前正在探索的一种新工艺。

7.4.8.4 螺杆挤出工艺

螺杆挤出工艺是利用螺杆挤出机的挤压作用，使拌入再生剂的胶粉在热、氧的作用下短时间内获得较高塑性的一种机械方法。该法的特点是设备简单、机械化程度高、可连续生产、无废水产生。所用的压出机与橡胶、塑料挤出机相似，由螺杆和机套组成，机套中有夹层。通入蒸汽或用油浴加热。

它的工艺流程如下：

胶粉+再生剂混合→螺杆挤出→捏炼→滤胶→精炼→出片

操作时应注意将胶粉与再生剂按比例混合均匀，以免在 180~200℃下胶粉受热不均，造成质量波动。胶料由供料装置均匀地送入压出机，在螺杆的剪切挤压作用下得到塑化，从出料口排出，再经捏炼、滤胶、精炼等常规操作进行加工。此法在美国应用比较普遍，据报道美国再生橡胶约有 1/3 是用这种方法生产的。

20 世纪 60~70 年代以来，硫化合成橡胶的再生技术在西欧、北美多采用特制的单螺杆挤出法。生产中胶料黏结在螺杆和机筒内壁，形成"死角"，难以清除。虽然采取了一些改进措施，但未能从根本上解决结垢问题。针对单螺杆法存在的结垢、清洗困难、磨耗快、胶粉质量不稳定等问题做了特殊设计，采用双螺杆和多螺杆挤出结构，能保证在螺杆之间互相清除积料。

7.4.8.5 密炼机再生工艺

密闭式捏炼机脱硫工艺是我国近年开发研制成功的最新脱硫工艺，已成功地应用于废丁基内胎脱硫生产丁基再生橡胶，替代了传统的高温动态脱硫工艺。高温动态脱硫，需要高温高压、脱硫时间长、能耗高，还需要添加昂贵的脱硫活化剂，在脱硫罐内胶粉不可能产生摩擦和剪切力，而且易产生焦化、炭化。

密闭式捏炼机脱硫工艺的特点如下：（1）脱硫时间短，生产效率高；（2）能耗低，不需要加热，靠摩擦升温，可升到200℃以上；（3）废胶在密闭室内经受高温、高压、高速摩擦剪切作用，断链效果好，再生橡胶的物理性能优良；（4）不需要添加昂贵的脱硫活化剂，生产成本低；（5）无污染，开机排料时，开动抽风机，将烟气引到喷淋罐处理。

密闭式脱硫捏炼机不仅能用于废丁基胶内胎脱硫，只要选用适宜再生剂，脱硫工艺条件恰当，还可以用于废三元乙丙胶、树脂硫化的废丁基橡胶及废轮胎胶等的脱硫、生产再生橡胶。

7.4.8.6 无油脱硫工艺

无油再生橡胶生产新工艺应用的技术理论基础是 IPN（互穿聚合网络），在此技术理论指导下，所设计的工业生产路线，不再使用任何类型的软化剂、活化剂等。将生产用原料和辅料有机地融于一体，形成"一条龙"的生产方式。其两大类系列产品中，都是无迁移性污染、无毒性恶臭、无油的再生橡胶。

新工艺的反应机理大致为：起初，橡胶烃最小的分子链段受热后，开始徐徐滑动。随着时间的推移，比小分子稍大的各级不同分子链段或小片也相继开始活动起来。与此同时，具有紧密刚硬结构的胶粉，受热压及饱和水蒸气的影响，也会变得松弛和柔软。附着在胶粉表面的橡胶烃受同类分子烃之间的"竞聚作用"和"亲和力作用"，向已开始松弛变软的胶粉内"递层穿透"。这种"递层穿透"是带有一定程度的强迫相容性，使两种不同形态的同类橡胶烃分子链互相缠结在一起，发生嵌段和接枝聚合反应，嵌接成一种"互穿聚合网络"结构的弹性物。这种弹性物体内的嵌段接枝物分布并不均匀，还必须借助机械力的作用才能达到最理想的效果。

7.4.8.7 微波脱硫工艺

微波脱硫技术是一种非化学和非机械的一步再生脱硫法，它是利用微波能量切断 S—S 键、S—C 键，而不切断 C—C 键，从而达到再生的目的。因为微波能具有选择性断链，故用这种方法生产的再生橡胶的性能接近原胶，微波脱硫过程中无需添加任何助剂，基本上无污染。另外脱硫时所用胶粉为6~8mm的胶粒，而不像传统的脱硫方法需要24~30目的胶粉，因此，机械损耗可大幅减少，电能也可大量减少。微波脱硫时间短，一般只需要5min，因此生产效率高，生产成本可大幅降低。微波脱硫法是生产高质量和低成本再生橡胶的最佳方法之一。

微波场是一个变化频率极高的交变电场，例如频率为2450MHz的微波，其电场方向每秒钟变化2450百万次，在方向振荡如此之快的电场中，一切极性基团都将迅速改变自己的方向而摆动。但因分子本身的热运动和相邻分子之间的相互作用及分子的惯性，使极性基团随电场变化的摆动受到阻力和干扰，从而在极性基团和分子之间产生巨大的能量。对于生橡胶而言，有极性橡胶（如丁腈橡胶和氯丁橡胶），也有非极性或弱极性橡胶（如天然橡胶、顺丁橡胶、丁基橡胶和丁苯橡胶等）。因为生胶与硫黄交联生成硫化橡胶，分子间及大分子内都存在 S—S 键和 S—C 键，可将硫桥看成是一种硫醚键的偶极矩，因而硫化胶在电场中都会发生偶极极化。因此，无论是极性生橡胶还是非极性生橡胶，硫醚键的偶极矩较大，在微波场中，该处获得的能量也较大，这就有可能使含有炭黑的硫化胶在微波能的作用下发生 S—S 键或 S—C 键断裂，因此，破坏了硫化胶的网状结构而获得塑性，从而达到脱硫再生的目的。

7.4.8.8 超声波脱硫法

美国 Akron 大学已开发出一种将超声波场集中在挤出机中使橡胶脱硫、所用挤出机长径比（L/D）为 24 的塑料加工挤出机。超声波脱硫反应装置由换能器、倍增器、超声器、压力和温度测量仪及口模等部件组成，其相对于挤出机出料段的配置有呈直角或反向同轴两种方式，来自挤出机的经受剪切和挤压而加热的废旧橡胶进入超声波脱硫反应装置内，与超声器相接触，再通过可调缝隙和口模挤出成品。上述换能器是一种可把电能转换成声能的装置，倍增器则将声能扩大且通过超声器作用于废胶粉料上使之发生空穴化作用，从而达到橡胶降解再生的目的。如对废天然橡胶施以 50kHz 的超声能量，10min 可获得优良的再生橡胶，硫化后的物理机械性能与原胶相近。

7.4.8.9 微生物脱硫法

微生物脱硫法就是利用微生物或其中的酶的专一性催化硫交联键的反应使硫释放出来的废旧橡胶脱硫方法。美国巴特尔太平西北试验室对废旧橡胶进行了生物脱硫研究：脱硫采用了嗜硫微生物（如硫杆菌、硫化叶菌、红球菌），利用这些微生物有选择性地破坏硫化橡胶的硫交联键，留下完好的橡胶碳链供再硫化用。方法是将废旧橡胶先粉碎至粒径约 75μm，然后放入含微生物和微生物营养物的水溶液中一起混合脱硫，反应在常温、常压下进行，几天之后便可从水溶液中回收橡胶。不同微生物对胶粉的脱硫产生的表面化学性质不同，故需要根据使用者的配方要求选择使用，这种生产方式成本低于新橡胶的成本。日本、德国、瑞典、韩国和国内等也对废旧橡胶生物脱硫方法进行了研究，均取得较好效果。

此种脱硫再生的方法费用很低，不用化学药品，且可以迅速反应。橡胶中的 ZnO 等金属氧化物与硫黄一样，也可以从橡胶中分离出来，废胶中的其他配合剂如炭黑、硬脂酸仍留在再生橡胶中。

7.4.8.10 相转移催化脱硫法

相转移催化脱硫法是借助于脱硫催化剂对硫化胶的硫交联键进行催化脱硫并在两相介质中实现硫相转移的脱硫方法。该方法是采用有选择性切断橡胶多硫交联键的脱硫剂——含鎓盐的有机溶液，如十二烷基二甲基苄基氯化铵溶液，先将其浸润废旧橡胶颗粒，然后再用含羟基离子水溶液浸泡混合而实现脱硫相转移。这种脱硫方法脱硫时其切断的交联键主要为占交联键总数 66%～75% 的多硫交联键，其余的（多为单硫键）可用于阻止脱硫橡胶的塑性增大。

7.4.8.11 De-Link 再生工艺

De-Link 再生剂的出现为废旧橡胶的再生开拓了全新的方法，是马来西亚科学家 Sekhar 博士和俄罗斯科学家 Kormer 博士共同研究发明的橡胶再生新技术，并在马来西亚、美国、欧洲、印度、中国和日本申请了专利。再生剂包含高活性的硫化剂、促进剂、活性剂和软化剂，如二乙基二硫代氨基甲酸锌盐、巯基苯并噻唑、氧化锌、硬脂酸、硫黄，把上述几种粉料直接混合剧烈搅拌，然后加入到二元醇中制成均匀的混合物。脱硫机理被认为是发生了质子交换。在机械力作用下，硫化胶中的多硫键附近的亚甲基发生异裂，脱出一个质子，同时键断裂，他们分别与再生剂形成络合物和与质子结合，从而实现质子交换，发生诱导极化作用，促使多硫键断裂。

7.4.8.12　RRM 脱硫工艺

RRM 是一种植物产品，其主要成分为二硫化二烯丙基化合物（DADS），其他成分有环状单硫化合物、多硫化合物、多种二硫化合物和砜类化合物。RRM 脱硫剂由印度开发，是一种可再生植物资源，其使用方法与 De-Link 相近，因其采用的原料是天然植物提取物，为可再生资源，故在资源利用和环境保护上具有十分重要的意义，是一种工业应用前景良好的废旧橡胶脱硫生产再生橡胶的方法。

7.4.9　再生橡胶的应用

再生橡胶具有价格低、生产加工性能好的优点，可替代部分橡胶或单独作为橡胶应用于各种橡胶制品生产。

再生橡胶在应用上的优点如下：

（1）有良好的塑性，易与生胶和配合剂混合，节省工时，降低动力消耗。

（2）收缩性小，能使制品有平滑的表面和准确的尺寸。

（3）流动性好，易于制作模型制品。

（4）耐老化性好，能改善橡胶制品的耐自然老化性能。

（5）具有良好的耐热、耐油、耐酸碱性。

（6）硫化速度快，耐焦烧性好。

缺点如下：

（1）弹性差。再生橡胶是由弹性硫化胶经加工处理后得到的塑性材料，其本身塑性好，弹性差，再硫化后也不能恢复到原有的弹性水平。因此，应用时要注意选择好配合量，特别是制造弹性好的产品. 应尽量少用再生橡胶。

（2）屈挠龟裂大。再生橡胶本身的耐屈挠龟裂性差，这是因为废硫化胶再生后，其分子的结合力减弱。对屈挠龟裂要求较高的一些特殊制品掺用再生橡胶要斟酌使用，并注意使用量。

（3）耐撕裂性差。影响耐撕裂性的因素较多，其中配合剂分散不均，制成的橡胶制品不仅物理机械性能低，耐老化性差，而且抗撕裂性也弱。再生橡胶在脱硫工艺过程中，如果拌料不均，再生剂分散不好，也会造成再生橡胶耐撕裂性差，在应用时应注意这点。

再生橡胶是橡胶工业广泛采用的低档原材料. 一般对机械强度等物理机械性能要求不高的橡胶制品，均可掺用再生胶制造。除了丁基橡胶外，再生胶与各种通用橡胶都能很好互容。

基于再生橡胶的优点，再生橡胶可广泛应用于各种橡胶制品。具体应用如下：

（1）在轮胎中的应用。胎面胶中使用再生橡胶，只限用于断面较小的外胎，或断面虽然较大，但行驶速度慢的轮胎。乘用车轮胎帘布层胶料中掺用再生橡胶，可以提高胶料的加工性能和产品的耐老化性能，而且降低成本。胎体胶料中掺用再生橡胶后，临界压延温度范围增大，这是由于再生橡胶比生胶回弹性低，因此减少了压延机堆胶时内部生热的现象以及焦烧的危险。但胎面胶应用再生橡胶时，又不得不严肃对待再生胶对回弹性、撕裂和疲劳的影响。就回弹性看，使用再生橡胶使这一性能显著下降。回弹性越低，滞后损失越大，滞后损失是胎面行驶过程中生热的主要原因。随着温度上升，橡胶的所有性能全部受到影响。特别是造成抗撕裂和耐疲劳性能的下降。车辆的耗油量也会因轮胎的这些性能下降而增加。

断面较大的轮胎，由于使用条件苛刻和橡胶导热性差，其行驶温度特别高，因此不能使用任何再生橡胶，否则将引起危险的高温。飞机轮胎和载重胎等，由于对抗疲劳性能的要求，妨碍了再生橡胶的应用。此外，在小客车、摩托车车胎中使用再生胶会影响耐磨性能。因此，再生橡胶只限用于翻胎胎面胶之中。

对于小规格载重车胎、小客车轮胎，可以把少量再生橡胶用于内层帘布贴胶和隔离胶。以 100 份新聚合物为基础，可以安全地添加 60 份再生橡胶。优质再生胶可用作胎圈或三角填充胶条胶料的压延操作助剂。

自行车胎主要是黑色的，通常可以掺用一定比例的再生胶。胎面和胎体胶料都可以天然胶、丁苯胶和再生胶并用来配合，掺用比例取决于所要求的质量以及加工性能。

（2）在胶带、胶管中的应用。胶带和胶管制造是再生橡胶应用十分广泛的领域。胶带、胶管产品的力学性能要求差距很大，可以根据不同的性能要求，选用再生橡胶的品种和掺用数量。胶带产品一般力学性能要求较高，在部分部件中可以少量掺用。胶管产品一般力学性能要求较低，大多数都是在静态下使用，所以大量掺用再生橡胶也能满足使用要求。对某些制品来说，例如园艺胶管，再生橡胶可能是橡胶烃的唯一来源，当可以满足质量要求时，采用这种方法不会出现问题。但是，通常的做法是向再生胶中添加适当新胶，提高硫化胶的强度。

（3）鞋底中的应用。鞋底胶料中使用再生橡胶是传统的做法。尽管鞋底胶料中的高苯乙烯胶的应用越来越普及，但目前仍广泛使用再生橡胶。

（4）胶黏剂中的应用。

胶黏剂中所用的再生橡胶大多来自天然橡胶，硫化后再生橡胶中导入了较多的极性基团，同时产生高度极性结构，与天然胶胶黏剂相比，对橡胶与金属结合制品的粘接强度没有不利影响，同时具有良好的耐老化性能和耐热性能。

由再生橡胶制备的胶黏剂可分为两类：一类是把再生橡胶分散在水介质中；另一类是把再生胶分散在适宜的有机溶剂中。

再生橡胶水分散体的制备是把再生橡胶与所需的增塑剂、树脂、填充剂一起，在具有 Z 型刀片的捏合机内捏炼，使之细分成胶体微粒子，然后加入分散剂，使粒子外表面有一层可使粒子保持悬浮的亲水保护层，当分散剂完全混入后，慢慢加入适量水，使相态发生变化后，稀释至适当浓度。目前它主要用于带背衬针织地毯及各种不同的背衬。这类胶黏剂的一个优点是能浸润油污表面。如金属表面，并与之粘接。

将再生橡胶分散在适宜的溶剂烃、氯化烃中，并添加树脂使之产生具有流变性能和粘接性能的溶液，可这类胶黏剂的性能受到树脂种类和用量、再生胶品种、填充剂品种和用量的影响。再生胶通常用水油法再生橡胶。与天然橡胶胶黏剂相比，具有价格低、粘接性好、耐老化、固体物含量高、易涂刷、易挤出、在垂直黏合面上不会产生流淌等优点。但也存在着耐溶剂性差且仅限于黑色物体的缺点。可用于粘接陶瓷瓦（砖）、吸声贴砖、小客车车身、小客车装饰物、地面瓷砖、毛毡屋顶、泡沫胶等。

（5）硬质胶中的应用。使用再生橡胶制作硬质胶的代表是生产硬质胶蓄电池外壳胶料：再生胶可以单独使用，也可与丁苯橡胶或天然橡胶并用。当要求好的绝缘性时需使用优质的水油法再生胶。

（6）工业制品中的应用。过去，各种橡胶工业制品都大量使用橡胶。当时使用再生的目的就是为了降低成本，并不考虑制品的性能。现在使用再生橡胶不仅是为了节约胶料成本，而且认识到其作为配合剂的真正价值。由于混炼时间缩短了，产量就可以提高，同时也降低了混炼胶的管理费用。另外，再生橡胶的热塑性低，能提高压出速度，并能保持压出制品在无支撑硫化时无变形。用再生橡胶制造硬质胶蓄电瓶时，再生橡胶能快速与填充剂混合，尺寸稳定、不收缩、硫化速度快。丁基再生橡胶的物理力学性能比普通再生橡胶高，拉伸强度与原生胶很接近，用于制造汽车散热器胶管外层胶，性能相当好。丁基橡胶还可以保持胶料的稳定件。

7.5　废旧橡胶改性沥青

7.5.1　国内外废旧橡胶粉改性沥青利用现状

废旧橡胶属于热固性聚合物材料，是污染环境的固体废弃物中最难处理的品种之一，污染可长达几十年之久，自然条件下很难降解，不但恶化自然环境、破坏植物生长，而且经过日晒雨淋后极易滋生蚊虫、传播疾病、危及生态环境。无论采用堆放、填埋还是焚烧的方法处理都将带来新的污染。将废轮胎加工成橡胶粉末用作道路沥青改性剂是国际公认的无害化、资源化处理的最好方法。

废旧橡胶粉改性沥青在发达国家已经有几十年应用历史，它除了用于公路外，还用于生产建筑防水材料。可以说，使用废旧橡胶粉改性沥青既解决了环保上废旧橡胶处理的难题，又节约了资源，还一定程度地降低了产品的成本，是一举多得的好事。

20世纪60年代，美国开始用橡胶粉改性沥青进行铺路试验。20世纪80年代初，国外研究沥青改性有关方面的机构和学者发现，用7%的胶粉改性沥青，会得到更高的负荷强度，且每增加1份胶粉，可使改性体系的脆点下降1℃。由于硫化胶粉已掺有各种稳定剂（包括抗氧剂、硫化剂、炭黑和氧化锌等），故有利于提高沥青的吸附性和耐候性。发达国家的政府都大力扶持废旧橡胶回收利用企业。1991年，美国国会通过了陆上综合运输经济法案，其中一条要求从1994年起凡使用联邦经费的热拌沥青混合料都必须以5%的经费用于废旧橡胶沥青混合料，以后每年再增加5%，直至1997年达20%。美国加利福尼亚州、德克萨斯州、佛罗里达州、亚利桑那州等都按州法律，由废管局与公路部门协调，采用胶粉改性沥青用于公路建设，胶粉用量依用途不同在5%～30%之间，通常为10%～15%。美国现有100多家收集并利用废旧橡胶的加工厂，其废轮胎的利用率达80%以上。近几年来，其胶粉的增长率高达64%，需求量约320万吨，其中52%的胶粉来自废轮胎，美国6家胶粉改性沥青公司可消耗胶粉总量的25%以上。现有3个州的胶粉改性沥青中的胶粉比例由1996年的15%提高到现在的20%。其他工业发达国家也有许多类似法律，这使橡胶粉用于改性沥青得到稳定的发展。日本、俄罗斯、加拿大、法国、南非、瑞典、韩国、芬兰、澳大利亚等已成功地使用废旧橡胶改性沥青，且用于修筑高速或高等级公路。

废旧橡胶粉应用于沥青改性在我国已有 30 余年的研究和应用历史，目前国内主要应用方向为道路沥青改性和建筑防水沥青改性。我国对废旧橡胶粉改性沥青用于公路的研究，始于 20 世纪 80 年代，并在四川、江西等省进行了铺路试验。但是由于当时国内胶粉行业处于起步阶段，生产的胶粉径粒大，加之相关配套技术落后，未达到实用化阶段。随着国内各研究机构对废胶粉改性沥青的机理及开发应用等方面开展了大量的研究工作，国内高等级公路沥青的生产技术获了突破性进展。目前我国已具备生产 80 目胶粉的成熟技术，可以大量工业化生产，其价格远低于 SBS、PE、SBR 等改性剂，具有很好的成本优势。

废旧橡胶粉改性沥青在我国防水材料行业的应用，从 20 世纪 70 年代后期到 80 年代较为盛行。由于 SBS、APP（无规聚丙烯树脂）等改性沥青尚未在国内推广，废旧橡胶粉作为国内主要弹性体改性剂之一，为沥青基防水材料的质量提升作出了积极的贡献。进入 20 世纪 90 年代，SBS 改性沥青在国内得到积极的推广应用，热塑料弹性体改性剂 SBS 成为改性沥青的首选材料。到 90 年代后期，在经济利益的驱使下，开始出现大量废旧橡胶粉改性沥青假冒 SBS 改性沥青的现象，废旧橡胶粉几乎成了假 SBS 的代名词。可以肯定地说，目前的"高油价"形势在今后几年内将继续推动废旧橡胶粉改性防水沥青用量的攀升。

7.5.2 废轮胎橡胶沥青定义及其制作方法

美国联邦公路总署（Federal Highway Administration，简称 FHWA）曾于 1991 年针对添加废轮胎橡胶的沥青产品，根据制作过程的差异加以分类，并将不同制作过程的技术名词予以标准化，如图 7-14 所示，生产废轮胎橡胶改性沥青的制作过程可概括为湿式制作过程和干式制作过程两种。

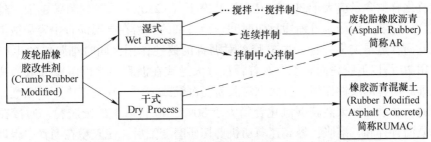

图 7-14　美国联邦公路总署废轮胎橡胶沥青命名方式

湿式制作过程是指将废轮胎橡胶粉加入传统沥青中，拌和具有改性沥青特性的废轮胎橡胶沥青，可用作密级配、间断级配或开级配沥青混凝土的黏结料；干式制作过程是直接将废轮胎橡胶粉加入骨材中，再加入沥青拌制成橡胶改性沥青混凝土，使得橡胶改性沥青混凝土中的沥青与部分橡胶粉反应达到改性效果。由于这两种拌制方式加入的废轮胎橡胶粉同样改变了沥青黏结料性质，因此统称为废轮胎橡胶改性剂。

7.5.3 废旧橡胶改性沥青的组成

（1）废旧橡胶粉。废旧橡胶粉是已经硫化（交联）的橡胶，其粒子的微观结构仍然保持着网状交联结构，并且还含有填料（炭黑）和防老剂等化学成分，交联点之间还保持着较长的柔性链段，废旧橡胶粉的这些结构特性是 SBS 物理交联结构所不具备的。橡胶粉在沥青中的溶解溶胀程度与沥青的组分有关，橡胶粉的溶解溶胀过程实质上就是橡胶粉在沥青中的脱硫降解过程。橡胶是一种高弹性的高分子化合物。混入橡胶粉能使沥青材料具有橡胶的特性，这主要体现在弹性、韧性、耐热性、耐磨性和耐久性上。

废旧橡胶的主要来源是废轮胎，废轮胎中的聚合物主要有顺丁橡胶（BR）、天然橡胶（NR）和丁苯橡胶（SBR），此外还含有炭黑和硫化剂等。

（2）废旧橡胶改性沥青。改性沥青是指"掺加橡胶、树脂、聚合物、磨细的细胶粉或其他填料等外掺剂（改性剂），使沥青或沥青混合料的性能得以改善而制成的沥青结合料"。改性剂是指"在沥青或沥青混合料中加入的天然或人工的有机或无机材料，可熔融分散在沥青中，改善或提高沥青路面性能（与沥青发生反应或裹覆在集料表面上）的材料"。

目前，我国改性沥青常用的改性剂主要有 SBS、LDPE、EVA 和 SBR 等。利用废胶粉替代价格昂贵的 SBS 作沥青改性剂是一种既经济实用又简单有效的方法，不仅可以降低修路的成本，还可以变废为宝，消除"黑色污染"。废旧橡胶改性沥青除含上述两种组分外，在公路中应用还添加粗集料碎石、细集料砂石及填充料。

7.5.4 废旧橡胶改性沥青的配方设计

与 SBS 改性沥青比较，废旧橡胶粉改性沥青路面具备抗滑性能优秀、耐磨损、安全系数高、交通噪声低、经济投入较少等优势，因此大力推广废旧橡胶粉改性沥青的应用具有十分重要的意义，对废旧橡胶粉改性沥青的配方研究更是重中之重。

7.5.4.1 废胶粉粒度的选择

胶粉的粒度一般以 20～40 目（0.83～0.38mm）为宜，胶粉的质量应符合标准，其天然橡胶碳氢化合物含量应大于 30%；在高温状态下（<210℃），胶粉颗粒越细，越容易在沥青中混合、分散、溶胀，可缩短反应时间。但过细的胶粉在高温沥青中容易被消化或油化，使橡胶沥青过早失去弹性，失去胶粉对沥青的改性作用，同时细胶粉的生产成本较高。但使用 20 目以下胶粉同时也存在着颗粒过大导致在沥青中难以溶胀分散的现象，无法全面发挥对沥青的改性作用，且大颗粒胶粉易沉淀或离析，在施工中不易喷洒、拌和和压实。因此，必须选择天然胶碳氢化合物大于 30%、40 目以下的废胶粉。通过在高温状态下与基质沥青拌和、溶胀，经高速剪切机剪切研磨变细后，使胶粉在沥青中得以充分溶胀，才能充分发挥胶粉对基质沥青的改性作用。

7.5.4.2 废胶粉掺入量的选择

废胶粉合理的加入量主要考虑几个方面的因素：胶粉改性沥青的路面使用情况，加工、运输、摊铺性能；加工成本等。通过不断试验和生产实践后发现：

（1）当胶粉加入量为 10% 时，胶粉改性沥青的软化点只有 51℃，5℃时延度为 7.80，对基质沥青的改善幅度较大。

（2）当胶粉加入量为 15% 时，胶粉改性沥青的软化点为 53℃，5℃时延度为 9.00，对基质沥青的改善效应有所增强，但无法达到质量技术标准。

（3）当胶粉加入量为 20% 时，胶粉改性沥青的软化点为 61.5℃，5℃时延度为 10.05，基本达到橡胶粉改性沥青的技术指标。但在未加入活化剂和渗透剂的情况下，黏度太大，180℃时黏度高达11.8，不易加工，必须加入1‰以下的活化剂和渗透剂，这种状况才能得以改变。

（4）当胶粉加入量高达25%～30%时，虽然其软化点、延度、针入度等有所提高，但其黏度太大，即使在加入活化剂或渗透剂的情况下，也无法正常生产、加工，因而产品也无法喷洒和推铺。

因此，通过研究并结合美国、日本、德国等发达国家开发废胶粉改性沥青的经验，一般情况下选择18%～22%的废胶粉加入量比较合适，同时必须加入适量的活化剂和渗透剂。

7.5.4.3 复配改性胶粉

胶粉是废旧橡胶经粉碎机断裂交联网状结构，产生的大量分子碎片颗粒其表面呈惰性，是一种由橡胶、炭黑、软化剂及硫化促进剂等多种材料组成的含交联结构的材料。其与沥青混合由于表面性质不同，使它们之间的相容性较差，把胶粉直接掺入沥青中难以形成较好的粘接界面，容易产生离析或沉淀现象。因此，用一定的方法对胶粉表面进行改性，促使胶粉与沥青等高分子材料的界面结合，提高胶粉与沥青的配伍性。

7.5.4.4 废旧橡胶粉改性沥青配比

废胶粉改性沥青在有许多优点的同时，也存在许多不足和欠缺之处。例如，普通橡胶改性沥青的软化点、延度较低，虽然基本达到橡胶改性沥青的行业标准，但与《公路沥青路面施工技术规范》中JTGF40—2004聚合物改性沥青标准及高速公路管理部门的技术要求相差甚远，只有通过加入3%左右SBS及3%的芳香烃油（即橡胶油）的办法来解决这个问题，具体的加入量须根据基质沥青的产地和牌号做好小试后才能确定。

7.5.5 废旧橡胶改性沥青的生产方法

用废轮胎胶粉作为沥青的改性剂生产改性沥青，其制法与SBS改性沥青的工艺及设备基本相同，但胶粉改性沥青的制法分为干法和湿法。

7.5.5.1 干法

将剂量为沥青混合料总量的2%～3%的胶粉喷入到正在搅拌的热沥青拌和锅中，搅拌约20min即成为胶粉改性沥青混合料。但干法制成的改性沥青只适用于摊铺在公路的底层和中层，而不适宜摊铺在面层，因为干法制成的改性沥青对温度的敏感性改进不大，面层需用湿法改性的沥青。

7.5.5.2 湿法

将精细胶粉、活化胶粉或脱硫胶粉按配方剂量投入180～200℃的沥青中，其方法是在搅拌沥青时缓慢添加胶粉，搅拌后，再进入胶体磨或高速剪切乳化机中加工处理，当其质量达到规定的标准时为止，即可制成高质量的胶粉改性沥青。胶粉用量、搅拌时间、沥青温度随着基质沥青和胶粉性质不同而有很大区别。但改性沥青的性能与胶粉的粒径关系密切，粒径越小分布越均匀，其性能越优良，而且不易离析，有利于泵送。

7.5.6 胶粉改性沥青混合料的施工

胶粉改性沥青一般在正规的沥青厂集中生产，沥青厂必须配备高速搅拌机和消解罐以利于胶粉与沥青的充分混合。通常每批胶粉改性沥青量为 10~25t，搅拌罐中设置加热系统和螺旋搅拌装置，搅拌时间约为 90min；沥青橡胶混合物加热到 190~205℃并消解大约 60min，才能用来生产混合料。胶粉沥青在反应完成后保存不能超过 4h；如果超过这个时间，材料将会重新组合结构。实践表明，重新组合结构后的胶粉改性沥青性能较差。胶粉改性沥青必须采用车况良好的汽车运输，特别要注意防止泄漏。

橡胶粉改性沥青及混合料的生产工艺主要有以下两种：

（1）直接法制橡胶粉改性沥青。在普通的沥青混凝土拌和机中增设一套胶粉添加设备，在生产中直接按比例向搅拌锅中加入胶粉，经过充分搅拌，制成橡胶粉改性沥青混合料。

（2）湿法制橡胶粉改性沥青。先将橡胶粉与热沥青按比例混溶制成橡胶粉改性沥青结合料，再将其加入到热矿料中拌和成橡胶沥青混合料。湿法制备改性沥青时，常用到胶体磨和高速剪切乳化机，这两者是生产胶粉改性沥青的关键设备。

7.6　废旧橡胶的热裂解和燃烧利用

7.6.1　废旧橡胶热裂解工艺

将洗净的废旧轮胎经切片或粉碎后放入热解反应器，在反应器内经加热后发生热分解反应。气态产物通入冷凝器，可以实现油气分离，并可冷凝出多组馏分，如汽油馏分、柴油馏分和重质油馏分等。反应器内固态产物经磁选使粗炭黑与钢丝分离，粗炭黑经进一步加工处理可制得活性炭或炭黑。热解工艺过程如图 7-15 所示。

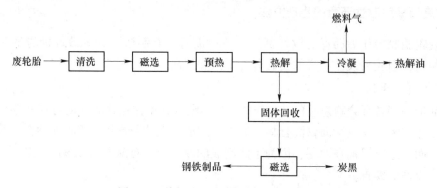

图 7-15　热解法处理废旧轮胎工艺流程

7.6.1.1　移动床热解工艺

移动床热解工艺属于慢速热解工艺，加拿大 Laval 大学的真空移动床工艺、比利时 ULB 大学的两段移动床工艺具有代表性。C. Roy 等长期从事废轮胎真空热解方面的研究。1987 年 C. Roy 等在 Saint-Amable 建立了一个处理量为 200kg/h 的小型处理厂进行中试试验，整个系统可连续运行，废轮胎破碎成大块片状物送入热解炉。该热解技术可减少热解中间产物的二次反应，从而提高热解油的产率；低压有利于减少热解炭上附着的含碳残留物，从而提高其作为炭黑重新使用的可能性；热解油中轻质石脑油和芳香化合物含量较高，既提高了经济性，又有利于提高燃料油的辛烷值；可处理大块废轮胎且不需除去钢丝和纤维帘线。缺点是热解炉的供热方式为外热式，传热效率较低，整个系统不能满负荷工作。

R. Cypres 等开发的两段移动床热解系统由链条式热解一次反应器和挥发相二次反应器组成。热解产物中热解油（苯、甲苯、二甲苯和苯乙烯等含量高）的质量分数为 0.37%～0.42%，热解炭的质量分数为 0.42%～0.45%，热解气的质量分数为 0.16%～0.20%；既保证了较低热解温度下热解炭的收率和品质，又可利用高温下二次芳香化反应得到价值较高的轻质芳烃。

7.6.1.2 流化床热解工艺

流化床热解工艺属于快速热解工艺，特点是加热速率快、反应迅速、气相停留时间短，因此热利用效率高，同时可以减少二次反应的发生，热解油产率较高。日本瑞翁公司采用流动床热解装置，热解原料为粒径 5cm 以下、去钢丝的废轮胎颗粒，产物为燃料油和碳化物。德国 LI 公司采用流化床加活化炉热解装置，热解产物为活性炭、热解油和钢丝。德国汉堡学 W. Kaminsky 等开发的流化床热解工艺具有代表性，该热解系统采用间接加热方式，热解产物为炭黑、热解油和钢丝。结果表明，利用较高的热解温度（700～800℃）进行二次芳香化反应，可以回收利用苯族化合物和苯乙烯等。

为了降低流化床热解温度从而降低能耗，W. Kaminsky 等在 500℃ 和 600℃ 下利用流化床热解技术开展低温轮胎热解试验，使用氮气作为流化气。结果表明，温度从 500℃ 升到 600℃，气体和炭黑产量大幅度提高，且炭黑质量受温度影响不大。

7.6.1.3 烧蚀床热解工艺

烧蚀床热解工艺是将反应物料与灼热的金属表面直接接触换热，使物料迅速升温并裂解。加拿大 Ener Vision 公司的连续烧蚀床工艺具有代表性。J. W. Dlack 等利用连续烧蚀床工艺中试试验装置，在氮气气氛、热解温度为 450～550℃、停留时间为 0.6～0.88s 条件下，对粒径约为 1cm 的废轮胎物料进行热解研究，并对热解炭进行活化处理。结果表明，在 450℃ 时，热解油、热解炭和热解气的产率分别为 53%、39% 和 8%；较高的热解油产率表明连续烧蚀床热解工艺热解产物的停留时间较短，二次反应程度较低。

7.6.1.4 回转窑热解工艺

与流化床、移动床和固定床热解工艺相比，回转窑热解工艺具有对废物料形态、形状和尺寸的适应性广的特点，几乎适用于任何固体废物料，对废轮胎给料尺寸几乎无要求，属于慢速热解工艺。

回转窑热解工艺有外热式（间接加热）和内热式（直接接触加热）之分，外热式热解工艺热解油产率大、热值高，炭黑品质好，燃气热值较高，污染排放物比内热式热解工艺更少。因此，国内外开发的回转窑热解工艺多为外热式。

日本 Kober Steel 和意大利 ENEA 研究中心等的回转窑工艺具有代表性。日本神户制钢公司的外热式回转窑热解产物为燃气，Onahama Smelting 公司的回转窑热解装置采用整胎进料，产物为炭黑、热解油和钢丝。美国固特异轮胎橡胶公司的回转窑热解装置采用原料为 5cm×5cm 的废轮胎块状物，产物为燃料油、炭黑和钢丝。德国 Krauss-Maffel 系统、Kiener 系统、Kdrko/Kiener 系统和 GMU 系统的外热式回转窑热解装置的主要产物均为燃气。加拿大 UWC 公司的回转窑热解装置的产物为炭黑、热解油和钢丝。

7.6.1.5　固定床热解工艺

目前，国外废轮胎的固定床热解装置主要包括：日本 JCA 公司的热解釜装置，产物为燃料油和燃料气；日本油脂公司采用美国 ND 热解炉（外热式）装置，热解原料为粒径10cm、不去钢丝的废轮胎颗粒，产物为油和炭黑；美国 ECO 公司的管式炉热解装置，热解原料为粒径 2.54cm 的废轮胎颗粒，产物为炭黑和油；德国 VEBA OEL 技术中心的热解炉加气化炉热解装置，热解原料粒径小于 200mm，产物为燃料油和焦炭；英国 Leeds 大学P. T. William 等开发了吨级批量废轮胎热解系统。固定床热解系统为批量给料，不能长期连续运行；而且热解条件不易长期保持，整胎热解导致金属丝在床内缠绕等问题也亟待解决。

7.6.2　废旧橡胶的燃烧热利用

轮胎使用的橡胶主要是天然橡胶、丁苯橡胶、顺丁橡胶、异戊橡胶和丁基橡胶等。这些橡胶的组成成分均易燃烧、无自熄性，残渣（除含量较少的丁基橡胶外）无黏性。在回收废旧橡胶时，不可能将各种材料完全分离而得到原来的橡胶。废轮胎的燃烧热值大约为 39MJ/kg，分别比木材高 69%，比烟煤高 10%，比焦炭高 4%。废旧轮胎的燃烧利用目前是发达国家处理废旧轮胎最为经济合理的方法。

随着环保要求的日益增高，以废旧轮胎胶粉为燃料，将煤炭和废旧轮胎胶粉结合起来清洁使用，对于改善我国能源结构，加快国民经济快速发展具有重要意义。废旧轮胎氮含量低，燃烧热值高，用它作为再燃燃料可以达到利用其潜在能量、提高废旧橡胶的回收利用率、减少化石燃料的消耗、解决废轮胎的环境污染问题。

废轮胎与新轮胎相比，已经磨耗掉 20%~30%，因此其发热量推算为 39MJ/kg。另外废轮胎燃烧时，有相当多的未经燃烧的炭黑被排出炉外，使有效发热量进一步降低。用推算发热量计算出燃烧时需要的理论空气量为 $8.5m^3/kg$，但实际废轮胎燃烧必需的空气量约为理论空气量的 2 倍，为 $17~18m^3/kg$。其原因是废轮胎在炉中燃烧时的状态与煤炭等不一样，煤炭开始燃烧时立即崩裂，增加了煤炭与空气的接触面，进一步促进了燃烧，所以燃烧时所需的空气量少。而废轮胎开始燃烧时，在一段时间内呈熔融软化状态，影响了空气的接触，为了克服这种现象，使轮胎完全燃烧，就必须增加空气用量。将具有热能的排出气体转化为温水或蒸汽是最有效的利用方式。

但是废轮胎的燃烧热利用也有不利之处。废轮胎中燃烧性好的物质是橡胶、油等碳氢化合物，燃烧性不好的物质是钢丝圈、钢丝帘线等。所以废轮胎作为燃料使用时应注意以下几点：（1）使燃烧速度不同的物质同时燃烧时，有的燃烧方式易导致发烟；（2）炭黑容易以未燃状态排出，排气装置及锅炉传热面易结垢；（3）钢丝圈等金属物熔化后易固着在炉床上，所以要考虑空气供给量的影响和靠调节温度来控制其熔化程度；（4）炉渣如何处理要予以考虑。

7.6.3　废旧橡胶燃烧设备

7.6.3.1　机械炉排焚烧炉

废轮胎进入燃烧室后在机械炉排往复运动的推动下逐步向下运动，先后经过干燥段、燃烧段和燃烬段，这样废轮胎经历了水分蒸发、挥发分析出并燃烧及焦炭燃尽的过程。在炉排的尾部灰渣落入灰斗。考虑到上面提到的废轮胎的特殊性，有时会采用机械炉排做第一燃烧室，其后设置后燃室的方案以保证燃烧所需的燃烧面积，实现废轮胎的完全燃烧。

机械炉排焚烧炉的优缺点如下：

优点：技术成熟，便于大规模商业应用；耐火层热应力，便于维护；控制空气供应，实现多段燃烧；操作易于实现连续化、自动化。

缺点：需要二燃室，设备建造投资费用高；大规模投料易结焦。

7.6.3.2 回转窑焚烧炉

回转窑是一个略微倾斜内衬耐火材料的钢制空心圆筒。一般情况下其长径比为 2~10，转速 1~5r/min，安装倾角 1°~3°。废轮胎进入回转窑后，在干燥区和点燃区释放出水分及挥发分。挥发分与空气混合进入二燃室进行完全燃烧。窑体里的残留物排入灰斗。目前废轮胎焚烧炉中以水泥回转窑的应用最广泛。废轮胎可以不经破坏就投入回转窑中焚烧，在回转窑得到充足的氧气供应，维持约 1500℃ 的燃烧温度，达到有机物的彻底破坏；同时废轮胎中的金属也是水泥生产中所需要的，这样可以减少额外的金属添加量。

回转窑焚烧炉的优缺点如下：

优点：设备运行费用低；可接受各种大小、相态的废物，特别适合于处理危险废物；连续出灰不影响设备运行；二燃室温度可调，可使有毒物质完全破坏。

缺点：需要二燃室，设备建造投资费用高；过量空气系数高，系统热效率低；耐火材料维护复杂；烟道气悬浮颗粒多，除尘设备要求高。

7.6.3.3 流化床焚烧炉

流化床焚烧炉内衬耐火材料，下面由布风板构成燃烧室。流化床床层中有大量的惰性物料，如煤灰、河沙等，作为流化介质。预热空气由布风板进入床层，使流化介质处于流化状态。由于床料热容量很大，所以床内有优越的传热传质环境。二次风的扰动可以延长物料在床内的停留时间，保证完全燃烧。

流化床焚烧炉的优缺点如下：

优点：炉内温度场均匀，焚烧效率高（>98%）；燃料适应性强，可以与其他废旧高分子材料共同焚烧；可实现炉内脱硫、氮，低 NO 排放；通常运行温度在 800~900℃，因而重金属排放量低，此温度下，重金属还没有熔融、气化；结构紧凑，只需一个燃烧室；操作灵活方便。

缺点：运行费用高；废轮胎预处理要求高、预处理设备建造投资费用高；当燃料中的熔点较低时（含碱金属）容易结焦；缺乏足够的商业运行经验。

各种焚烧炉有其各自的优缺点，具体采用什么样的炉型要根据具体的情况来确定。焚烧法较其他的处理方法可以回收能源，但也存在以下问题，需要人们在实践中逐步克服：轮胎生产过程中加入的稳定剂含有镉（Cd）、铅（Pb）等重金属盐，会残留在焚烧炉底灰中，燃烧会产生有毒气体的排放，如 SO_2、HCl、PAHs（多环芳香烃）、H_2S、HCl 和 NO_x。由于废轮胎的热值比城市固体废弃物高很多，所以燃烧时需要更大的燃烧面积、火焰温度以及更充足的氧气，不恰当的燃烧会造成飞灰的排放，这就给焚烧炉的设计带来了难度。

——————— 本 章 小 结 ———————

　　首先介绍了废旧橡胶的种类、来源、产生量以及循环利用途径和方式；然后介绍了胶粉的生产方法、胶粉活化原理及其用途，再生橡胶的再生原理、生产工艺方法和特点以及再生橡胶的用途；之后介绍了废旧橡胶改性沥青技术的特点和应用；最后介绍了废旧橡胶的热裂解和燃烧利用技术的特点和设备。

习　　　题

7-1 废旧橡胶有哪几种循环利用途径？

7-2 什么是废橡胶的原形改制？有哪些优点？

7-3 胶粉的生产方法有哪几种？各有哪些特点？

7-4 胶粉的表面活化改性机理是什么？有哪些方法？活化胶粉有哪些应用？

7-5 什么是再生橡胶？它有哪些特点？

7-6 再生橡胶的再生机理是什么？

7-7 再生橡胶的制备方法主要有哪些？各自的特点是什么？

7-8 油法、水油法和高温高压动态法生产再生橡胶的主要区别是什么？

7-9 再生橡胶的基本组成有哪些部分？各自的作用是什么？

7-10 生产再生橡胶有哪些新方法？它们的主要基本原则是什么？

7-11 再生橡胶有哪些应用？

7-12 废橡胶改性沥青由哪些部分组成？各自的作用是什么？

7-13 废橡胶的热解有哪些方法？它们的特点各是什么？

7-14 废橡胶的燃烧利用技术有哪些？它们的特点各是什么？

8 废旧高分子材料循环利用的污染控制

本章提要：

（1）了解再生塑料行业存在的问题和再生塑料的污染源。

（2）掌握废塑料循环利用工艺的污染环节、环境影响及其控制。

（3）掌握废旧橡胶再生的尾气处理方法。

8.1 废塑料循环利用的污染与控制

8.1.1 塑料再生行业存在的问题

随着经济的发展，我国塑料产量和用量不断增加，产生的废塑料也日益增多（至2018年达到5000万吨），不仅严重污染环境，甚至危害人类的健康。所以，对废旧塑料进行再生利用，不仅可以有效减少废塑料的产生量，而且能够变废为宝、节约能源、保护环境。目前我国的废塑料再生利用规模约为每年2000万吨，2019年年底前将全面禁止国外废塑料的进口。从事废塑料回收再利用的小企业、个体经营户数量多达十几万家，一些小作坊往往废水、废气直排，存在严重环境问题隐患。针对上述问题，只有正确认识废塑料再生利用过程中产生的对环境的污染，采取合理的污染治理措施，减少再生利用过程中产生的二次污染，方可实现废塑料再生利用环境效益和经济效益双丰收。

再生塑料是一种可循环利用的具有很高再生价值的资源，尽管我国塑料再生行业整体规模大，企业数量、从业人员众多，仍存在很多问题，制约着行业健康持续发展。主要存在的问题有：

（1）塑料再生行业基础薄弱，缺乏引导。

（2）企业数量众多、规模小、分布广、从业人员素质普遍较低、再生塑料品质不高、盈利能力弱。

（3）进入行业门槛低，重复投资、二次污染严重。

（4）行业发展缺乏引导，加工、交易技术标准要求低，经营不规范，竞争无序易形成恶性循环。

（5）市场上的再生塑料产品良莠不齐、品质不一、经济秩序不佳，造成行业整体盈利能力不强，影响行业健康发展。

（6）塑料再生装备技术水平普遍较低，再生塑料有效利用率不高，成为行业发展瓶颈。

（7）社会对塑料再生环保作用的认知度不够，宣传不够，行业发展环境差，社会舆论对该行业存在偏见，应引起国家政府有关部门足够的重视，加强市场规范和综合治理。

（8）相关政策扶持力度不够，技术更新投入不足。

8.1.2　再生塑料的污染源

塑料再生所用原料来自社会各个行业和家庭的废塑料，其来源和品种都十分复杂，各种污染物都有可能出现。对于再生塑料加工工业而言，在其仓储、运输、生产、加工过程中，排放物会影响或破坏周围自然环境的平衡，在其生产经营活动中会影响或破坏周围群众的生产、生活，这些都被视为整个行业的环境污染。

再生塑料加工主要污染源是废塑料上黏附的各类物质，根据其污染性质的不同，主要分为以下几类：

（1）颜色污染：废塑料接触或包装过染料、颜料等。

（2）pH 污染：废塑料接触或包装过强酸强碱性物质。

（3）微生物污染：废塑料来自一次性医用器材。

（4）有毒物质污染：废塑料接触或包装过有毒有害物质。

（5）油脂污染：废塑料接触或包装过油脂类物质。

（6）溶解物污染：废塑料接触或包装过氯化钠、纯碱等。

（7）悬浮物污染：废塑料接触或包装过棉纱、化纤、石英砂、水泥、碳酸钙等。

（8）有机物污染：废塑料接触或包装过粮食、饲料、饮料等。

上述各类污染源中，第（1）~（4）类废塑料一般含有毒有害物质，需要配备完善的水处理设施及做好工人劳动保护；第（5）~（8）类废塑料并不含有毒或有害的物质，可以进行简单处理后排放。

8.1.3　废塑料循环利用工艺污染环节

废塑料再生加工过程主要分为前处理过程及热熔再生过程，塑料再生粒成品可用作塑料制品的制造。废塑料典型再生加工利用工艺路线如图 8-1 所示，污染物的产生环节以及主要污染物情况见表 8-1。

表 8-1　废塑料再生利用污染物的产生环节以及主要污染物情况

生产工序	污染物	特征污染物
分选	固体废物	一般固体废物和其他可利用废塑料
破碎	废气	粉尘
	噪声	设备噪声
清洗	废水	清洗废水，主要污染物为 pH、COD、BOD、SS、LAS、氨氮、石油类、总磷、色度、溶解性固体等
	固体废物	一般固体废物、其他可利用废塑料
	噪声	清洗设备噪声
热熔造粒	废气	塑料热熔废气，主要污染物有 TVOC、非甲烷总烃、苯系物等
	废水	冷却水循环定期排水，主要污染物为 pH、SS、COD 等
产品包装	固废	一般固废，废包装材料等
	噪声	包装设备噪声

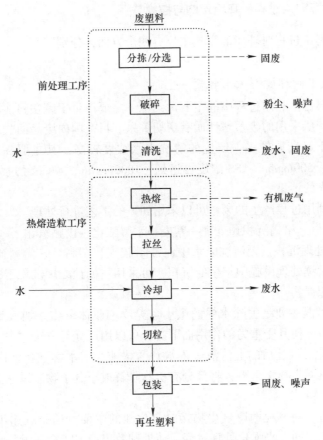

图 8-1 废塑料加工工艺流程及污染环节

8.1.3.1 前处理工序

对废塑料首先在分选场地进行分拣，初步去除标签、黏合剂和其他可见污染物，并对废塑料进行初步分类；后通过破碎、分选工艺，分选出 PE、PP、PS、PVC、PET、ABS、PC、PA 等各类废料等，经清洗工序逐级去掉各种杂质，然后进入干燥工序，得到洁净的块状或片状的物料备用。

8.1.3.2 热熔再生工序

经过分选、破碎、清洗、干燥一系列处理后，对废塑料进行热熔再生利用。再生利用是将废塑料重新熔融，再生塑化成新的产品，又分为简单再生和改性再生两大类。两种方式生产工艺基本一致，改性再生过程需添加辅料及助剂。目前大多数企业主要采用的设备为塑料造粒机，该设备具备对塑料进行软化、熔融、塑化、拉丝、冷却、切粒等一体化的工序。热熔再生工序主要分为以下步骤：

（1）热熔。不同类型的塑料加热温度和加热时间不同。由造粒机控制面板控制加热温度和时间。热塑过程的温度一般控制在 140~300℃ 之间。

（2）拉丝。将物料经挤出机塑化成圆条状挤出，形成直径约为 3mm 的丝状。

（3）冷却。采用循环冷却水直接将热的丝状塑料冷却至 50℃ 以下。

（4）切粒。将冷却的丝状塑料通过切粒机切成长度为 5mm 的塑料粒。

8.1.4　废塑料循环利用过程的环境影响与控制

废塑料再生利用过程对环境的影响主要有四个方面，分别是废水、废气、噪声和固体废弃物。

8.1.4.1　废水的环境影响与控制

废水是废塑料再生利用过程中的主要污染源，主要产生于废塑料清洗工序。废水中污染物浓度与其生产所采用的废塑料性质有密切关系。目前国内废品回收站回收的废塑料中含有的粉尘、黏土等杂质较多，产生的清洗废水浓度较高，其主要污染物为 COD、SS，COD 浓度可达到：$500mg/m^3$，SS 浓度可达到：$1000mg/m^3$，如不经过处理直排，会对周边水环境造成较大的污染。

废塑料循环利用过程产生的废水可以采用如下的工艺进行处理：

$$格栅沉积预处理 \rightarrow 絮凝 \rightarrow 水解酸化 \rightarrow 接触氧化$$

（1）格栅预处理沉积。因清洗废水中泥沙量较大，塑料片、塑料碎屑较多，为减少对水泵的磨损及后续处理设施中产生的沉积，可采用格栅预处理沉积工艺，以去除废水中较大的悬浮物和漂浮物。

（2）絮凝。絮凝主要是去除水中的微小悬浮物和胶体杂质。加入絮凝剂，主要是为了增大悬浮物颗粒，使其受重力的作用而下沉，可以用沉淀等方法除去。

（3）水解酸化。沉淀后的上清液进入水解酸化池，在水解酸化池内对污水进行厌氧消化作用，在厌氧微生物作用下，将部分有机物降解成小分子物质以达到吸附、截留、降解污染物的目的。

（4）接触氧化。好氧延时曝气生物接触氧化池的主要目的是利用不同种类的微生物对污水处理的功能不同，来强化处理过程，使处理效果稳定。在接触氧化池曝气区内，采用离心曝气充氧方式，使组合生物填料上的细菌等微生物在有氧条件下，在一级氧化过程中利用大肠杆菌族微生物的生物吸附和凝聚作用去除废水中部分有机物并进行生物降解，这一过程停留时间较短；然后在二级氧化过程中，利用污水中溶解性有机物进行生物降解，使之分解为二氧化碳和水，从而保证处理效果稳定达标。此工程特点是根据污水的特点，采用能承受冲击负荷的以生物接触氧化延时曝气法工艺为主的处理工艺。在工程上采用部分组合的钢筋混凝土结构，全埋于地，一般无需维修保养。处理设施占地小、运行灵活、运行费用低。

8.1.4.2　废气的环境影响与控制

废塑料再生利用过程产生的大气污染物主要为粉尘和有机废气。粉尘主要来源于废塑料的破碎过程，一般采用集气罩收集后经过布袋除尘器处理后排放。

（1）粉尘。对塑料破碎过程产生的粉尘，应集中收集并设置静电或者布袋除尘器进行处理。袋式除尘器的除尘效率不受颗粒物比电阻的影响，对中、高浓度粉尘的去除率可稳定达到 99%以上，其作为一种干式高效除尘器广泛应用于各工业部门。静电除尘是指利用静电场使气体电离从而使尘粒带电吸附到电极上的收尘方法，与其他除尘设备相比，耗能少、除尘效率高，适用于除去烟气中 $0.01\sim50\mu m$ 的粉尘，而且可用于烟气温度高、压力大的场合。

（2）有机废气。各种塑料在高温挤出及注塑的过程会挥发出一定量的有机气体，有机烃类物质产生的碳氢化合物、苯、甲苯、二甲苯等有机废气，主要来自于废塑料中部分高分子裂解成的小分子。不同的塑料注塑过程产生挥发的物质不一样，PVC 加工过程中排出的挥发性气体较多，其他废塑料加工过程中排出的废气很少，因此可在注塑机和挤出机上方安装集气罩，将生产过程中产生的少量挥发性有机气体经集气罩收集后外排，利用大气扩散作用以减小其对车间及周围环境的影响。此外，为防止塑料热熔过程发生分解，在热熔过程中应对造粒机控制面板加热温度进行监控，防止加热温度过高。

8.1.4.3　噪声的环境影响与控制

废塑料再生利用过程中的噪声主要来源于破碎机、注塑机、造粒机、风机等设备工作时产生的噪声，噪声源强范围在 75～95dB。要想降低废塑料再生利用过程中的噪声，首先废塑料再生企业的选址应远离居民区，同时可考虑以下措施：

（1）尽量选用低噪声生产设备，从源头上降低噪声源强。

（2）对高噪声设备如破碎机、挤出机等，应加强设备的安装、调试、使用和维护管理，采取必要的基础减震方法（如减振垫圈）进行消声处理。

（3）将风机布设在室内（如安置在室外，必须要设计隔声罩），做好基础减振和密闭隔声或墙壁采用吸声材料。

（4）加强生产车间门、窗的密闭性，必要时安装隔声门、窗。

8.1.4.4　固体废物的环境影响与控制

固体废物主要包括废杂物、熔融废渣、除尘灰渣、污泥、废包装袋等。其中，注塑过程中产生的熔融废渣与布袋除尘收集的粉尘收集后，返回二次造粒工序；废包装袋可回收利用；废杂物、污泥可送至垃圾填埋场填埋。

8.2　废橡胶循环利用的污染与控制

8.2.1　废旧橡胶再生的尾气处理方法

废旧橡胶再生过程中尾气的治理是再生橡胶行业普遍关注的问题，尽管近几年来我国对再生橡胶生产保护工作做了大量的工作，并取得了比较明显的效果，但再生橡胶生产过程中尾气的治理仍不容忽视。

目前国内普遍采用高温高压动态脱硫法生产再生橡胶，在再生脱硫完毕卸料前须向外排出尾气。尾气中含有大量的水蒸气和少量细胶料，并夹带含有苯、甲苯、二甲苯、二氧化硫和硫化氢等微量有毒有害气体，若直接排放将对环境造成危害，要采取相应的方法进行处理。尾气处理一般采用集中吸收处理的方法，废气通过管道，经过滤器、降温箱，进入吸收塔、喷淋罐，喷淋水经过浮游过滤池，再进入废水处理池处理，最终进入清水循环池利用。再生橡胶尾气处理工艺流程如图 8-2 所示。

该工艺的优点：（1）处理装置简单、投资小、效果好；（2）利用废水作配方用水，节约了生产用水，同时由于尾气中含有一定量的再生剂成分，不仅可适当减少再生剂的用量，还可降低成本；（3）操作简单、方便；（4）废气全吸收、全利用，解决了废气和废水的污染问题。

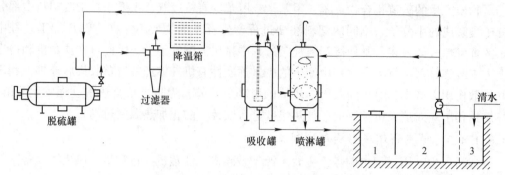

图 8-2　再生橡胶尾气处理工艺流程图
1—浮游尺；2—处理池；3—清水池

8.2.2　橡胶沥青路面的环境影响

　　将废旧轮胎胶粉应用于沥青路面工程有着巨大的环保意义，但不得不引起注意的是：在橡胶沥青或混合料的生产和施工过程中，废胎胶粉在高温条件下与沥青或矿料拌和时会产生一定的异味或粉尘，可能对施工人员及拌和场、摊铺现场的周围环境产生一定的影响；为了合理、健康地使用废胎胶粉，避免、减少、控制可能产生的二次污染，有必要对此进行必要的环境影响评价。

　　废轮胎胶粉在沥青路面中的应用主要有橡胶沥青和橡胶（粉）沥青混合料，混合料又分为干拌工艺的橡胶粉沥青混合料和湿拌工艺的橡胶沥青混合料。橡胶沥青混合料和橡胶沥青在橡胶粉的加工使用过程上是一样的，因此，从环境影响角度主要分为湿拌工艺和干拌工艺两类。在湿拌工艺生产过程中，废胎胶粉与沥青在一个密闭容器中进行反应搅拌，对周边环境和人员的影响小于干拌工艺。在干拌工艺过程中，废胎胶粉与矿料在拌和室内短暂地拌和，反应并不充分，生产出的混合料的异味和粉尘明显高于湿拌工艺混合料。因此国际上大多数国家出于对环境影响的考虑，优先使用湿拌工艺混合料，限制使用干拌工艺混合料，特别是在城市道路及周边公路上。

　　特别需要指出，干拌工艺的混合料与湿拌工艺混合料有着不同的路用性能，特别对于提高混合料的高温抗车辙能力、增加混合料的密实性、降低建设成本等方面，干拌工艺的混合料具有独特的优势，这对于解决当前我国高等级公路的早期病害问题，改善路面的使用质量是十分有益，也就是说干拌工艺混合料仍是一种值得选择的混合料类型。只是在使用过程中应加强环境保护，特别是对施工人员的保护，如在离城市较远的公路上使用，拌和场应该远离人口稠密的地区，施工人员佩戴活性炭面具等。

　　对于湿拌工艺混合料主要是橡胶沥青加工过程中可能存在的环境污染问题，如有毒气体的排放。目前，我国这方面的研究还处于空白。

　　总之，废胎胶粉在沥青混凝土应用过程中，除了干拌工艺存在一些环境影响外（主要在混合料的拌和和摊铺过程中），与当前常用的沥青及混合料生产过程相比，不会产生更大的二次污染问题。沥青路面再生技术是 1915 年美国开发研究的，到 20 世纪 40~50 年代，欧洲各国也开始研究试用。到 80 年代末，美国再生沥青混合料的用量几乎为全部路用沥青混合料的一半，并且在再生剂开发、再生混合料设计、施工设备等方面的研究也日趋深入。目前，国外大力推进路面材料再生技术的研发和推广应用，使沥青路面材料的循环利用达到较高水平，如美国约 80%，日本接近 100%。而国内对普通沥青混合料再生问题的研究还刚刚起步，相关的规范或指南正在编制之中。

──────── 本 章 小 结 ────────

首先介绍了再生塑料行业的污染源及其现状，之后介绍了废塑料循环利用工艺的污染状况、环境影响及其控制，最后介绍了橡胶再生以及橡胶改性沥青的污染与控制。

习　　题

8-1 再生塑料的主要污染源有哪些？

8-2 废塑料循环利用过程中怎样控制废水和废气的环境影响？

8-3 怎样控制废旧橡胶再生过程尾气的污染？

8-4 采取哪些措施能够减少橡胶沥青路面的环境影响？

参 考 文 献

[1] 王慧敏，编著．高分子材料概论（第2版）[M]．北京：中国石化出版社，2015．

[2] 吴其晔，冯莺，编．高分子材料概论 [M]．北京：机械工业出版社，2013．

[3] 任明，魏兰兰，赵玉英，等编．高分子材料概论 [M]．北京：化学工业出版社，2016．

[4] 韩冬冰，王慧敏，编．高分子材料概论 [M]．北京：中国石化出版社，2006．

[5] 黄丽，编．高分子材料（第2版）[M]．北京：化学工业出版社，2016．

[6] 张留成，瞿雄伟，丁会利，编著．高分子材料基础（第3版）[M]．北京：化学工业出版社，2013．

[7] 王国建，刘琳，编著．功能高分子材料 [M]．上海：同济大学出版社，2010．

[8] 罗祥林，编．功能高分子材料 [M]．北京：化学工业出版社，2010．

[9] 姚日生，董岸杰，刘永琼，编．药用高分子材料 [M]．北京：化学工业出版社，2003．

[10] 冯孝中，李亚东，编．高分子材料 [M]．哈尔滨：哈尔滨工业大学出版社，2010．

[11] 王贵恒，编．高分子材料成型加工原理 [M]．北京：化学工业出版社，2011．

[12] 周达飞，唐颂超，编．高分子材料成型加工（第2版）[M]．北京：中国轻工业出版社，2008．

[13] 傅政，编．橡胶材料及工艺学 [M]．北京：化学工业出版社，2013．

[14] 杨明山，赵明，编．高分子材料加工工程 [M]．北京：化学工业出版社，2013．

[15] 赵素合，张丽叶，毛丽新，编．聚合物加工工程 [M]．北京：中国轻工业出版社，2006．

[16] 温变英，陈雅君，王佩璋，编．高分子材料加工（第2版）[M]．北京：中国轻工业出版社，2016．

[17] 石红棉，编．高分子材料加工技术 [M]．北京：化学工业出版社，2014．

[18] 李光，编．高分子材料加工工艺学（第2版）[M]．北京：中国轻工业出版社，2010．

[19] 王慧敏，编．高分子材料加工工艺学 [M]．北京：中国轻工业出版社，2012．

[20] 罗权焜，刘维锦，编．高分子材料成型加工设备 [M]．北京：化学工业出版社，2011．

[21] 徐德增，编．高分子材料生产加工设备（第2版）[M]．北京：中国纺织出版社，2009．

[22] 董炎明，编．高分子分析手册 [M]．北京：中国石化出版社，2004．

[23] 陈占勋，编．废旧高分子材料资源及其综合利用（第2版）[M]．北京：化学工业出版社，2006．

[24] 张玉龙，编．废旧塑料回收制备与配方 [M]．北京：化学工业出版社，2008．

[25] 李东光，编．废旧塑料、橡胶回收利用实例 [M]．北京：中国纺织出版社，2010．

[26] 刘明华，主编．废旧高分子材料再生利用技术 [M]．北京：化学工业出版社，2014．

[27] Adisa Azapagic，Alan Emsley，Lan Hamerton，著．高分子材料：环境与可持续发展 [M]．顾宜，等译．北京：化学工业出版社，2005．

[28] 谢锋，汝少国，杨宗富，编著．中国废塑料污染现状和绿色保护 [M]．北京：中国环境科学出版社，2011．

[29] 刘益军，编．聚氨酯树脂及其应用 [M]．北京：化学工业出版社，2011．

[30] 黄发荣，万里强，编．酚醛树脂及其应用 [M]．北京：化学工业出版社，2011．

[31] 陈平，刘胜平，王德中，编．环氧树脂及其应用 [M]．北京：化学工业出版社，2011．

[32] 刘明华，编．废旧橡胶再生利用技术 [M]．北京：化学工业出版社，2013．

[33] 刘玉强，马瑞刚，殷晓玲，编．废旧橡胶材料及其再资源化利用 [M]．北京：中国石化出版社，2010．

[34] 董诚春，编．废轮胎回收加工利用 [M]．北京：化学工业出版社，2008．

[35] 刘廷栋，刘京，张林，编．回收高分子材料的工艺与配方 [M]．北京：化学工业出版社，2002．

[36] 周祥兴，编．废旧塑料的再生利用工艺与配方 [M]．北京：印刷工业出版社，2009．

[37] 刘维平，编．资源循环利用 [M]．北京：化学工业出版社，2009．